AF385234

PARIS

AU DIX-NEUVIÈME SIÈCLE.

IMPRIMÉ

CHEZ PAUL RENOUARD,

Rue Garancière, n. 5

PARIS

ou

LES SCIENCES, LES INSTITUTIONS

ET LES MŒURS

AU XIXe SIÈCLE.

PAR

M. ALPHONSE ESQUIROS.

TOME PREMIER.

A PARIS,

AU COMPTOIR DES IMPRIMEURS-UNIS,

Comon et Cie.,

QUAI MALAQUAIS, 15.

1847.

PARIS

AU DIX-NEUVIÈME SIÈCLE.

INTRODUCTION.

Rome est un souvenir; Londres est une fabrique; Paris est une idée dans un cadre de pierre. Cette ville encyclopédique conserve et accroît sans cesse dans ses murs le dépôt de toutes les connaissances humaines, de toutes les découvertes utiles. Un des caractères de cet être de raison auquel nous avons donné le nom de capitale, c'est en effet l'universalité. Paris résume dans ses établissemens, dans ses mœurs, dans ses institutions, dans ses travaux, toute la science multiple du xixe siècle. Un corps de doctrine si imposant nous a paru valoir la peine d'être esquissé. Il y a le Paris des yeux et le Paris de l'intelligence : c'est ce dernier que nous avons prétendu décrire. On voit tout de suite en quoi ce livre se sépare des nombreux ouvrages qui existent sur la grande ville ; on a fait mille fois le tableau des rues et des monumens de Paris, on n'a pas fait jusqu'ici le tableau des idées : nos études, très incomplètes sans doute, doivent retracer quelques-unes des faces sous lesquelles la pensée des civilisations modernes nous apparaît dans cette philosophique miniature du monde.

Sans avoir eu le dessein d'écrire l'histoire, il se trouve pourtant que nous en avons fait une ; car la marche de la civilisation dans les grandes villes, répète et éclaire la marche de l'esprit humain dans l'univers.

L'histoire, comme nous la comprenons, est un mouvement d'idées, rendu sensible par des événemens et des hommes. Ce mouvement a pris, depuis plus d'un demi-siècle, le nom de progrès. Or, qu'est-ce que le progrès ? Il faut entendre par ce mot la marche générale du monde vers un état de choses perfectionné, auquel tendent d'un effort unanime la création et l'humanité.

Jusqu'ici l'histoire universelle n'avait embrassé qu'un des temps de la vie de notre monde. Prenant le commencement de ses récits, trop souvent fabuleux, à la naissance de l'homme, ou même à l'établissement des premières sociétés, elle négligeait les âges antérieurs, que lui dérobait un voile de ténèbres. On ne soupçonnait pas encore qu'il y eût matière à un discours raisonnable dans cette suite d'événemens, très réels, qui ont préparé les premiers pas du genre humain sur la terre. Ce silence, le doute où l'on était des lois qui présidèrent très anciennement à la formation du monde, tout cela entraînait l'ignorance des liens qui nous unissent à l'ensemble des êtres créés. Ces liens existent pourtant, et constituent même, selon nous, le nœud d'une nouvelle philosophie de l'histoire. La vie du genre humain, comme celle des sociétés, est enveloppée dans la vie générale du globe terrestre.

Il est vrai qu'avant les dernières découvertes géologiques, dont le génie de Buffon a ouvert la source, on ne voyait que nuit immense et profonde, au-delà du berceau des anciens peuples. Moïse seul, le plus inspiré de tous les historiens, fait remonter son récit à l'origine du monde. On assiste avec lui au débrouillement du chaos : mais l'acte de la création, resserré dans l'espace d'une semaine, dont chaque jour enfante, comme par miracle, le ciel, la terre et les animaux, ne nous enseigne presque rien sur l'ordre naturel des événemens antédiluviens, ni sur la liaison de ces faits avec les lois de notre histoire. Aujourd'hui le moment est venu de voir plus clair et plus loin dans le domaine du temps. Une histoire universelle devrait contenir désormais, outre le récit des événemens humains, dont le monde a conservé la mémoire, le tableau des opérations de la nature. Il faudrait passer en revue tout d'abord ces travaux de formation terrestre, qui ont construit le théâtre sur lequel les sociétés anciennes et modernes sont ve-

nues, l'une après l'autre, jouer leur rôle. Outre l'a-
vantage d'élargir l'horizon de l'histoire, ce regard
jeté sur les mondes primitifs, dont les révolutions ont
précédé celles de tous les peuples connus, aurait encore pour résultat de nous dévoiler l'existence des
rapports qui lient entre eux les différens ordres de
faits. Comme le monde que nous habitons s'est formé, l'humanité se forme. C'est le développement des
mêmes lois qui gouverne à distance les manifestations
de la vie et celles de la puissance morale sur le globe.
Dans une préface, l'auteur indique volontiers la marche qui présidera à la suite de son ouvrage : on peut
dire que Dieu, dans la préface du monde, au milieu de
ces temps reculés qui ont précédé le déluge, a marqué
de même par l'ordre et l'enchaînement des faits de la
création, le cours régulier des destinées communes que
suivrait plus tard l'espèce humaine sur toute la terre.

Il resterait, nous le savons, pour confirmer cette
vue d'ensemble, à mettre sous les yeux du lecteur le
récit des événemens de la nature, comparé avec celui
des événemens de l'histoire. C'est la matière d'un livre
à part : on trouvera néanmoins dans celui-ci assez
de traits qui font pressentir une telle conclusion mo-
ale. La première reproduction de Dieu dans le temps,
c'est la création ; la seconde, c'est l'humanité : quoique la nature des manifestations diffère, la série as-
cendante des développemens est la même. Le genre
humain fait ses destinées dans l'ordre où la matière
s'est organisée en un monde.

La création, l'humanité, deux termes auxquels il
faut en joindre un troisième, le pays. Les sociétés sont

en petit ce que l'humanité est en grand. Si le cercle
se rétrécit, les proportions demeurent relativement
les mêmes, et ont du moins l'avantage, étant plus
restreintes, de devenir plus accessibles à notre faible
vue. On peut dire que l'esprit humain, n'ayant encore parcouru à la surface du globe qu'une ère de
développement indéterminé, il est pour le moins téméraire, en suivant les traces historiques, de circon-
scrire sa marche et de lui donner des lois. Comment
embrasser par les moyens ordinaires, le mouvement
de la civilisation, depuis l'origine du monde, sans rencontrer d'un peuple à l'autre des intervalles qui arrêtent tout court la marche de l'histoire?

L'absence de monumens authentiques, durant les
époques reculées; les récits vagues et consacrés par
la superstition, dont la plupart embarrassent sans
cesse les pas de la vérité; les abîmes de ténèbres, les
muettes solitudes où retombe l'esprit humain[1], après
la décadence des sociétés faites, tout cela contribue à
décourager les recherches et à troubler le jugement
du penseur. Aussi bien n'est-ce pas de front qu'il faut
attaquer ces difficultés inabordables. La connaissance
des lois générales de la philosophie de l'histoire, demande à être surprise par des voies détournées; or,
ces voies jusqu'ici méconnues, sont celles de l'analogie. Comme la vie de l'humanité échappe par son
étendue au cercle de nos observations, il faut étudier
les états successifs de la vie d'un peuple, pour rétablir,
en les comparant, l'ordre des progrès de la civilisation sur le globe.

Ce n'est pas tout : l'histoire philosophique de

l'homme, avant et après sa naissance, trace sur une échelle moindre, l'histoire du développement des sociétés. Il serait encore une fois nécessaire de donner à cette loi fondamentale toute la démonstration d'un axiome. On y parviendrait, si je ne m'abuse, en rapprochant les temps de l'existence chez l'homme et chez les nations, pour en faire sortir une évolution de caractères qui se correspondent. Les formes se renouvellent sans cesse chez l'homme, surtout dans les premiers âges, de manière à ce que les anciennes formes disparaissant de jour en jour, il s'en montre aussitôt d'autres qui leur succèdent ; de même, les sociétés, dans leur état de croissance, quittent continuellement certaines formes usées pour en revêtir de nouvelles, qui sont, comme chez l'individu, plus en rapport avec les développemens de la vie. Ce travail de confrontation, nous l'avons fait pour l'acquit de notre conscience. Partout nous vîmes se montrer avec éclat la répétition des mêmes phénomènes continués, et le maintien des mêmes lois. Les cercles s'élargissent ou diminuent ; la vie oscille sous toutes les formes : mais le rapport des choses ne change pas : c'est un beau motif de ravissement pour l'esprit que le spectacle de cette merveilleuse unité ! Le même principe, en se transformant sans cesse, suffit dans la variété des systèmes à toutes les conditions de la vie physique et morale. Le progrès nous apparaît, du haut de ce point de vue, comme un fait universel, auquel l'homme, la nation et l'humanité, participent dans une mesure inégale sans doute, mais réglée sur la nature de leurs rapports et sur le temps de leur existence. Enfin, le mouvement d'expansion de ces trois termes qui se reproduisent l'un l'autre, rentre, comme nous l'avons déjà dit, dans l'orbite de la puissance créatrice.

Il résulte de ces idées générales que l'histoire proprement dite doit poser ses bases dans l'histoire naturelle. La géologie, qui nous révèle l'origine des choses à la surface de notre planète ; l'embryogénie qui raconte les mouvemens de l'organisme humain, durant la période occulte des formations intra-utérines ; l'anthropologie comparée, qui rattache l'existence des races humaines à la vie même du globe ; la physiologie du cerveau qui relie les fonctions matérielles de cet organe au développement des facultés de l'âme ; — toutes les sciences doivent désormais répandre sur l'étude de la civilisation leurs imposantes lumières. Envisagé d'un certain point de vue, notre ouvrage n'est qu'une première application de ces sciences naturelles à la philosophie de l'histoire. Dieu nous garde de rejeter une telle interprétation : nous serions trop heureux d'avoir commencé dans ce livre un ordre de recherches, qui, bien conduites, doivent aboutir, si nous ne nous abusons pas, aux découvertes les plus imprévues. Jusqu'ici ces sciences si graves, avaient d'ailleurs laissé en dehors celle qui devait servir un jour à les compléter toutes, la science des faits comparés. Déjà nous nous croyons en droit de proclamer cette vérité, fruit de quelques études consciencieuses : il existe une relation intime entre l'univers physique et l'univers moral ; une sorte de plan commun trace d'avance la direction des sociétés humaines sur la marche de la matière dans les combinaisons organiques de la vie. D'où il suit que la connaissance, même imparfaite, des lois de la nature, est destinée à rejaillir en traits de lumière, sur la connaissance des lois de l'histoire et de la civilisation.

La hardiesse de ces vues soulève sans doute plus d'une objection. On dira que l'esprit de système se joue dans la plupart des doctrines qui visent à l'unité. Ce reproche n'a rien de sérieux : les vérités les mieux établies en science, en morale, en religion, en philosophie, ont commencé par être des systèmes à l'origine; il a fallu l'épreuve du temps et l'acquiescement de la majorité intelligente du genre humain pour leur faire prendre le rang qu'elles occupent aujourd'hui. Il existe un autre point, en apparence plus vulnérable, sur lequel porteront les attaques de la critique. On objectera que les sciences naturelles ne sont encore ni assez stables dans les principes, ni assez avancées dans leur marche, pour qu'on puisse sans risque appuyer sur elles un ensemble de lois morales et historiques. Tout cela est peut-être spécieux : mais tout cela est faux. Il n'est pas vrai que la géologie, l'embryogénie, la physiologie du cerveau, la médecine philosophique, ne constituent encore que des nouveautés douteuses : la plupart de ceux qui tiennent ce langage ne les ont point étudiées : or, en science, comme ailleurs, il faut s'approcher de la lumière, si l'on veut en être éclairé. Le moyen de se garantir de l'erreur ne consistait ici que dans la sévérité du choix. Parmi les acquisitions scientifiques de notre siècle, toutes celles qui par leur bizarrerie ou leur indépendance tombaient plus ou moins dans le domaine des hypothèses, ont été écartées. Nous n'avons accueilli parmi les grandes lois de l'histoire naturelle que celles qui ont reçu à leur naissance la confirmation éclatante des faits. On voit donc que les élémens, destinés à éclairer l'histoire des sociétés par l'étude philosophique des sciences, existent. Il ne s'agit plus que de les mettre en œuvre.

Ces idées générales auraient peut-être manqué de précision, si nous avions négligé de les enfermer dans un cadre; ce cadre se présente tout d'abord à notre imagination séduite, c'est Paris. La formation d'une grande ville nous donne l'image de la formation d'une société. Ce sont des cercles qui se concentrent de plus en plus sans que les grandes lois de relations s'altèrent entre les ordres de faits parallèles. L'esprit voit seulement plus juste dans un horizon rétréci dont il se marque à lui-même la limite. Paris, cette tête de la civilisation européenne, ce microcosme, nous semble donc un fond heureusement choisi, pour y détacher les contours et les principaux traits de notre idée. Le champ de nos applications étant d'avance circonscrit, nous aurons moins de peine à le parcourir avec ordre, dans l'ensemble et dans les détails.

Il existe des divisions de Paris toutes tracées : nous avons négligé de les suivre ; nous nous sommes fait une géographie morale, où nous avons eu plutôt en vue l'ordre, et l'enchaînement logique des faits, que les convenances du régime municipal. Si nous avons pris notre point de départ dans le Jardin-des-Plantes, au lieu de le placer dans la Cité, qui est vraiment le centre de Paris, c'est que la civilisation, dont on peut répéter la marche dans nos grandes villes, a commencé avec l'humanité sauvage, au milieu de la nature et du règne animal. Le genre humain est sorti avec le temps de ces régions basses et obscures de la vie; il a rejeté le règne animal en arrière par la série rapide de ses progrès; chargé d'infirmités originelles, dont le mouvement de la civilisation a eu pour résultat de le guérir, du moins en partie, il s'est avancé vers des destinées plus grandes. Passer en revue cette série d'établissemens, où la capitale concentre, en les soignant, toutes les misères de l'âme et du corps, ce sera suivre la marche du genre humain à travers les profondeurs de l'idiotisme, les ténèbres de la folie, le silence de la surdi-mutité, l'immobilité de l'aveuglement, et toutes ces maladies anciennes, dont les infirmités qui existent encore sur le globe, ne sont que des restes, des traces conservées. Il n'y a pas jusqu'à nos cimetières dans lesquels nous ne retrouvions une image de l'état naturel à l'homme, avant la civilisation; enveloppé qu'il était alors dès sa naissance dans les langes de la mort. La promiscuité des sexes, qui est une source d'abandon pour l'enfance, a été le point de départ des races humaines : nous en verrons reparaître les vestiges dans l'hospice des Enfans-Trouvés. Un des derniers sentimens qui s'organise chez l'homme et dans une nation, c'est celui de la prévoyance : il nous faudra arriver au Paris moderne, et en quelque sorte à la couche la plus excentrique pour trouver dans l'institution de la caisse d'épargne, un monument élevé à l'économie et aux vertus de la famille.

Sans négliger la partie administrative de nos grands établissemens publics, nous avons particulièrement recherché sur ces théâtres de faits un objet d'études morales et scientifiques. A propos des asiles d'aliénés, nous avons esquissé l'histoire et le traitement des maladies mentales; à propos de l'Institut des sourds-muets les origines du langage; à propos de nos chemins de fer, l'influence de la vapeur sur les rapports et les destinées des nations. Ainsi envisagé, Paris devient un véritable cours d'enseignement philosophique. Il a fallu nous mettre en relation avec les chefs de nos établissemens si riches de lumières; car la vie d'un homme n'aurait point suffi à épuiser par ses propres forces la série d'observations sur lesquelles on base en médecine, en physiologie, en histoire naturelle, en économie politique, un ordre tant soit peu sérieux de connaissances. Nos démarches ont été accueillies, surtout par les médecins, avec une obligeance inouïe: des hommes mûris dans des spécialités honorables se sont empressés de remettre entre nos mains curieuses les clefs de la science. Ce sera un devoir et un bonheur pour nous d'écrire dans le cours de cet ouvrage les noms de ceux qui ont bien voulu nous communiquer le fruit de leurs recherches assidues! Tout en reflétant les travaux de nos contemporains, nous avons pris constamment le parti de voir par nous-même, et de dégager nos idées propres des idées qui existaient déjà. Venu d'un autre point de l'horizon philosophique, il se peut que nous ayons découvert

dans les rapports abstraits des choses, certaines lois
de la nature négligées jusqu'ici par les savans, ou
seulement entrevues.

Un ouvrage de recherches aussi patientes n'est pas
dû au travail d'un jour : il en résulte que la face
mobile du monde administratif a pu changer çà et là,
depuis que nous avons mis la première main à la ré-
daction de nos études. Nous avons cru ne pas devoir
tenir compte de ces légères variantes. Tout au plus
si nous indiquerons, une ou deux fois, en manière
de note, les réformes d'abus que nous avions signalés
dans nos deux premiers recueils littéraires, et qui
ont disparu de la scène après une révélation énergique de leur existence.

Nous ne pouvons nous en tenir à cette série d'institutions qui forment la ceinture extérieure de la ville,
il nous faudra entrer, plus tard, dans un autre ordre
d'événemens. L'histoire des accroissemens de Paris ne
saurait manquer d'être fertile en leçons et en rapprochemens curieux. Le signe de la naissance d'un peuple,
c'est la fondation d'une capitale : les nations viennent
au monde comme les enfans, par la tête. Cette tête
continue de penser et d'agir au nom du corps social,
dont elle résume la puissance, la pensée, la vie.
L'histoire politique de Paris a été écrite plusieurs fois :
mais nous croyons que les élémens n'en ont pas été
cherchés où ils doivent l'être. Paris veut être étudié
sur lui-même et non dans les livres. C'est dans le
mouvement des couches de la population parisienne
que se découvre le secret des transformations qui ont
élevé d'âge en âge le sol moral de la capitale du

monde. Il y a deux manières d'écrire l'histoire : l'une raconte les faits, l'autre les explique; c'est cette seconde méthode que nous avons choisie. L'organisation des quartiers de la grande ville exprime toujours les caractères naturels qui sont dans le peuple : de cette alliance nouvelle de la physiologie et de la statistique, sortira, nous le croyons du moins, une révélation soudaine des causes qui ont perfectionné, à travers les siècles, la matière de la civilisation dans la ville de Paris. Il ne faudra pas craindre de descendre aux détails : un peu de verre travaillé sert, entre les mains de l'astronome, à découvrir les mystères de l'espace céleste; il existe aussi des faits de peu d'importance par eux-mêmes, au travers desquels on peut mieux étudier la marche et les développemens d'une idée.

Nous avons eu en vue un livre sévère, non un livre maussade. Paris n'est pas seulement un théâtre d'idées; c'est encore un intéressant théâtre de mœurs. Il entrait dans le plan de nos travaux d'étudier l'histoire des conditions privées, et surtout la vie du peuple, la vie du pauvre. Nulle part le malaise des classes ouvrières ne se montre sous des couleurs aussi tranchées que dans la capitale du luxe et des plaisirs. C'était un devoir pour nous de fouiller avec calme le volcan de la misère publique. Cette question économique contient, selon la manière d'y pourvoir, des orages ou des avénemens; un grand travail se fait dans les lieux bas de la population. La société est à cette heure un escalier tout le long duquel on entend monter des pas derrière soi : les uns s'effraient de ce bruit mystérieux et en sont tout pâles; d'autres s'en réjouissent et crient à la délivrance. Nous sommes de ceux qui se réjouissent ; car ce bruit de pas, c'est l'annonce de nouvelles générations humaines qui arrivent à la lumière et à la liberté. Cet avénement est tumultueux. Les voyez-vous les uns presque nus, les autres couverts comme d'un linceul troué, se précipiter pêle-mêle vers l'embouchure de la civilisation ? Que demandent ces classes d'hommes depuis si long-temps enfouies ? Elles réclament des droits et avant tout celui de vivre.

Le sujet abordé dans ce livre n'a pas besoin qu'on en relève l'importance : écrire en tête d'un ouvrage, PARIS AU XIXe SIÈCLE, c'est tracer un programme ; ce n'est pas se flatter d'avoir rempli un cadre d'idées, si ambitieusement vaste. Nous allons dire à quelles proportions morales il nous semble qu'un tel livre devrait s'étendre pour être complet.

Paris est grand : il couvre une surface de trente-quatre millions de mètres carrés ; toutes ses rues, prises ensemble, donnent un développement de cent quatre-vingts lieues ; il occupe deux cent trente fois plus d'espace qu'ils n'en tenait à son berceau ; mais ce n'est pas de cette grandeur-là que nous voulons parler. La Ville, les anciens, par ce mot, entendaient Rome : nous entendons Paris. La tête du monde s'est déplacée. De jour en jour ce mouvement de centralisation s'accroît : du temps que Paris n'était encore que la France, il contenait dans son sein les rues d'Anjou, de Bretagne, d'Angoulême, de Provence ; aujourd'hui que Paris est une ville cosmopolite qui donne rendez-vous à l'univers, nous avons les rues de Bruxelles, de Stockholm, de Londres, d'Amsterdam, de Berlin, de Rome, de Madrid. L'importance de la situation géographique de notre capitale, le mouvement de son commerce, la font rayonner 'partout sur le globe : mais son autorité morale impose plus que tout le reste aux étrangers. Paris n'est pas seulement une ville, c'est le thermomètre de la civilisation. Si nous voulons savoir où en est l'intelligence humaine au XIXe siècle, nous n'avons qu'à regarder autour de nous : tout ce qui pense, tout ce qui croit, tout ce qui médite a dans nos murs ses monumens, ses institutions : des académies, voilà pour l'intelligence; des églises, voilà pour la foi; des bibliothèques, voilà pour l'étude ; des musées, voilà pour l'art; des écoles, voilà pour la propagation des lumières. Ce qui s'imprime, ce qui se dit à Paris dans les régions élevées est aussitôt répété aux quatre coins du monde. Encyclopédie vivante, notre grande cité contient toutes les sciences dans ses établissemens publics. Au palais des Thermes, elle résume les origines de notre histoire; à l'Observatoire elle embrasse le ciel; à l'École de médecine elle tient l'enveloppe de l'homme. Notre Collége de France est, pour ainsi dire, le laboratoire des idées politiques ou littéraires qui gouvernent le monde. De jour en jour le rayon visuel s'étend pour l'œil comme pour l'esprit. C'est de Paris que part le signal de toutes ces grandes découvertes qui changent la face des nations; s'il ne les invente pas, il les applique, et de ce jour-là seulement ces découvertes prennent une valeur intellectuelle dans le monde. Par les chemins de fer, Paris touchera bientôt à Bruxelles, à

Vienne, à Berlin, à Saint-Pétersbourg, à Cadix, à Rome; par les télégraphes, une idée aura plus tôt fait le tour de l'Europe qu'il n'en fallait à un roi de France au xviie siècle pour se rendre de son château des Tuileries à sa forêt de Fontainebleau.

De tous les livres qu'ait encore écrits la main de l'homme, Paris est le plus intéressant à étudier. Son histoire est presque à elle seule l'histoire de la France. Depuis les maisons et les murailles de bois qui ont commencé dans l'île de la Cité les destinées de notre ville, jusqu'aux constructions modernes, Paris n'a cessé d'offrir un mouvement continu de démolition et d'accroissement. Les armées barbares passent et affacent cette ancienne cité de bois qui renaît de pierre. Jetons seulement les yeux sur la carte de Paris dressée en 1782; presque tous les établissemens actuels, colléges, musées, cimetières, n'existaient pas; presque tous les établissemens d'alors, communautés, églises, couvens, n'existent plus. En un demi-siècle la face de la capitale a complétement changé; au Paris religieux, qui comptait alors soixante-deux paroisses, succèdent le Paris philosophique de la révolution et le Paris militaire de l'empire, qui transforment les anciens cloîtres en bibliothèques ou en casernes. Ce mouvement ne s'arrête pas; chaque jour de nouvelles rues percent des masses de maisons compactes qui gênaient la circulation; d'anciennes lignes tortueuses se redressent, des voies étroites s'élargissent; ici la main de l'homme n'a jamais fini d'abattre ni de reconstruire. Ces travaux de rénovation demandent à être dirigés avec intelligence pour ne point tourner an vandalisme. Loin de nous cet esprit systématique d'école qui voudrait immobiliser la forme des villes sous prétexte d'attachement aux traditions du passé. Nous applaudissons à toutes les créations nouvelles; nous sommes pour tout ce qui rend une cité brillante, commode, agréable : mais nous croyons que ces progrès et ces transformations peuvent très bien s'associer avec le respect des souvenirs; c'est ici qu'il est du moins possible d'améliorer en conservant. Un arbre n'en est pas moins un arbre pour être planté devant un édifice rare, et une borne-fontaine n'en rend pas moins des services à la population, tout en coulant devant un mur historique.

Il se passe depuis quelques années un fait municipal qui soulève peu d'intérêt, mais qui mérite pourtant d'être remarqué : nous voulons parler des changemens de noms qu'on a fait subir aux rues de Paris. La rue de la Mortellerie, ainsi appelée d'une épidémie qui fit de grands ravages parmi ses anciens habitans (1), est aujourd'hui la rue de l'Hôtel-de-ville. Cette dernière dénomination est peut-être plus agréable que l'autre, mais elle a moins de caractère. La rue de l'Orme Saint-Gervais, où l'antiquaire respirait en idée l'ombre du gros arbre sous lequel les femmes du quartier venaient autrefois prendre le frais et babiller, est devenue la rue François-Miron. La rue du Long-Pont, célèbre par une maison qu'habita

_____

(1) Selon d'autres historiens de Paris, cette rue aurait pris son nom des meurtres qui s'y commettaient, ou encore de quelques bourgeois nommés *Mortellier* qui y ont autrefois demeuré. Le lecteur choisira.

Voltaire, a revêtu par hasard le nom de Jacques de Brosse. La rue de Seine-Saint-Victor, située près des terrains qu'une fameuse abbaye céda généreusement, dans le dernier siècle, au Jardin des Plantes, s'appelle maintenant rue Cuvier. Rien de mieux que d'attacher les noms de savans illustres, de grands écrivains ou même d'hommes utiles, aux rues de la capitale, mais nous voudrions que ce fût aux rues neuves, et non à celles qui sont déjà nommées. Une ville est, comme nous l'avons dit, un livre dont chaque rue forme une page : ajoutons de nouveaux feuillets au livre, mais n'effaçons pas les anciens. Il existe telle rue qui n'avait pour elle que son nom ; il est vrai que ce nom était quelque chose, nous voulons parler de la rue du *Roi Doré*. L'imagination croyait y voir reluire une ancienne image du roi Salomon. Par une maladresse que rien n'excuse, ce titre pittoresque a été raccourci : nous avons à présent la rue *Doré*, qui n'a plus de sens. De telles altérations commises à tort et à travers, enlèveraient bientôt toute poésie aux inscriptions de notre ville.

Jamais les travaux d'architecture n'avaient pris une si grande extension que dans ces dernières années ; nous approuvons ce mouvement lorsque nous le croyons utile : nous le blâmons au contraire quand nous sommes fondé à le croire nuisible ou immodéré. Le moment est venu de s'élever contre cette soif de bâtir qui compromet çà et là l'existence morale de nos établissemens publics pour satisfaire les projets ambitieux ou avides de certains entrepreneurs. Il y a quelques années encore, la maison royale de Charenton, si justement renommée pour le traitement des maladies mentales, jouissait d'une grande prospérité. Cependant, comme les anciens murs tombaient en ruine et que les bâtimens présentaient la figure maussade de la vieillesse, on arrêta des plans de reconstruction. Jusqu'ici tout était bien : mais, par malheur, un désir excessif d'agrandissement, et peut-être aussi des intérêts personnels cachés sous le masque, entraînèrent les travaux bien au-delà des limites raisonnables. Aujourd'hui l'édifice est presque achevé; c'est très beau, très vaste, très monumental, très incommode; il n'existe par malheur aucune proportion entre l'étendue des bâtimens et le nombre probable des malades. Qu'en résulte-t-il ? C'est que les dépenses faites pour élever cette demeure immense et vide ont dispersé les ressources de l'établissement, et que mille besoins se trouvent maintenant en souffrance. Les malades sont logés comme des princes, c'est-à-dire fort grandement et fort mal à l'aise : mais ils manquent en partie des soins matériels qu'exige leur état. Le zèle éclairé du médecin en chef n'a cessé de protester contre de telles maçonneries insensées; il lutte encore chaque jour contre les obstacles et les embarras créés par une prodigalité si grande envers les murs. Autrefois la maison royale de Charenton possédait des prairies sur le bord de la Seine, un moulin, des rentes sur l'Etat; aujourd'hui l'établissement est ruiné, il ne lui reste, grâce à ses somptueuses constructions, que des pierres pour toutes ressources, et le concours éclatant de la science qui soutient, Dieu merci! son ancienne célébrité.

2.

Nous encouragerons les travaux utiles, ceux dont
la classe pauvre doit recueillir le plus de services,
comme le pavage des rues fangeuses et humides, l'as-
sainissement des quartiers populeux, l'érection des
bornes-fontaines ; on gémit à penser que l'habitant
de Paris ne dispose que de sept litres d'eau , quand
celui de Londres en a soixante-deux pour son service.
L'éclairage, si abondant dans les rues Vivienne, Saint-
Honoré, de Rivoli, est au contraire d'une parcimonie
extrême dans les quartiers du faubourg Saint-Marceau
et Saint-Jacques. Nous demanderons que la lumière
du gaz se lève pour tous les yeux, comme la lumière
du soleil. Nous aurons aussi à examiner si les moyens
mis en usage pour la salubrité publique dans la ville
de Paris, sont aussi efficaces qu'on veut bien le dire.
Il est à regretter que le système de plantations d'arbres dans l'intérieur de la ville n'ait pas encore reçu
plus de développement. On a cru aider à la circulation de l'air dans la ville de Paris en alignant les maisons et en élargissant les rues ; de louables travaux
ont été dirigés sur certains quartiers pour les éclaircir ; mais il ne faut pas s'exagérer le résultat de ces
entreprises. Le terrain destiné à agrandir les voies
de communication a été pris sur des jardins dont les
arbres contribuaient beaucoup à purifier l'atmosphère
de notre ville. Aujourd'hui les jardins disparaissent,
les arbres tombent, les gazons s'effacent sous les pa-
vés ; les Parisiens n'auront bientôt plus que les chétifs
tilleuls des quais et les ormes des boulevards pour
couvrir leur tête d'une poudreuse verdure. On vante
aussi tous les jours les maisons élégantes , les distri-

butions commodes, les logemens agréables qui ont succédé aux anciennes masures dans les quartiers Saint-Victor, de la Grève, de la Cité; mais on n'ajoute pas que jusqu'ici la classe pauvre n'a nullement profité de ces constructions modernes. Chassés de leur vieille demeure comme les oiseaux de la forêt, du chêne qu'on abat, ces hôtes fugitifs sont allés porter ailleurs dans la ville leur nid et leur misère. Refoulés dans les rues du quartier des Arcis, ils sont venus s'entasser au sein de maisons étroites, sales, humides, sans cours, sans air. Les architectes n'ont songé jusqu'ici, dans leurs constructions nouvelles, qu'à la classe aisée; il semble qu'à leurs yeux le pauvre ne doive pas se loger.

La densité de la population dans certains quartiers indigens et malsains est un fait sérieux qui doit faire réfléchir l'administration de la ville de Paris. La misère se concentre chaque jour sur des points ténébreux et y occupe chaque jour moins de place. Il est tel quartier de Paris où un seul hectare compte plus de quinze cents habitans; on oserait à peine confier mille arbres au même espace de terrain; les arbres souffriraient, les hommes meurent. Il est telle rue, telle maison, où une famille entière tient dans un réduit de six mètres carrés. On devine l'influence de cet état de choses sur la santé des habitans. Serrés les uns contre les autres dans une ceinture de pierre, ces malheureux ne reçoivent qu'un air rare et vicié. La phthisie et tout un sombre cortége d'affections pulmonaires assiégent ces quartiers étouffans, où il semble avoir été défendu à l'homme de respirer.

Nous serions à même d'indiquer les arrondissemens, les rues et jusqu'aux maisons malsaines, avec le chiffre annuel de leur mortalité. Il existe dans le quartier des Arcis une triste masure où depuis dix ans le nombre des morts est six fois plus considérable que dans les demeures spacieuses et commodes des autres quartiers de la ville. Nous n'attribuons pas à la seule influence du domicile l'élévation des causes morbides; nous savons que les travaux, le genre de vie, les habitudes, déterminent aussi des accidens irréparables; mais il est vrai de dire que le moral des habitans tend à se mettre partout au niveau des habitations. Ces rues étroites, obscures, fangeuses, où l'air demeure continuellement immobile, où le pavé ne sèche jamais, donnent asile à une sombre population dont le caractère est en rapport avec les lieux où elle séjourne. Au-dessous de cette classe utile qui pourvoit à sa subsistance par un travail dur et journalier, il en existe une autre partout reconnaissable à son dénuement absolu, à sa profonde dégradation; race sans nom, qui ne possède que sa misère et ses vices. C'est un devoir de l'administration que de faire remonter à la société ces êtres déchus; or, il n'est pas douteux que le milieu sordide où ils vivent ne contribue à les maintenir dans leur déplorable état.

Il se rencontre des esprits qui, séduits par des études spéciales, ne voient dans Paris que des maisons, des rues, des édifices, des murs; pour ceux-là les habitans n'existent pas. Nous nous garderions bien de borner ainsi notre horizon; si intéressante que soit l'enveloppe monumentale d'une ville comme Paris, une importance bien plus grande se rattache à sa population. La statistique nous fournira quelques traits pour dessiner le caractère moral de Paris et de ses habitans. Il ne faut pas, toutefois, s'exagérer le secours qu'on peut tirer des chiffres. L'état de notre pays, et de notre ville en particulier, tient au développement de nos institutions, au progrès de nos mœurs et de nos idées, à la nature des établissemens fondés par la main des siècles et sans cesse modifiés par l'opinion. Ceux qui, séduits par la fantasmagorie des calculs, pensent avoir trouvé le moyen d'évaluer mécaniquement les ressources de notre ville, ses nécessités, ses souffrances, encouragent sans le savoir le principe matérialiste contre lequel nous nous proposons de réagir. La question est à reprendre de plus haut. Nous croyons que par la pensée, par l'observation fidèle des différentes classes de la société parisienne, on arriverait plus certainement à une connaissance approfondie de la situation morale que par la voie assez stérile des tableaux mathématiques.

Au premier coup-d'œil, Paris offre une masse compacte et homogène; mais, comme en fouillant dans les entrailles de la terre, on voit reparaître d'étage en étage les restes d'une formation de plus en plus ancienne, conservée par les mains de la nature, de même une étude minutieuse et profonde des différentes couches découvrirait sous la surface actuelle de la société parisienne les restes de plusieurs sociétés antérieures. Les caractères physiologiques, propres aux différentes classes d'habitans, forment pour les yeux exercés autant de races distinctes qui se touchent, mais qui ne se confondent pas. Chaque âge séculaire de la civilisation a pour ainsi dire déposé dans un quartier de la ville sa trace et ses dépouilles vivantes. La loi des naissances, des mariages, des décès, des infirmités,des vices de conformation et autres causes d'exemption du service, est très loin d'être la même pour tous les arrondissemens. Les économistes qui ont voulu agir par des calculs généraux sur des parties si hétérogènes ont tous été conduits à des résultats absolument nuls ou erronés. Il faut décomposer les élémens de la population de Paris. Au lieu de voir dans Paris une ville unique, sortie en bloc du même ordre d'événemens, nous serons alors forcés de reconnaître dans les classes inférieures des traits essentiels qui dessinent les caractères primitifs de la civilisation. Les divers quartiers, à mesure que s'élèvera le moral de leurs habitans, nous représenteront autant de degrés par lesquels la population parisienne a dû passer avant de parvenir à son âge de virilité. La forme relative des habitations, l'état des mœurs et des connaissances en rapport avec les caractères de l'organisation humaine, l'inégalité des développemens au moral comme au physique, sont autant de monumens négligés jusqu'ici, et qui seuls peuvent servir à rétablir la statistique sur ses véritables bases. Ce n'est pas seulement l'histoire d'une ville qui sort de tels monumens physiologiques comparés entre eux, c'est comme nous l'avons dit plus haut, l'histoire d'une nation. L'étude de Paris faite sur ses habitans, sur ses rues, sur ses édifices, renoue les anneaux de cette chaîne de changemens et de révolutions morales qui ont constitué le caractère de la France comme société. Il ne tient même qu'à nous d'élargir ce cercle déjà si vaste et de retrouver dans les accroissemens successifs de la civilisation parisienne une image du mouvement de formation de tous les peuples. Voyager par toute la terre, c'est parcourir dans les limites de l'espace le même ordre de faits et d'idées que l'histoire universelle nous déroule dans les limites du temps ; voyager dans Paris , c'est embrasser en petit dans l'enceinte d'une ville les événemens humains que la loi du progrès développe en grand sur toute l'étendue du globe.

Cette histoire morale de Paris nous conduit aux questions d'économie publique dont l'administration commence justement à se préoccuper. N'y a-t-il point un intérêt grave et humain attaché à des établissemens comme les hôpitaux, les asiles, les prisons , où la partie la plus faible et la plus déchue de la population amasse chaque jour les flots de sa misère ? Aux greniers publics, aux abattoirs, l'économiste rencontre la question des subsistances, le physiologiste celle de l'influence de la nourriture animale ou végétale sur la constitution humaine.

Nous aurons à parler des bureaux de bienfaisance, des institutions de prévoyance et d'économie; en un mot de tous les moyens destinés à la guérison des plaies sociales. Il existe aussi plus d'un abus à réprimer; nous voulons parler des jeux de l'industrie qui s'exercent çà et là dans la ville , sans qu'une critique libre et désintéressée les domine d'un blâme sévère. A peine vous approchez-vous de la Bourse, que ce mouvement

répandu autour de vos pas, ce luxe, ce bruit, ce tumulte, cette foule, tout vous dit que la vie est là. Les
idées philosophiques tombent dans l'indifférence; la
gloire! on en rit; la littérature! nous la voyons se flé-
trir chaque jour, sous le souffle de la vénalité; les
luttes politiques même se calment : mais la hausse et
la baisse de la rente continuent d'émouvoir les passions. Autrefois, l'esprit religieux entretenait la vie
des sociétés; aujourd'hui, l'esprit d'agiotage palpite
à la place de la foi. La Bourse est devenue la cathé-
drale du xix⁰ siècle. Ce temple de l'industrie moderne,
a, comme les anciens temples, ses initiés et ses mystères, sur lesquels il serait bon de déchirer le voile.

Dessiner en un mot, dans ses principaux traits, le
profil de la civilisation parisienne au point de vue
religieux, moral, scientifique, industriel; soumettre à
l'examen les projets de l'administration; ne négliger
dans notre cadre ni le Paris intellectuel, ni le Paris monumental; recourir, suivant l'occasion, à la statistique,
à l'observation, à la physiologie, pour réunir des lumières, tel est le travail que nous proposons, Dieu aidant
d'exécuter un jour. L'intérêt de semblables recherches
ne s'arrête pas aux murs de notre ville; la France entière est engagée à ce que Paris soit fort, prospère, éclairé, puisque c'est de là que lui vient sa puissance. Une
ville comme la nôtre est d'ailleurs responsable devant
l'avenir. La surface de Paris s'est déjà renouvelée plusieurs fois; sous son enveloppe moderne, on retrouve
comme des dépouilles fossiles les formes anciennes,
qu'il a successivement prises ou rejetées pour s'avancer de siècle en siècle vers son état de splendeur.

Notre époque laissera à son tour une empreinte sur ce sol toujours recouvert par des créations nouvelles. Nous devons donc veiller à ce que la pensée, qui préside de nos jours aux destinées de la ville, soit assez forte pour marquer une trace intelligente et utile sur ce livre de pierre, où la main de la révolution a tout dernièrement inscrit des titres de liberté, et la main de l'empire des victoires.

Un sentiment national se lie pour l'auteur de ce livre au sujet qu'il traite. Enfant de Paris, il aime la capitale, parce qu'il aime la France. Ses yeux étaient à peine ouverts, qu'il vit poindre comme dans un rêve, la majesté extérieure de la grande ville, et ne la quitta plus. Venu au monde dans le vieux faubourg Saint-Antoine, au milieu des couvens et des fabriques, — l'ancien et le nouveau Paris — il a gardé pour l'air de sa ville natale des sympathies qui ne s'effacent pas. C'était en 1814 : son berceau flotta sur le déluge qui couvrait alors la France. Il n'en reste que plus attaché, du fond du cœur, au pays et à la cité historique : les fils aiment les mères qui les ont enfantés dans la douleur.

La mission de Paris n'est pas terminée. Le progrès, dont nous suivons ici les traces, ne s'est jamais manifesté par une lumière si grande ni si rapide, que dans ce puissant XIXe siècle, pas encore à la moitié de sa course et déjà si rayonnant. Un seul fait grave a lieu d'inquiéter les penseurs, c'est le déclin des croyances et du sentiment religieux. Le monde est attaqué, sous une autre forme, du mal de l'indifférence, dont était prise la société romaine, avant l'établissement du christianisme. Cette maladie est en effet alarmante : la société d'alors eût péri si l'on ne lui eût inoculé à temps le sang d'un Dieu. Aujourd'hui nous n'avons plus le même remède, ni les mêmes moyens de salut à espérer ; il n'y a plus de messie à paraître. Il faut que la pensée humaine reconstitue elle-même ses dogmes, sur les bases nouvelles de la science et de la philosophie. Ce travail est lent, pénible, douloureux ; il demande le concours de toutes les intelligences élevées ; il laisse le cœur des populations dans l'attente et dans le tremblement. Au milieu de ces ténèbres morales qui couvrent la face de la terre, les consciences mourantes tournent instinctivement les yeux vers Paris, comme les Israélites dans le désert, vers le serpent d'airain. Là, se dégage en effet du sein de toutes les recherches, de toutes les connaissances mises, pour ainsi dire en commun, une pensée d'avenir et d'unité : c'est cette pensée-là qui sauvera le monde.

JARDIN DES PLANTES.

1. — De la Nature.

Les anciens se représentaient la nature sous les traits d'une femme nourricière et féconde. Cette image n'a point été effacée par le progrès des temps modernes. Au mot de nature se rattache encore une idée de production. Mère éternellement jeune, elle procède, sous l'action de Dieu, à l'enfantement des mondes. L'antiquité avait en outre placé le caractère de l'inconnu, *quid ignotum*, dans cette Isis impénétrable dont le mystère était, pour ainsi dire, le vêtement. Nous verrons si le voile dont elle couvrait alors le secret de sa figure est tombé depuis sous la main audacieuse de la science.

La nature n'a pas toujours été ce qu'elle est aujourd'hui; il y aura donc à écrire l'histoire de ses changemens et de ses vicissitudes. Commençons par quelques idées générales sur l'ensemble des phénomènes de l'univers, et principalement sur les différences qui existent entre les êtres aujourd'hui vivans. Quelle est l'origine de cette variété inépuisable de formes dont l'œil le moins exercé est, pour ainsi dire, saisi au jardin des Plantes? — Quelle est la cause qui distingue par des caractères arrêtés les nombreux animaux du globe terrestre?

Différer, se départir du tout, telle est la tendance croissante, qui se manifeste dans l'ensemble de la création, après le premier âge du monde. Plus en effet les époques vers lesquelles on remonte sont anciennes, plus les causes générales ont eu d'empire sur la terre. Tant que l'action de ces causes extérieures a été uniforme sur le globe, la création animale s'est montrée partout semblable à elle-même. Une nature muette, sans variété, s'étendait çà et là, — dans ces temps où la loi de localisation n'existait pas. Le monde même que nous habitons n'avait pas encore la physionomie astronomique qui le distingue aujourd'hui des autres mondes. Le dernier grand cataclysme doit avoir eu surtout pour résultat d'envelopper la terre d'une atmosphère nouvelle, moins accessible que l'autre aux influences célestes. Avec le cours des siècles, notre globe s'est fait, comme on dit maintenant, une individualité : la vie a suivi la même tendance au dégagement. A mesure que les temps se rapprochent dans la chaîne des faits antédiluviens, l'énergie des causes locales se développe, et le règne animal perd sa monotone constance. Que dis-je? nous le voyons acquérir avec le temps cette indépendance de caractères,

qui fait, pour ainsi dire, du même être un animal à
part; selon la différence des lieux qu'il occupe sur le
globe. Au lieu d'une nature universelle, nous avons
alors une nature géographique.

Les climats sont l'ouvrage des dernières catastrophes du globe. Leur rôle a été considérable dans le
travail d'achèvement des êtres à la surface de la terre.
Si les climats n'ont pas créé à l'origine tous les caractères physiques des races, ils concourent du moins à
les maintenir et à les conserver. Là ne se borne pas
leur action. Investis d'une puissance configuratrice
des choses, ils ont remanié la nature antédiluvienne,
cette nature enveloppée et une. Il existe à la surface
du globe, depuis les derniers événemens auxquels
nous devons une assiette stable, des forces et des facultés particulières qui s'exercent sur une étendue
limitée. La terre présenterait, du moins sous ce point de
vue, une grossière image des divisions morales, que le
docteur Gall avait dessinée sur la tête de l'homme.
Douée, selon les lieux, de certaines vertus modifica-
trices de l'économie animale, elle crée des traits nouveaux dans la création primitive. Ces puissances localisées agissent à-la-fois sur les deux règnes; il en
résulte des influences qui s'enchaînent et qui déterminent, par leurs rapports mutuels, les conditions de
la variété dans l'unité.

La plus récente création antédiluvienne a survécu
avec de légères altérations de formes, au dernier grand
cataclysme, sur l'unique partie du globe, où les conditions de chaleur, propres à l'ancien monde, ont persisté. C'est une belle démonstration, selon nous, en

faveur du principe de l'enchaînement et de la corrélation des choses. Il y a encore de grandes découvertes à faire sur la nature des lois qui règlent la distribution des êtres à la surface du monde. Les formes et
les mœurs se montrent partout en harmonie avec la
nature des milieux et de la température céleste. Il
existe des climats qui semblent faits pour le progrès
comme d'autres pour l'immobilité. Aux deux extrémités nord et sud, nous retrouvons une nature pé-
trifiée, où rien ne change, pas même les cadavres.
Ces lieux où la face générale des choses est sans mouvement, ont une population à leur image. Dans ceux
au contraire où la variété des saisons fait succéder
une formation à une autre, la résistance du climat
produit la lutte, et cette lutte engendre chez les habitans une réaction morale : tout marche alors vers
un véritable perfectionnement. Les saisons, dans nos
régions tempérées, constituent d'ailleurs un moyen
ingénieux, dont se sert la nature pour rapprocher
toutes les températures du globe sous le même ciel,
et pour réunir ainsi tous les climats en un seul. L'hiver, dans nos contrées, nous montre pour ainsi dire
le profil glacé des pôles ; comme l'été transporte au
contraire sur nos têtes, un reflet du soleil équatorial.
Les saisons, ainsi envisagées, sont pour le naturaliste
des climats voyageurs.

La création animale est venue perfectionner sur
l'écorce solide du globe, la création végétale : l'homme
arrive à son tour perfectionner les deux règnes. Sorti
comme les animaux du sein de la nature, le genre humain est un enfant qui a détrôné sa mère. Plus indé-

pendant des liens du monde physique et des influences locales, il n'échappe pas néanmoins aux grandes lois de relation qui unissent tous les êtres créés.
Une observation attentive nous montre l'homme
enveloppé dans les caractères de la race, la race dans
les climats, les climats dans le globe terrestre, le globe
terrestre dans l'univers. Il faut être dans une certaine
disposition d'esprit, libre et dégagée de la matière,
pour entrevoir cette solidarité magnétique des choses.
Les sympathies mystérieuses qui existent entre les élémens de notre planète et probablement entre notre
planète et les autres mondes, constituent, dans l'infini
des temps, le lien de la vie universelle.

La liberté des êtres se modèle sur le plus ou le moins
d'élévation de leur existence. Plus l'organisme est
simple, moins l'animal a de vie propre, et plus aussi il
appartient aux agens extérieurs sous l'influence desquels il se développe. Il revêt alors la forme, l'aspect,
la couleur des lieux et des objets où il se rencontre.
A qui n'est-il pas arrivé de mettre la main sur des
chenilles qui avaient absolument l'apparence de la
branche à laquelle ces insectes adhéraient. La chenille
du saule semble la feuille de cet arbre redoublée. Il en
est de même de certains mollusques, et en général de
tous les animaux inférieurs : leurs caractères sont
exactement dessinés sur la nature des circonstances
qui les environnent. L'action des causes extérieures
diminue à mesure qu'on s'élève dans la série des combinaisons organiques ; l'être se dégage. La forme
n'est plus alors le résultat fortuit des mouvemens qui
président dans l'univers à l'éclosion de la vie. A aucun

moment de l'existence, la structure des grands animaux n'est tout-à-fait indéterminée. Quoique l'embryon passe dans l'utérus par divers états qui semblent appartenir à d'autres espèces du règne animal, sa forme définitive est arrêtée d'avance; l'orbite de ses développemens est tracé. Il existe tout d'abord dans chaque organe une force absorbante, élective et formatrice, qui préside à l'arrangement de la matière; de la réunion de ces forces résulte l'économie générale de l'être. L'énergie des causes intimes va toujours croissante à mesure qu'on s'élève vers l'homme; elle finit ainsi par balancer, par dominer même l'action des causes extérieures, de plus en plus réduite.

La forme est une force; mais cette force peut-elle être arrêtée, modifiée, infléchie dans tous les cas, par les obstacles que lui oppose la durée des influences étrangères? Examinons. La nature témoigne, en général, une extrème résistance à sortir d'une ligne tracée, que cette ligne soit naturelle ou acquise. On a vu des animaux, modifiés par l'action de l'homme, qui, rendus plus tard à l'état sauvage, mettaient presque autant de temps à perdre les caractères de la domesticité, qu'ils en avaient mis précédemment à les revêtir.—La forme cède lentement, mais elle cède. Il s'en faut du reste que la résistance aux causes extérieures soit la même pour tous les caractères de l'animalité. Plus un organe est central, et plus il obéit, dans les profondeurs de l'être, à l'énergie des lois immuables; plus au contraire il est porté à la superficie, et moins il paraît subir l'influence de ce moule invisible dans

lequel la nature a , selon quelques savans , jeté les
grands types de la création. L'existence du mouvement qui modifie les êtres vivans, sur les différences
extérieures des climats , ne saurait pour nous être
mise en doute. Les caractères superficiels , comme la
couleur, le poil, la taille des animaux, prennent surtout leur origine dans la nature de ces causes que les
Allemands appellent objectives. La plupart des voyageurs ont remarqué une harmonie singulière entre
la physionomie du désert fauve , éclatant , rayé , et
l'aspect de la robe du tigre. Les oiseaux du nord sont
gris ou blancs comme la neige et le brouillard de leur
mélancolique patrie. Il m'est impossible de ne pas
voir une analogie entre le poil de certains bœufs et la
couleur des terrains dont leur race est originaire. Ces
différences extérieures ne pénètrent pas aisément dans
l'organisation. Le squelette du chat angora, si reconnaissable du chat ordinaire dans l'état de vie, ne donne
plus aucuns signes distinctifs à l'anatomie comparée.
Les caractères superficiels des anciens animaux ayant
disparu dans l'incrustation, on peut affirmer que les
différences constatées par l'ostéologie entre le vieux
et le nouveau règne, doubleraient de valeur, si nous
possédions entiers la plupart des individus qui ont
péri dans le naufrage de l'ancien monde. Les influences de causes extérieures qui ont cessé d'être devaient
surtout agir à la surface de ces animaux détruits pour
leur imprimer une physionomie inconnue aujourd'hui
sur la terre. Nous pouvons donc conclure que l'ensemble des caractères superficiels, dans les temps anciens et dans les temps modernes de la création , se

8.

règle tantôt sur l'état général, tantôt sur les énergies localisées du globe terrestre.

Si la forme est susceptible de changemens et de va·riations, où s'arrête l'action modificatrice des causes extérieures? Quelle est, en un mot, la limite des mutations de l'être? Ici le terrain des faits tremble, et toute la philosophie de la science se divise. — Il existe en histoire naturelle une école nouvelle qui n'admet presque aucunes bornes à la toute-puissance des milieux ambians, pour atteindre et modifier les lois de l'organisation animale. Si l'action lente du temps suffit pour altérer insensiblement les formes, au moyen de faibles changemens survenus dans l'atmosphère ou dans la nature des autres causes extérieures, cette action sera bien plus énergique et bien plus décisive encore, dans le cas où des cataclysmes concourraient à lui donner une plus grande intensité. Il en résulte que les faits auxquels se rattache l'organisation actuelle des êtres, à la surface du monde fixé, ont pu s'engendrer les uns des autres, dans les époques antédiluviennes, par un mouvement enchaîné. Ce système, dont les adversaires ont, à dessein, forcé les conséquences, a été jugé sévèrement au point de vue religieux. Si une doctrine philosophique se cache derrière cette idée des transmigrations de la vie, ce n'est à coup sûr pas l'athéisme. Loin d'exclure l'intervention de la Providence, une telle idée l'appelle au contraire directement sur l'ordonnance et le progrès des choses, depuis l'origine du globe terrestre. Les grands animaux ont été, de toute éternité, prédestinés à une forme : mais cette forme s'est dessinée à travers les âges, en passant des états les plus simples de la vie à des faits d'organisation plus compliqués. Chaque famille du règne animal s'est arrêtée au moment où elle a reçu, pour ainsi dire, son achèvement. de la part des causes générales qui ont présidé, dans la limite des temps, à la structure fugitive des anciens mondes. Dieu apparaît certainement au milieu de cet ordre : il apparaît, quoi qu'on en dise, avec ce caractère d'unité, qui l'imprime, en quelque sorte, lui-même, sur toute l'étendue de la création.

Selon une autre école, la forme est immuable, — immuable comme l'être infini qu'elle exprime dans le domaine du fini. Le créateur a fixé ses idées dans la création; chacune de ces idées est un type, et le type ne varie pas. Si des circonstances extérieures font obstacle à son développement, la forme lutte ; dès que ces barrières s'abaissent, elle reprend toute son énergie intime et revient d'elle-même à la direction éternelle qui lui est tracée. La vie est circonscrite, de la sorte, dans une multitude de cercles dont elle ne peut jamais s'écarter. Cette doctrine compte à sa tête un naturaliste célèbre, Cuvier, et un écrivain plus célèbre encore, M. de Lamennais.

Les idées générales que nous venons d'exposer sur la nature, devaient nous servir, en quelque sorte, d'introduction, pour nous ouvrir l'entrée de cet établissement sévère, où la science a réuni toutes les productions du globe.

II. — Histoire du Muséum d'histoire naturelle. — Geoffroy St.-Hilaire. — Lakanal.

La fondation du Jardin des Plantes remonte à 1635. Cet établissement a eu, comme la nature dont il est l'image, ses progrès et ses développemens mesurés. Nous glisserons sur des origines connues (1). Un grand nom se rattache à chacun des âges qui ont marqué la croissance de cette institution scientifique. Gui de la Brosse, médecin de Louis XIII, aidé dans son entreprise par la protection du roi et du cardinal de Richelieu, fit l'achat, la clôture et la disposition du terrain; il s'y installa en qualité de surintendant vers l'année 1640, et donna au nouvel établissement le nom de *Jardin des plantes médicinales*. Il y fit venir en effet des plantes de toutes parts , au nombre de deux mille, pour les élever. Cette origine si humble, entre les mains de Gui de la Brosse, eut encore à souffrir de la négligence du surintendant qui lui succéda. Peu touché de la botanique, ce nouveau-venu , qui était aussi médecin du roi , laissa tellement tout dépérir, que ces lieux n'avaient plus même la forme d'un jardin. L'établissement allait décheoir à son berceau, si Fagon ne se fût trouvé là pour le régénérer. Fagon était né au Jardin des Plantes; sa mère était la nièce de Gui de la Brosse; il

(1) On peut consulter l'*Histoire du Jardin des Plantes* par Deleuze.

prit à cœur de relever une œuvre utile, toute nouvelle, et déjà défaillante. L'éclat de ce nom, le zèle du nouveau surintendant, sa position en cour, tout contribua dès-lors à sauver l'institution. Fagon mourut, c'est la destinée des hommes et des médecins; la surintendance du Jardin des Plantes passa alors par des mains obscures, mais plus l'état des choses empirait, plus une rénovation devait être jugée nécessaire. La direction du Jardin des Plantes fut retirée aux médecins de la cour, et confiée à Dufay, jeune savant d'un esprit étendu et flexible. L'établissement était retombé, il remonta. Après quelques essais d'administration habile, Dufay, âgé de quarante-et-un ans, penchait à mourir. La situation était critique ; le Jardin des Plantes allait-il retourner à cet état de langueur et de décrépitude dans la jeunesse, dont le talent administratif de Dufay l'avait fait un instant sortir? La voix publique commençait à réclamer : sur ces entrefaites, un chimiste de l'Académie des sciences, Hellot, va trouver Dufay; tantôt insinuant, tantôt ferme et décidé, il cherche, si j'ose ainsi dire, le cœur du mourant. « Buffon, lui dit-il, est seul en mesure, par sa puissance de caractère, de continuer votre œuvre de régénération ; éteignez donc vos sentimens de rivalité, et désignez cet ancien ami pour votre successeur. Cette demande est contenue dans la lettre que je vous présente à signer. » Dufay , défaillant, signa.

Sous Buffon, le Jardin des Plantes reprend une vie nouvelle. De simplement botanique et médical qu'il était, il commence à devenir le temple de toute la nature. Quelques collections se forment; le jardin et les bâtimens s'étendent. C'est à Buffon, à son génie, à son goût pour le luxe et la représentation , que l'établissement dut, en moins de dix ans, d'être renouvelé. Roi de la science, il traitait, pour ainsi dire, d'égal à égal, avec les têtes couronnées. L'impératrice de Russie, animée pour le naturaliste français de sentimens d'estime, lui avait envoyé de riches mines de malachite, et toutes les plus belles fourrures que produisent ses États. Buffon accepta tout, non pour lui, mais pour le muséum qu'il formait. De toutes parts les dons et les richesses affluaient dans le Jardin des Plantes. Ce qui fonde, ce qui agrandit les établissemens, ce sont surtout les idées et le nom du fondateur. Buffon était, sous ce rapport, l'homme le mieux choisi pour donner une âme à cette création monumentale de la science. Esprit vaste comme la nature, il embrassait à-la-fois les trois règnes dans l'étendue de ses connaissances variées. Son génie n'avait d'égal que son désintéressement. Les anciens édifices ne suffisaient plus aux accroissemens des collections : Buffon céda un jour sa bibliothèque, un autre jour son salon , puis, ainsi de suite, toutes les pièces de son logement; le savant fit si bien qu'il se vit peu-à-peu renvoyé de chez lui, par ces rares et précieux échantillons, dont il était, pour ainsi dire, le père. Où la supériorité de Buffon éclate surtout, c'est dans ses ouvrages. On a écrit dans ces derniers temps, après Cuvier, que le véritable titre de Buffon à l'immortalité, était d'avoir fondé la partie historique et descriptive de la science. Cet éloge, si c'est un éloge qu'on a voulu faire, manque encore de rectitude. Buffon est sans doute un admirable historien des animaux, surtout par le style : mais ce rare mérite n'est chez lui que secondaire. Son premier, son véritable titre devant la postérité, c'est d'avoir été le philosophe de l'histoire naturelle : soit qu'il découvre la grande loi de la distribution géographique des êtres, soit qu'il pose la question de la fixité ou de la variabilité des espèces, soit qu'il déchire le voile des siècles sur les événemens qui ont formé l'écorce de notre globe, il s'élève partout à la plus grande hauteur où l'esprit humain puisse monter.

Nous venons de décrire les âges de tâtonnement durant lesquels le Jardin des Plantes s'avançait à pas lents vers un état de splendeur et de perfection. Sa grande époque date de la révolution française. L'ère de la terreur respecta l'établissement de Buffon; elle l'accrut même et l'éleva tout d'un coup à la hauteur philosophique d'un *muséum d'histoire naturelle.* Cette subite transformation fut l'ouvrage d'événemens que je dois retracer. Deux hommes bien différens de caractère contribuèrent alors, l'un par ses services publics, l'autre par ses travaux dans la science , à la fortune nouvelle de l'établissement : ce furent Lakanal et Geoffroy Saint-Hilaire.

III. — Lakanal. — Son rôle à la Convention. — Sa correspondance.

La révolution française avait pour but la régénération de l'esprit humain. Déjà deux assemblées célèbres, la Constituante et la Législative, venaient d'ébaucher un nouveau système d'organisation morale et politique, quand les événemens se soulevèrent contre les limites qu'elles s'étaient tracées. Les tendances philosophiques de Jean-Jacques Rousseau entraînaient à l'égalité des lumières : la Convention parut. Au milieu des orages d'un événement inouï, cette assemblée de sombre et puissante mémoire, qui du premier coup avait jeté pour défi au monde une tête de roi, qui défendait le territoire d'un pied et écrasait de l'autre les factions, qui armait son bras du glaive de la terreur et revêtait sa face de la majesté de la loi, qui dévorait ses enfans comme le vieux Saturne, la Convention, en un mot, consacra les droits de la propriété littéraire, organisa successivement l'Institut national, l'école normale, les écoles primaires, les écoles centrales, une école de langues orientales et diplomatiques, fonda le Muséum d'histoire naturelle, le bureau des longitudes, l'enseignement de l'astronomie, décréta l'établissement des télégraphes, ouvrit un concours pour la composition des livres élémentaires, destinés à l'instruction publique, fit plus en un mot pour les lumières, comme on disait alors, dans

son existence de trois années, que n'avait fait la monarchie durant trois siècles. Il était cependant à
craindre qu'au milieu de ce cataclysme qui bouchever-
sait la société tout entière, les arts, les sciences, les
lettres, toutes choses délicates et précieuses, ne vinssent à sombrer. Les sciences s'étaient réfugiées dans
les académies comme dans une arche : mais cette arche elle-même avait besoin d'une main qui la soutînt
au-dessus de l'abîme. Cette main se leva au milieu de
la tempête. Tandis que les chefs de la Convention luttaient entre eux comme les ombres d'Ossian dans un
ciel plein de nuages et de tonnerres, au sein de cette
assemblée mémorable qui étonne et qui fait peur, il
s'était rencontré un homme qui, traçant devant lui
une route particulière au milieu des écueils, se donna
la mission difficile de sauver, durant la révolution,
ceux qui honorent l'esprit humain par leurs travaux.
Cet homme était Joseph Lakanal.

Depuis quelques années, les nobles attachés à l'ancien régime désertaient le sol de leur patrie : une autre
émigration plus dangereuse, en ce qu'elle eût appauvri
la France des lumières morales, qui sont la véritable
richesse et la force d'un peuple libre, menaçait la révolution naissante. Ce péril Lakanal résolut de le conju-
rer. Il s'était dit que les arts et les sciences avaient besoin de la liberté, et que sans eux la liberté ne ferait
que passer sur la terre. Attaché du fond de l'âme à la
révolution, il lui cherchait un point d'appui dans le
concours des intelligences d'élite : c'était à ses yeux
la seule base solide du renouvellement politique.
Croyant l'éducation nécessaire au peuple pour exer-

cer dignement cette souveraineté qui lui était rendue, il croyait ne devoir négliger aucun moyen de répandre les lumières par toute la France. Il était de ces républicains éclairés qui voulaient, ce sont ses termes, soumettre la démocratie à la raison. Grand partisan des idées nouvelles, ce n'est pas au *minimum* qu'il entendait placer l'égalité, mais au *maximum*; c'est-à-dire qu'il cherchait non à rabaisser certaines classes, mais à élever le niveau moral et intellectuel de la nation tout entière. C'est avec ces idées faites que Joseph Lakanal arriva sur les bancs de la Convention.

Au lieu de raconter ici des faits biographiques dont la plupart ont été peut-être écrits ailleurs, nous allons fouiller çà et là, sans ordre de dates, dans une correspondance qui nous a été communiquée, dans quelques souvenirs personnels et dans les travaux parlementaires, aujourd'hui oubliés, de cet homme vénérable que l'Institut vient de perdre. Lakanal revit dans ces lettres, si simples et si graves, pleines de citations de l'antiquité, dans ces lettres où il a laissé partout la trace indélébile de son caractère; on le retrouve aussi dans divers témoignages écrits que ses amis lui adressent. Et quels amis! Les noms les plus illustres de la fin du dernier siècle dans les sciences, dans les arts et dans les lettres, Lavoisier, Vicq-d'Azir, Laplace, Daubenton, Desfontaines, Lacépède, Volney, Grétry, Bernardin de Saint-Pierre. Le sujet de ces lettres diffère peu : Lakanal était de ces hommes que tout le monde remercie, parce qu'ils obligent sans cesse à la reconnaissance. Lalande lui écrit :

« Vous m'avez fait donner 3,ooo francs; je vous réitère le serment de les employer pour l'astronomie, ainsi que tout ce que j'ai. » Bossut, Sigaud de Lafond, Mercier, Pougens, lui en marquent autant : « Je venais de perdre 24,ooo livres de rentes, ajoute ce dernier, et *j'étais sans pain.* » Quel Mécène que ce Lakanal! Un homme de lettres, un savant était-il sans ressource, on lui disait : « Adressez-vous à Lakanal, et il vous aidera ! » Cet homme était en effet inépuisable quand il s'agissait de rendre service aux écrivains. Il donnait plus à sa manière que Louis XIV, car il puisait sans cesse dans le trésor de sa pauvreté même, ou du moins de la pauvreté de la patrie, dont les finances étaient aux abois. Quand le trésor public lui manquait, quand ses incessantes requêtes pour les hommes de science étaient repoussées, il s'adressait à ses faibles deniers. L'auteur de *Paul et Virginie* se trouvait pressé d'un besoin d'argent ; Lakanal lui prête 20,ooo livres en assignats. Voici le billet qui accuse réception de la somme : « Citoyen et ami, je n'oublierai jamais le dernier service que vous m'avez rendu. Ma femme, à qui j'en ai rendu compte, me charge de vous témoigner le plaisir qu'elle aura de vous recevoir dans son ermitage... Profitez donc de la première arrivée du rouge-gorge pour visiter notre solitude. » C'est avec de tels certificats de bienfaisance que le conventionnel Lakanal s'avance au-devant du jugement de l'histoire.

Joseph Lakanal n'était guère attaché à aucun parti dans l'Assemblée nationale; il n'avait épousé d'autre cause que celle de la révolution. Ses rapports avec des savans, des artistes et des gens de lettres dont l'opposition au gouvernement républicain était connue, jetèrent quelques doutes sur son patriotisme. Au 31 mai, son nom se trouva sur une des premières listes, parmi les noms des Girondins, avec lesquels il n'avait d'ailleurs aucune affinité. Marat, qui disposait, ce jour-là, de l'assemblée, et dont toute la haine était concentrée sur le parti de la Gironde, s'écria : « Lakanal ne conspire pas ; il aime trop les sciences ! » Le nom fut aussitôt effacé. Ce fait nous a été raconté par la sœur même de Marat, dans une petite chambre de la rue de la Barillerie, où cette fille est morte.

Le patriarche des sciences, comme on le nommait alors, Daubenton, avait employé une partie de sa fortune et plusieurs années de sa vie à faire croître sur le sol de la France des laines aussi fines que celles de l'Espagne. Sa bergerie de Montbard est demeurée célèbre. Ce savant, appauvri par le bien même qu'il avait fait, était hors d'état de continuer ses expériences : Lakanal obtient de la Convention qu'un ouvrage de Daubenton, déjà connu et ayant pour titre le *Traité des Moutons*, soit réimprimé au nombre de quatre mille exemplaires, qui seront vendus au profit de l'auteur. On comprend après de tels actes le mot de Ginguené : « Je veux faire passer en proverbe *servir ses amis comme Lakanal.* » Ses amis étaient ceux de la chose publique. L'ambition de ce citoyen éclairé était d'orner sa patrie et la révolution de l'éclat que les grands hommes répandent autour d'eux. Pour conserver le génie et pour le former, il sentait la nécessité de lui prêter l'assistance de l'État. « Je n'ignore pas, disait-il, que les gens de lettres sont en général d'illustres nécessiteux : il faut les soutenir. » Fort de cette idée, il proposa à la Convention un décret qui mît les intérêts des auteurs et des artistes à l'abri de la contrefaçon de leurs œuvres : ce décret fut rendu.

Ce n'était pas tout : Lakanal pensait qu'il fallait encore arroser les germes du talent par des secours pécuniaires. Le comité des finances, peu favorable, comme nous l'avons dit, à tout ce qui intéressait les sciences et les arts, renvoyait sans façon nos pédagogues aux calendes grecques. Lakanal ne se tenait point pour battu ; il ne cessait de rappeler à la Convention que les savans étaient nécessaires pour établir dans la république l'uniformité des poids et mesures. La nation française, non contente de renouveler la face de la terre, était sur le point de changer dans le ciel la marche de l'année ; elle voulait révolutionner le firmament. L'astronomie était nécessaire pour cette entreprise, et Lalande fut de nouveau encouragé. Enfin, un savant modeste travaillait à une découverte qui devait l'immortaliser et servir son pays. Cet homme était Chappe, l'inventeur du télégraphe : ses premiers essais avaient été accueillis comme toujours avec indifférence : « Si vous n'étiez pas là, écrivait-il à Lakanal, je désespérerais du succès. » Mais Lakanal s'y intéressant, la chose ne pouvait périr. Il trouva devant le comité un argument *ad rempublicam* qui consistait à rattacher, selon son usage, la nouvelle découverte à la cause de la révolution. « L'établissement du télégraphe, dit-il, est la meilleure réponse à ceux qui pensent que la France est trop étendue pour former une république. Le télégraphe abrége les distances et réunit en quelque sorte une immense population sur un seul point.» Ce raisonnement, appuyé des démarches les plus pressantes et les plus énergiques, finit par lever tous les obstacles. La Convention, par la voix de Lakanal, se décida à revêtir d'un caractère public l'invention de Chappe. A peine le télégraphe est-il installé que la première nouvelle qui arrive est celle-ci : « Condé est restitué à la république ; la reddition a eu lieu ce matin à six heures. » Cet instrument inconnu des anciens venait de réaliser le rêve des poètes : il avait donné une voix et des ailes à la Victoire.

Lakanal était accablé d'affaires, car les affaires de la patrie, des sciences et des lettres étaient les siennes. Constamment occupé au comité d'instruction publique, dont il rédigeait la plupart des rapports et dont il suivait tous les travaux, il ne paraissait guère dans la salle de la Convention que les jours où il s'agissait de voter de grandes mesures. Ses votes étaient alors, comme il l'a dit plus tard, l'expression de sa conscience. Le reste de son temps se passait à examiner des ouvrages et à réunir les matériaux d'un nouveau système d'éducation nationale. Toutes ses heures étaient prises par ce soin des intérêts de l'esprit humain ; une telle occupation ne lui laissait point de relâche, même pour ses amis. « Cher citoyen, marque-t-il à M. Geoffroy Saint-Hilaire, alors bien jeune naturaliste, je ne vous ai pas écrit parce que les républicains ont ajourné leurs jouissances jusqu'à la paix.

L'occasion qui s'offre me fait commettre un larcin à la patrie (1)...» Quel était donc l'objet de cette dévorante activité qui réprimait jusqu'aux plus doux sentimens? Le moment des grandes créations était venu. La Convention avait tout détruit, elle allait tout reconstruire. Les bons esprits de l'assemblée avaient hâte de terminer la révolution dans la république française et d'en commencer une dans l'esprit humain. Lakanal apportait à cette œuvre tout son temps, toutes ses convictions, toute son expérience. Il existait un plan d'instruction publique à peine ébauché, que la Constituante, cette assemblée si puissante du reste, avait comme flétri par les retards et par la faiblesse de ses derniers momens : ce plan était à refaire, la Convention le refit.

L'état des études était déplorable ; d'inutiles professeurs rassemblaient sur les ruines des anciens colléges quelques élèves mendiés ; les ténèbres menaçaient de toutes parts la génération qui s'élevait, quand un homme de volonté annonça que la lumière allait sortir une seconde fois du chaos. Lakanal était celui qu'il fallait pour organiser les études : engagé autrefois dans la congrégation de la doctrine chrétienne, et successivement chargé de plusieurs enseignemens, il occupait pour la quatrième année une chaire de philosophie à Moulins, quand parut l'aurore de la révolution. Envoyé par le département de l'Ariége à la Convention nationale, il comprit tout de suite qu'une éducation chez un peuple comme le nôtre devait se

____

(1) Lettre inédite du 15 messidor an II.

mouler sur la forme de la société. L'ancienne Université était irrévocablement détruite, il s'agissait de créer un autre corps enseignant : la révolution était appelée à renouveler l'univers moral aussi bien que le monde politique. Les principes ne manquaient pas à cette œuvre ; mais les hommes, où les chercher ? « Existe-t-il en France, disait Lakanal, existe-t-il en Europe, existe-t-il dans le monde deux ou trois cents hommes (et il nous en faudrait davantage) en état d'instruire ?» Ces hommes, la Convention les inventa ; elle dit qu'une école soit, et une école fut. Dans ces établissemens, ce n'était pas les sciences qu'on devait apprendre, mais l'art de les enseigner. On y appela tous les savans et les littérateurs les plus distingués ; la Convention leur fit entendre que les hommes de génie étaient les premiers maîtres d'école d'un peuple. On avait senti le besoin de commencer par en haut la régénération des études. A la fondation de l'Ecole normale succéda bientôt l'établissement des écoles centrales et des écoles primaires. Aujourd'hui que ces temps d'orage se sont éloignés, nous avons peine à retenir notre admiration devant de semblables monumens élevés à l'intelligence humaine. « Pour la première fois sur la terre, s'écriait Lakanal, auteur du rapport sur la création de l'École normale, la nature, la justice, la vérité, la raison et la philosophie, vont donc avoir un séminaire! »

L'ignorance n'avait pas d'ennemi plus implacable et plus acharné que Lakanal ; sa haine contre l'ancien régime prenait sa source dans l'amour qu'il portait aux lumières. Un ministre s'était flatté que bientôt en France on n'imprimerait plus que des almanachs ; un citoyen, à son tour, se promit de faire lire au peuple tous les chefs-d'œuvre de notre langue et des langues étrangères. Il voulait humaniser la nation française par la science et les belles-lettres. Le même mot, en latin, veut dire livre et libre, *liber*. Lakanal pensait comme les anciens, que la liberté sans les lumières n'est qu'*une bacchante effrénée*. Au nom du comité d'instruction publique, il proposa de venger Bacon de l'oubli de son siècle : « Bacon, s'écriait-il, pauvre, négligé dans sa patrie, légua en mourant son nom et ses écrits aux nations étrangères ; c'est à nous, aux hommes de la liberté, à recueillir la succession des martyrs de la philosophie. » Le citoyen de Genève, fuyant la France à la lueur des flambeaux et des bûchers qui dévoraient ses ouvrages, ne pouvait manquer d'émouvoir celui qui avait élevé dans son cœur un autel à toutes les gloires littéraires, et surtout aux gloires proscrites pour la liberté. Jean-Jacques Rousseau était l'homme de Lakanal. Il avait passé lui-même sur les lieux, témoins des infortunes de ce mélancolique philosophe : « J'ai visité, nous dit-il, dans un recueillement religieux, la vallée solitaire où le grand homme vécut les dernières années de sa vie ; j'ai demeuré plusieurs jours au milieu des agriculteurs paisibles qu'il voyait souvent dans tout l'abandon de l'amitié ; *il était bien triste*, me disaient-ils, *mais il était bien bon*. J'ai cherché la vérité dans la bouche des hommes qui sont restés près de la nature. » Il est assez curieux de voir la Convention s'intéresser, au milieu des embarras d'une guerre étrangère, de ses sombres travaux, de ses luttes prodigieuses où elle se

4.

déchirait elle-même, à une notice biographique et littéraire sur l'auteur du *Vicaire savoyard*.

Lakanal voulait détruire l'ignorance, c'était son *delenda est Carthago*; il eût volontiers contre elle décrété la terreur. C'est en effet sur l'ignorance et sur le vandalisme, frère de l'ignorance, qu'il appelait les foudres de l'assemblée. On était aux jours caniculaires de la révolution; des ouvrages de sculpture tombaient sous la main des démolisseurs ; ces actes de destruction attaquaient des marbres précieux jusque dans le jardin des Tuileries ; les arts étaient en danger ; sa voix, sa puissante voix, fait aussitôt entendre un cri de détresse : « Citoyens, les figures qui embellissaient un grand nombre de bâtimens nationaux reçoivent tous les jours les outrages du vandalisme. Des chefs-d'œuvre sans prix sont brisés ou mutilés. Les arts pleurent ces pertes irréparables. Il est temps que la Convention arrête ces funestes excès par une mesure de rigueur.» Et la Convention, cette assemblée sévère, qu'on se figure la main toujours armée d'une faux, comme le temps qui tue et qui détruit, indignée à ces mots devant de telles mutilations, décrète la peine de deux ans de fers contre quiconque dégradera les monumens des arts dépendant des propriétés nationales. On voit qu'au lieu de détruire, cette assemblée-là, dans certains cas, conservait à outrance.

La plus belle création peut-être à laquelle le nom de Lakanal demeure attaché est celle du Muséum d'histoire naturelle. L'ancienne administration établie sur les lieux était menacée ; elle aurait succombé aux haines qu'inspirait alors le nom de *Jardin royal*, si un citoyen, dévoué aux sciences et aux institutions qui les conservent, ne se fût trouvé à ce moment-là dans l'assemblée nationale. Informé du danger que courait l'établissement, il se rend en secret au Jardin des Plantes, et s'entretient avec Daubenton, Thouin et Desfontaines, sur les moyens de prévenir une ruine si fatale à l'histoire de la nature. Le *Jardin royal* allait périr : Lakanal survenant, cette école fondée pour la démonstration des sciences naturelles, au lieu d'être détruite, se reconstitua.

Depuis long-temps un plan d'amélioration et d'agrandissement avait été arrêté entre les naturalistes : le texte en avait même été soumis à l'Assemblée constituante, qui embarrassée du salut de la France, l'avait laissé enfoui dans les cartons de ses bureaux. Depuis, les événemens avaient toujours été s'aggravant de jour en jour. Le moyen de songer à l'établissement du Jardin des Plantes au milieu d'une tempête qui menaçait la société tout entière ! Ce fut pourtant de cette nuit orageuse, au plus fort de la tourmente révolutionnaire, que jaillit l'étincelle destinée à porter la lumière dans la formation du Muséum d'histoire naturelle. Le 9 juin de cette année mémorable en choses grandes et sinistres, Lakanal, député à la Convention, se présente, comme nous venons de le dire, vers trois heures de l'après-midi chez Daubenton, le chef de la science, que son grand âge et ses mœurs homériques avaient fait surnommer le Nestor des naturalistes. M. Geoffroy Saint-Hilaire, alors fort jeune, ami et élève de Daubenton, assista à cette entrevue, qui dura trois heures et porta ses lumières. Le représentant du peuple s'informa des besoins de la science. On lui mit sous les yeux l'ancien plan, déjà remanié et transformé. Les nécessités étaient immenses : la nature étouffait dans ces limites étroites où le manque de fonds obligeait à la renfermer. Nous croyons devoir copier textuellement une note manuscrite qui donnera une idée du triste état des collections : « Il y avait au cabinet quatre cent trente-trois oiseaux, qui ont tous ou presque tous été réformés; il n'en restait plus que cinq en 1837. Il n'y avait rien du tout en magasin. » La ménagerie n'existait pas : l'exhibition publique d'animaux vivans se bornait, dans le jardin, à un zèbre, un vieux tapir, quelques singes et quelques mammifères, qui ont été depuis donnés. Voilà quelle était la situation du Jardin des Plantes au moment où le citoyen Lakanal se présenta comme visiteur et comme membre de la Convention sous le toit paisible du patriarche de la science. On s'était peu aperçu de la révolution et de ses conflits dans le modeste asile de la rue Saint-Victor; les cris du peuple soulevé, les décharges de mousqueterie et d'artillerie, étaient venus mourir dans les feuillages de tilleuls et de marronniers où gazouillait la voix éternelle des oiseaux. L'arrivée de cet étranger, porteur des destinées de la science, fut un événement : on lui exposa les moyens d'améliorer l'établissement auquel il témoignait un intérêt si vif. Cette conversation fut aussitôt transformée en un décret, qui, débattu le soir au sein du comité d'instruction publique, fut porté le lendemain même à la Convention nationale et adopté.

La nation, dans un moment de crise, avait improvisé un gouvernement et une armée; elle décréta des professeurs. Douze chaires furent créées pour répandre les lumières de la nature : on y appela des hommes inconnus pour la plupart et dont la gloire était à faire. Ces douze savans formèrent une petite république qui subsiste encore au moment où nous écrivons. Chaque professeur est chargé de l'administration de détail qui se rapporte directement à sa spécialité. Tout ce qui s'élève au-dessus des mesures ordinaires est décidé en conseil par le corps des professeurs réunis, maintenant au nombre de quinze, sous la présidence d'un membre, qui peut être élu une première et une seconde année, mais jamais plus. Daubenton fut nommé président à l'origine. Le traitement annuel de chaque professeur-administrateur est de cinq mille francs. Leur habitation paisible, située au sein même de l'établissement qu'ils dirigent, autour de l'ombre séculaire du cèdre du Liban, entretient autour d'eux ce calme et ce demi-jour favorables à la science. C'est dans le commerce doux et retiré de cette nature dont il était l'interprète, que Daubenton atteignit les limites de la plus homérique vieillesse. Sa femme mourut centenaire au milieu des mêmes feuillages.

Qui de nous ne s'est surpris à envier pour ses froids ossemens le tombeau surmonté d'une colonne qui s'élève dans le terrain du Labyrinthe, parmi les pins et les lilas? quel lieu mieux choisi pour y reposer du demi-sommeil de la mort que ce bosquet préparé par les mains de l'homme et de la nature, où la reconnaissance a exprimé sans faste ses regrets et ses souvenirs par un simple monument! Hélas! ce tombeau est encore une fiction; cette colonne attend. Les os du savant illustre pour lequel a été élevé ce marbre ne reposent point sous le tertre de gazon que vous voyez. C'est un simple projet, et, comme tel, il subit les lenteurs indéterminées de l'ajournement. Il serait enfin temps que la France montrât quelque souci des morts. Ne laissons pas des ombres illustres nous accuser d'ingratitude et mendier ailleurs que sur le théâtre de leurs travaux les honneurs d'une sépulture modeste. Ces arbres ont connu Daubenton; le Jardin des Plantes lui doit une partie de sa gloire et de sa prospérité : le vieux savant sera le bien-venu au milieu des représentans nouveaux de la nature qui a été l'objet constant de ses études et de ses amours. Le Jardin des Plantes est une patrie morale : Cuvier aimait à dater ses écrits de ces lieux si chers où il résidait. Les étrangers mêmes respirent dans cette enceinte un air particulier qui est, pour ainsi dire, l'air natal de la science. Tout concourt donc à nous dicter la translation des restes de Daubenton dans le tombeau qui lui a été préparé au Muséum d'histoire naturelle comme une haute mesure de convenance et de dignité nationale.

A défaut d'autres titres, le désintéressement de ce grand naturaliste justifierait les honneurs tardifs dont on se propose toujours d'entourer ses funérailles. Lakanal, frappé de la haute sagesse du vieillard, lui avait adressé, en le quittant, ces paroles, conservées dans la mémoire de M. Geoffroy Saint-Hilaire : « De-

main, dit le député, demain je parlerai à la Convention
nationale de la gloire française qui éclate en vous, et
de ce qu'un si grand mérite doit attendre de la muni-
ficence publique. — Les années du vieillard, répliqua
Daubenton, règlent sa destinée ; veuillez plutôt servir
l'établissement où j'ai passé cinquante ans de paix et
de bonheur. » C'est conformément à ce vœu que Lakanal fit proclamer le lendemain, par l'organe de la
Convention, le Jardin des Plantes Muséum d'histoire
naturelle. Ce nouveau titre, en agrandissant les destinées de l'établissement, ne faisait qu'appliquer les
vues générales de Buffon sur la science. Introduire
l'unité dans l'histoire de la nature, fonder un établissement qui serait une réduction du globe et de ses
habitans, tel fut le dessein philosophique qui présida
au décret de la convention. C'était, comme on voit,
le génie de Buffon, ce génie égal à la nature, *naturam
amplectitur omnem*, qui arrivait, après sa mort, à se
formuler dans un acte législatif. A dater de ce jour,
l'établissement assista, comme nous l'avons dit, à une
seconde naissance. Lakanal n'abandonna point son
enfant au berceau. L'intérêt qu'il portait au Muséum
d'histoire naturelle était si vif qu'il choisit pour y
habiter une petite maison située à côté du Jardin des
Plantes. Ses confrères ne partageaient pas tous ses
bonnes intentions pour le siége de la science. Il ne
faut pas oublier que nous sommes en 93. L'ancienne
organisation monarchique de l'établissement, son
vieux nom de Jardin *royal* des Plantes, mal effacé
par son nouveau titre, tout contribuait à entretenir contre lui des préjugés aveugles. Ces préju-

gés, Lakanal trouva moyen de les vaincre. Sa place à la Convention fut constamment marquée par les services qu'il rendit au Muséum et par les actes pacifiques qu'il fit sanctionner au milieu de l'agitation des esprits. Ce n'est point à dessein que nous rapprochons sans cesse les scènes révolutionnaires, des scènes plus calmes de la nature. Ce rapprochement naît de lui-même à chaque pas dans les premières années qui établirent la fortune du nouveau Jardin des Plantes. L'illustre vieillard, surnommé par un club de sans-culottes le *berger Daubenton*, faisait une leçon sur les convenances et le mérite du style en histoire naturelle ; il lui arriva de citer une phrase qu'on retrouve, après Buffon, dans plus d'un auteur : *Le lion est le roi des animaux*. Le professeur, homme exact, blâmait les termes de cette proposition comme manquant de rectitude ; puis il ajouta : « Non, il n'y a pas de roi dans la nature ! » En France, une allusion est tout de suite saisie. A l'instant même la salle de se remplir d'applaudissemens qui durent près d'un quart d'heure. Daubenton, alarmé de son succès, ne savait à quoi attribuer ces élans d'admiration ; son visage, visiblement troublé, n'exprimait que l'embarras et l'étonnement. Il interroge alors le jeune aide-démonstrateur qui l'assistait dans son cours : « Pourquoi ce bruit ? qu'y a-t-il donc ? » Il se trouvait que ce naïf vieillard avait été éloquent sans le savoir et avait flatté les exaltations du moment quand il croyait n'avoir exprimé qu'une simple vérité d'histoire naturelle.

Nous rapporterons encore un exemple de ce que peut dans certaines circonstances données, cette éloquence

d'à-propos : le trait partit cette fois de la bouche de
Lakanal, le jour où ce citoyen dévoué monta à la
tribune pour défendre les intérêts de la science : après
avoir représenté les services que le pays pourrait tirer
du Jardin des Plantes sous une administration nouvelle, et avoir jeté un coup-d'œil sur les plantations
d'arbres exotiques, dont le développement pourrait
être fort utile à toute la France, il s'écrie : « L'arbre
de la liberté serait-il le seul qui ne pût pas être naturalisé
au Jardin des Plantes? » Cette figure de rhétorique,
dans le goût du temps, unie sans doute à la puissance
des faits, enleva d'assaut le vote de la Convention.
L'assemblée comprit que l'instant était venu de donner,
pour ainsi dire, un corps à la science. Ce ne sera plus à
l'avenir le Jardin des Plantes, c'est-à-dire un endroit,
comme l'indiquait son ancien titre, destiné à la culture
des végétaux; le livre immense de la nature va en quelque sorte s'ouvrir dans le nouveau Muséum; ses pages
réfléchiront de toutes parts les richesses des trois règnes. Son but sera désormais l'enseignement de l'histoire
naturelle dans toute son étendue. Que parlai-je tout à
l'heure de la pénurie des talens spéciaux, dans ces temps
de lutte civile? A la voix de la Convention, des savans inconnus la veille, célèbres aujourd'hui dans toutes les
parties du monde, les de Jussieu, les Geoffroy Saint-
Hilaire, les Lamarck, les Desfontaines, les Dolomieu, les
Fourcroy, les Haüy, les Lacépède, les Thouin, les Vauquelin, les Latreille paraissent. L'assemblée nationale,
ayant pour elle cette force que donne une indomptable logique, applique en un instant au réglement du
Muséum d'histoire naturelle les idées et les principes

mêmes de la révolution française : « Tous les officiers du Jardin des Plantes porteront le titre de professeurs et *jouiront des mêmes droits*. » Ce réglement, voté en une seule séance, quelques jours après le 31 mai, a été jugé si excellent par les hommes d'état et par les professeurs eux-mêmes, que tous les gouvernemens qui se sont succédé en France depuis 93 l'ont respecté. Les savans attachés au Muséum, voulant témoigner leur reconnaissance à Lakanal, lui firent présent d'une clé des serres. Ce privilége unique, décerné au fondateur du nouvel établissement du Jardin des Plantes, fut le seul que le républicain Lakanal voulut accepter dans toute sa vie.

Nous venons de voir quelle fut l'ambition de ce citoyen dans les assemblées nationales ; elle peut se résumer en deux mots : servir son pays en défendant la cause des lettres. Dans ses missions comme représentant du peuple, et dans son commissariat sur la rive gauche du Rhin, il conserva la même élévation de caractère. On connaît la réponse suivante, faite à un misérable qui l'avait bassement dénoncé (1) :

« Au citoyen L... père.

« J'avais reçu la mission expresse de te faire arrêter, parce que tu avais signé une pétition calomnieuse contre moi. Mais lorsque Lakanal est juge dans sa cause, ses ennemis sont assurés de leur triomphe ; il ne sait venger que les injures de sa patrie. Je t'obli-

(1) L'autographe de cette lettre est déposé à la bibliothèque de Périgueux.

gerai lorsque je le pourrai. C'est ainsi que les représentans du peuple repoussent les outrages. Tu as cinq enfans devant l'ennemi : c'est une belle offrande faite à la liberté. Je te décharge de la taxe révolutionnaire.

« LAKANAL. »

Le fait suivant est ignoré. Quelques jours après le 9 thermidor, on trouva dans les papiers de Couthon une dédicace très compromettante pour l'abbé Sicard. Le célèbre instituteur des sourds-muets, quoique attaché par goût à l'ancien régime, avait cru utile à sa conservation de flatter les maîtres, quels qu'ils fussent, du pouvoir. Il était de ces hommes mobiles qui suivent toujours la fortune, même dans ses écarts. Son étoile voulut qu'en évitant un danger, il était tombé dans un pire. La chute de Couthon rendait ses amis suspects aux yeux des thermidoriens. Lakanal, instruit du danger qui menaçait un homme aussi distingué par ses talens que l'abbé Sicard, court chez le conventionnel qui avait entre les mains les papiers saisis chez Couthon. Ce confrère est absent ; Lakanal lui dit à son retour : « Vous n'avez plus rien contre Sicard ; s'il y a un coupable, c'est moi qui le suis maintenant, et que vous pouvez accuser. » Le collègue, voyant que la pièce incriminée a été soustraite, entre d'abord en grande colère ; mais, saisi bientôt de l'estime qu'on doit à une noble action, il se radoucit, et dit à Lakanal : « Vous êtes toujours le même ! » Nous avons vu la confirmation de tout ceci dans une lettre manuscrite que l'instituteur des sourds-muets adressa alors à Lakanal pour le remercier. Cette lettre, il faut le dire, fait plus d'honneur à l'esprit de l'abbé Sicard qu'à son cœur. Voici le sens de ce billet vraiment comique dans la circonstance : « Aussi, qui aurait pu croire, il y a deux mois, que ce Couthon fût un aussi grand scélérat ! »

Cependant la révolution déclinait. Lakanal siégea au conseil des Cinq-Cents; nommé plus tard au corps législatif, il refusa cet honneur jusqu'à deux fois. Voici ses motifs : « Lorsque les armées ennemies, dit-il, étaient aux portes de la capitale, j'ai accepté les fonctions périlleuses de représentant du peuple; aujourd'hui que les Alpes, les Pyrénées s'aplanissent sous la marche triomphale des armées françaises, je me retire à l'écart avec mes livres et quelques amis, le seul bien dont mon cœur soit avide. Le bon citoyen accourt quand la patrie est en danger; il rentre dans la foule quand le danger est passé. » Lakanal vit tomber la république avec douleur, mais avec calme.

C'était un de ces hommes au cœur stoïque; les ruines pouvaient le frapper sans intimider sa grande âme. Il s'enveloppa dans sa conviction comme dans un manteau. Sa conscience était forte; sa vie était irréprochable. Envoyé en mission dans les départemens avec des pouvoirs illimités en l'an II, c'est-à-dire à l'époque la plus violente de la révolution, il n'avait marqué son passage que par des actes utiles au pays. On l'avait entendu se vanter, dans un temps où il y avait du courage à le faire, de n'avoir jamais ordonné d'arrestation. Il avait forcé au respect celui-là même qui allait donner sa loi au monde : « Les services importans que vous avez rendus, lui écrivait-on après le 18 brumaire, vous mériteront dans tous les temps des droits à l'estime des hommes. Vous pouvez compter sur le désir que j'ai de vous en donner des preuves. » Cette lettre est signée Bonaparte, premier consul. Lakanal n'accepta rien; il était pourtant dans le besoin. Ses fonctions ne l'avaient point enrichi : l'approvisionnement des places fortes des bords du Rhin; l'établissement d'une manufacture d'armes à Bergerac, qui avait fourni considérablement de fusils à nos armées; le dépôt de quatre mille chevaux dans la même ville; la navigation du Drott ; l'établissement de dix-neuf écoles centrales dans les départemens, tout cela était une mine d'or à exploiter : il se retira les mains vides. Ce désintéressement, cette probité ombrageuse, formaient un des caractères des hommes de la révolution : « Nous pouvions dire, nous répétait-il quelquefois dans son langage sententieux, ce que Quinte-Curce fait dire aux soldats d'Alexandre : *Omnium victores, omnium inopes sumus ;* vainqueur de tous les rois, nous sommes les plus pauvres des hommes ! »

Lakanal ne demanda d'appui qu'à son travail. Cet homme, qui avait rempli des fonctions si hautes et si remarquées, nous le retrouvons plus tard occupant une chaire de langues anciennes à l'École centrale de la rue Saint-Antoine, aujourd'hui le collége Charlemagne. « Ami de la retraite, racontait-il, croyant que le véritable orgueil consiste à mériter et à mépriser la gloire, je me suis assis sur la dernière marche, *comme la plus stable en soi.* » Cette place si humble, Lakanal la perdit en 1809. Au-dessus des coups de fortune, il supportait noblement son sort, quand tout-à-coup la France fut envahie et humiliée. C'était trop de revers à-la-fois ; Lakanal courba la tête sous l'affliction de sa patrie. Pour les hommes de la révolution, la patrie n'était pas un sol ; c'était une idée. Les Bourbons revenant, cette idée était morte ; la France de 89 et de 93, la France de Lakanal n'existait plus. Il avait gémi de la perte de la liberté ; cette fois, il lui fallait gémir sur la perte de la liberté et de la gloire. C'en était trop ; il s'exila. Dans un discours remarquable prononcé sur la tombe de Lakanal, M. de Rémusat disait : « Sa vie se fût écoulée dans un studieux repos, si, en 1815, une loi de proscription ne l'eût forcé d'aller chercher en Amérique un asile qu'il dut à la protection bienveillante de Jefferson. » C'est une légère erreur : l'exil de Lakanal n'eut rien que de volontaire ; nous en trouvons la preuve dans une lettre qu'il écrivait du Tombeckbée à son illustre ami Geoffroy Saint-Hilaire. Il y dit expressément qu'i avait été rayé de la liste de l'Institut, privé de sa pension de retraite, *c'est-à-dire du salaire de l'ouvrier à la fin de sa journée*, destitué des fonctions d'inspecteur-général du nouveau système métrique, mais non proscrit.

La réputation de Lakanal avait passé les mers. Le démocrate français fut reçu à bras ouverts par la démocratie du Nouveau-Monde. Le congrès des États-Unis lui vota des terres. Cet homme, dont l'activité était indomptable, se fit colon, planteur, pionnier ; il éleva sur les bords du fleuve de la Mobile une métairie, d'où il écrivait à ses amis de France : « Je jouis ici de la médiocrité dorée, tant vantée par Horace. » Ce caractère si ferme, ce sage aux pieds duquel un monde s'était brisé, sans émouvoir sa volonté inébranlable, se consolait dans la retraite de l'inconstance des événemens. Grand comme la nature, il avait conservé une âme calme au milieu des révolutions. Il revint sans peine à la vie obscure et agricole; comme ces forêts vierges du Nouveau-Monde qui, après l'orage, reprennent leur sérénité grave, il se délivra des dernières agitations de la vie politique. Nous devons dire à l'honneur de la science que seule, pendant l'exil de cet honorable citoyen, elle lui donna des marques de souvenir : les professeurs du Jardin des Plantes lui adressèrent au Tombeckbée la *Description du Muséum d'histoire naturelle*, en deux volumes, avec cette dédicace en tête de l'ouvrage : « A M. Lakanal, pour le remercier du décret du 10 juin 1793. Offert par les soussignés : Vauquelin, Thouin, Desfontaines, Geoffroy Saint-Hilaire, Latreille, Cuvier, Laugier, Cordier, Jussieu, Lamarck, Brongniart, Lacépède. » L'exilé se montra fort sensible à cet envoi : la mémoire du bien qu'il avait fait n'était donc pas entièrement effacée dans son pays !

Nommé président de l'université de la Louisiane, il accepta ces nouvelles fonctions, qui étaient en rapport avec ses goûts et avec les travaux d'une moitié de sa vie. Partagé entre le soin des études et celui de la nature, élevant à-la-fois de jeunes arbres dans la solitude et de jeunes intelligences dans les villes, Lakanal, tranquillement assis, dans ses heures de loisir, au bord du fleuve de la Mobile, avait désespéré de revoir jamais la France, quand, au fond de cette douce retraite où il s'était pour ainsi dire inhumé, des journaux venus de New-York lui annoncèrent la révolution de 1830. A cette nouvelle, son vieux sang révolutionnaire bouillonne; Lakanal s'écrie : « Je ressuscite! » Il est curieux de retrouver dans le cœur de ce Français, exilé à dix-huit cents lieues de sa patrie, l'écho du grand coup qui venait de frapper une monarchie étrangère au milieu de la France. Une lettre écrite à un ami le 25 novembre de la même année respire l'enivrement du triomphe. Ce cri de victoire qui se répond d'un monde à l'autre nous semble d'un effet extraordinaire. Dans le discours bien senti, prononcé par M. de Rémusat au nom de l'Académie des sciences morales, il est dit que, revenu en France, Lakanal réclama sa place à l'Institut. Les choses ne se sont point tout-à-fait passées de cette manière. A peine le bruit du canon de juillet eut-il retenti aux oreilles de Lakanal que l'exilé comprit qu'il avait reconquis une patrie. « Ma première pensée, écrit-il dans une lettre adressée à son ami Geoffroy Saint-Hilaire, a été de revoir cette belle France délivrée, par des prodiges de valeur, du gouvernement le plus inepte, le plus lâche, le plus odieux, qui ait jamais pesé sur un peuple policé. » Cette pensée serait sans doute morte avec Lakanal dans les solitudes du Nouveau-Monde, si la France ne l'eût rappelé elle-même, en lui restituant ses honneurs académiques. Toutefois, ce rappel ne fut pas immédiat; par un oubli inconcevable, on avait omis de comprendre Lakanal dans la réorganisation de l'Académie des sciences morales et politiques, qui eut lieu en vertu de l'ordonnance royale du 26 octobre 1832. Les traces de cet homme étaient perdues. Nul en France ne songeait plus à Lakanal, qui avait songé si ardemment à ses amis. Je me trompe ; le célèbre naturaliste Geof-froy Saint-Hilaire, qui n'avait cessé d'entretenir avec lui un commerce de lettres, réclama au nom du fondateur du Muséum pour qu'on lui rendît sa place à l'Institut. Cette nouvelle décida Lakanal à revenir en France : « Grâce à vos bons efforts, écrivait-il, je rentre dans mon pays par la porte de l'honneur. »

Le voyez-vous repassant les mers à l'âge de soixante-seize ans ! Il touche enfin ce sol natal qu'un événement politique avait renouvelé. Voici ce que nous lisons écrit de sa main au bas du procès-verbal de sa réintégration à l'Institut :

> Nescio quâ natale solum dulcedine cunctos,
>   Ducit et immemores non sinit esse suî.

« Cette délicieuse et profonde émotion, je l'ai éprouvée en rentrant dans ma chère patrie, après vingt-deux ans, à deux mille lieues loin de France. »

Lakanal avait un instant songé à rentrer dans la vie politique. On fut étonné de la verdeur et de l'énergie de ce vieillard : à peine si quelques cheveux blancs se risquaient dans ses touffes noires ; sa taille était droite ; le caractère dantesque de sa tête est resté présent au souvenir de tous ceux qui l'ont connu. Par un sentiment naturel à un exilé, il voulut revoir la maison qu'il avait habitée autrefois. Tel était, comme

nous l'avons dit, pendant la révolution son amour
pour le Muséum d'histoire naturelle, dont il était
pour ainsi dire le père, qu'allant tous les jours à l'assemblée nationale, il s'était logé rue du Jardin du
Roy, près le Marché aux Chevaux. En 1834, il retourna dans cette rue pour retrouver son ancien domicile et revoir des murs qui lui étaient chers à force
de souvenirs. La mémoire de l'exilé était fraîche; mais
les lieux avaient vieilli; la figure des maisons avait
été plusieurs fois renouvelée. Un puits au fond d'une
cour fixa les idées de Lakanal et lui fit reconnaître
son ancienne demeure. Tout le reste était changé. Un
homme résidait depuis trente ans dans la maison; il
devait avoir connu les plus anciens locataires; on
l'appela. Les deux vieillards comparèrent leurs souvenirs : mais la sortie de Lakanal avait précédé de
huit ou neuf ans l'entrée de cet inconnu. Il fallut
donc s'éloigner des lieux où il avait passé les plus
mémorables années de sa vie, sans qu'une voix ré-
pondît à la sienne. Les hommes se déplacent ou meurent, les pierres oublient. Malheur à qui revoit après
trente années d'exil la femme qu'il aima ou la maison
qu'il a habitée ! La vigne qui entourait la bouche du
vieux puits avait été abattue; le lierre était tombé
avec les anciens murs du jardin; tout avait changé
comme la destinée de l'exilé lui-même, qui recouvrait,
à plus de quatre-vingts ans, ses honneurs académiques et une patrie.

La plus grande joie qu'il éprouva, fut de retrouver, après dix-neuf ans d'absence, le Muséum d'histoire naturelle dans l'état de grandeur et de prospé-

rité, auquel l'avaient élevé les travaux modernes de
la science. Désespérant de revoir la France, Lakanal
avait renvoyé du Tombeckbée, en 1831, la clé des
serres dont les naturalistes du Jardin des Plantes lui
avaient fait présent à titre de fondateur du Muséum ;
on lui en rendit une autre en 1834 avec son nom
gravé.

Il avait conservé une foi inébranlable aux principes de la révolution. « Ce n'est pas, disait-il alors,
une vaine idolâtrie, ce n'est pas un aveugle enthousiasme pour nos dogmes nouveaux qui nous persuade
qu'ils sont les meilleurs, qu'ils sont les seuls bons;
c'est une démonstration aussi rigoureuse que celle des
sciences exactes. » Comment un tel homme ne fût-il
pas demeuré froidement convaincu ? Chez lui les idées
révolutionnaires avaient la force d'un axiome géométrique. Son inflexible esprit avait résisté à toutes
les épreuves, au milieu des changemens à vue qui
avaient transformé le monde politique depuis un demi-
siècle. Sévère avec les idées, il était bienveillant
envers les hommes. Simple dans ses mœurs, il aima
jusqu'au dernier jour ses livres, la nature, ses amis :
Berryat de Saint-Prix, le docteur Lélut, le statuaire David, Carnot, Blanqui, Geoffroy-Saint-Hilaire père et fils, lord Brougham. MM. Thiers et Mignet lui avaient été utiles pour arranger ses affaires
au Tombeckbée; il s'en montrait fort reconnaissant.
Cet homme, qui avait obligé tant de monde dans sa
vie, n'oubliait pas un service. Lakanal se croyait riche
de ses possessions dans les États d'Alabama; mais
c'était une de ces fortunes sur place qui de loin ne se

réalisent jamais. Au reste, il se trouvait bien de sa pauvreté et la portait dignement. Réduit à vivre de son traitement de l'Institut, il se montra toujours le plus assidu et le plus dévoué aux travaux de l'Académie des sciences morales. Sa jeune et verte intelligence ne connaissait point la rouille que l'âge dépose trop souvent sur les plus nobles facultés. Il ne gardait du vieillard que l'expérience et la parole grave : comme Nestor, l'harmonieux orateur des Pyliens, il. avait vu passer deux générations de mortels à la voix articulée ; débris du dernier siècle, il avait surnagé à un événement qui avait englouti tout un passé ; on comprend que les hommes d'à présent devaient lui sembler petits. Il était de la race et de l'époque des géans ; aussi disait-il avec Nestor en parlant de ceux qu'il avait connus dans sa jeunesse :

Καὶ μαχόμην κατ' ἔμ' αὐτὸν ἐγώ· Κείνοισι δ' ἄν οὔτις
Τῶν, οἳ νῦν βροτοί εἰσιν ἐπιχθόνιοι, μαχέοιτο·

« Je combattis avec eux suivant mes forces ; mais nul des mortels qui sont aujourd'hui sur la terre ne les combattrait. » Ferme et doux, il couvrait l'énergie intérieure sous des dehors pleins de modestie. Son passé avait été austère, sa vieillesse fut sereine ; il vit venir la mort avec ce sang-froid qui est la résolution du sage. Ses convictions étaient arrêtées depuis long-temps sur nos destinées futures : Lakanal ne croyait pas au néant. Voici la fin d'une lettre inédite adressée à un ami : « Il ne saurait douter que je conserverai pour lui les mêmes sentimens jusqu'au moment où j'irai occuper mon dernier gîte, et après? *sub judice lis est.* Locke n'est pas mon homme. Une réflexion que je crois personnelle m'a toujours profondément préoccupé. Un individu souillé de crimes, un homme éminent par ses vertus, meurent en même temps et sont inhumés à la même heure. Si la conduite de l'un est la condamnation de l'autre, le néant pour tous les deux me semble impossible; le doute seul confondrait ma raison. *Ob quam rem, totus tuus ero usque ad obitum et ultra.* » Il écrivait ceci le 12 janvier 1839; le dimanche 16 février 1845, il allait savoir, comme il disait lui-même, le grand *peut-être*.

La même douceur obstinée, la même présence d'esprit, la même énergie dans le silence, l'accompagnèrent jusqu'au tombeau. Il était resté invariablement attaché aux idées et aux souvenirs de sa jeunesse. Interrogé par un ecclésiastique qui était venu pour surveiller ses derniers momens, s'il n'éprouvait point de remords. « Je suis prêt, répondit-il, à recommencer toute ma vie. Quant à mes votes, je n'ai que quatre mots à dire, et je les emprunte au saint père : *la conscience avant tout.* » Après un moment de réflexion, il leva les yeux au ciel : « Je vais paraître, ajouta-t-il, devant Dieu, le cœur pur et les mains nettes. » Ce furent ses dernières paroles. Nul ne se douta en France, excepté ses amis, qu'une existence aussi pleine et aussi digne de mémoire venait de s'éteindre. Il mourut à l'âge de quatre-vingt-quatre ans, à-peu-près ignoré de la génération présente. On ne vit guère à ses funérailles que MM. Lélut, Mignet, Carnot, David, Blanqui, Isidore Geoffroy Saint-Hilaire, Amé-

dée Thierry, et deux ou trois autres membres de l'A-
cadémie des sciences morales. Le Muséum d'histoire
naturelle, dont il était le fondateur, n'envoya aucune
députation sur sa tombe. Cette indifférence ou cet
oubli a quelque chose qui nâvre le cœur; soyons re-
connaissans envers les travaux de nos pères, si nous
voulons que l'avenir se souvienne de nous. Ses obsèques eurent lieu sans pompe; ce pauvre et morne
convoi attestait le glorieux désintéressement de toute
une vie. La fosse commune s'ouvrit pour recevoir les
restes inanimés de cet homme rare, qui avait cultivé
et protégé les lettres. L'Académie des sciences morales, par laquelle il avait été élu pour la première fois
le 26 frimaire an IV, l'avait nommé président le 6 décembre 1844, au suffrage de dix-sept voix sur vingt;
il refusa. « A quatre-vingt-deux ans, répondit-il,
lorsqu'on recherche la représentation, on perd en
dignité ce qu'on gagne en titres et en honneurs. La-
rochefoucauld a dit : Il y a peu de gens qui sachent
être vieux. » Au cimetière, cette honorable Académie
par la voix simple et toujours éloquente de M. de
Rémusat, salua d'un triste et dernier adieu la froide
dépouille de son confrère. MM. Blanqui, Lélut et
Carnot, prononcèrent aussi des discours émus, et
tout fut dit. On se retira en silence, sous une impression de respect mêlé de tristesse; un ciel rigide et
serein comme l'âme du noble vieillard présidait à ces
simples funérailles.

Lakanal avait laissé en mourant un ouvrage ma-
nuscrit en trois volumes sur son séjour aux États-
Unis, et des notes sur la révolution française; ces

papiers ne se retrouvent pas. Une main inconnue les
a soustraits. Nous ne chercherons pas à lever le voile
sur cette perte regrettable qui est encore un mystère;
se peut-il qu'il y ait des consciences assez basses ou
assez aveugles pour mettre leur religion à voler le
dépôt des morts? Au reste, Lakanal n'a pas besoin
de ces monumens littéraires pour revivre dans le souvenir de ceux qui l'ont connu et qui aiment encore
les grandes âmes. L'art a gravé ses traits sur le marbre; ce vaste et noble front dans les rides duquel on
sentait passer de temps en temps les images de la
révolution défie aujourd'hui l'oubli des siècles. Ras-
surez-vous, ombre sévère! Dans un temps qui ne
reviendra plus, au milieu d'une assemblée unique
dans l'histoire, tandis que d'autres défendaient le
territoire contre l'ennemi ou fondaient des institutions qui ont péri, vous qui luttiez et qui combattiez
avec eux, vous avez trouvé le moyen de servir les
sciences et les lettres en servant la patrie; votre part
est magnifique; vous avez attaché votre nom à ce qui
ne meurt pas, la pensée et la liberté!

IV. — Étienne Geoffroy Saint-Hilaire. — Sa vie. — Ses travaux.

Il nous faut maintenant dire les services d'un autre
bienfaiteur du Jardin des Plantes; de l'homme qui a
le plus fait dans ce temps-ci, avec Cuvier, pour l'é-

clat du Muséum d'histoire naturelle et pour les progrès de la science : nous avons nommé Geoffroy Saint-Hilaire (1).

L'Institut devait prononcer l'éloge du savant que la France a perdu en 1844; de déplorables rivalités ayant empêché, en haut lieu, l'examen impartial de ses travaux et l'histoire d'une si belle vie, nous nous trouvons heureux de lui consacrer ici quelques pages. Il devrait au moins y avoir place pour la vérité, aujourd'hui que cet homme si battu de son vivant, par l'injustice de ses confrères, n'est plus qu'une gloire et un souvenir.

Étienne Geoffroy Saint-Hilaire est né à Étampes, le 15 avril 1772. On connaît l'usage où étaient les familles de disposer selon leur choix de la vocation de leurs enfans. Celui-ci fut destiné à l'état ecclésiastique et vint de bonne heure à Paris pour suivre dans cette direction le cours de ses études. Le jeune Geoffroy, placé au collége de Navarre, où Brisson professait alors la physique, ne tarda pas à se dégoûter d'une théologie stérile et à suivre le penchant qui l'entraînait aux sciences naturelles. La révolution qui se préparait dans le pays ne fut pas étrangère à celle qui eut lieu, vers le même temps, dans cette jeune existence promise à l'église. Il nous racontait souvent ses inquiétudes morales et le bouillonnement intérieur de ses pensées, lorsque, se promenant seul

(1) Nous nous servirons, pour nous guider dans cette courte biographie, de quelques notes que la main illustre et bienveillante du savant nous traça elle-même sur le papier, avant que la mort ne l'eût glacée.

le soir parmi les ruines de la Bastille, il suivait la
trace visible des événemens sur ce terrain foulé par
la colère du peuple. L'agitation de son âme répondait à l'agitation de la France. La voix de la philosophie du dernier siècle était venue le trouver dans
le silence de ses études; Étienne Geoffroy n'hésita
pas à la suivre. Dès ce moment il se trouva porté
dans le cercle de la science, mais non toutefois à la
place où nos yeux sont accoutumés de le rencontrer :
cet homme illustre, qui, d'après ses travaux et d'a-
près le tour de son génie, semble né zoologiste, commença par se livrer à la minéralogie.

Une circonstance se présenta de montrer la noblesse
et la chaleur de ses sentimens. Haüy, l'abbé Haüy,
comme on disait alors, son premier maître dans les
sciences naturelles, avait été incarcéré à la suite des
événemens du mois d'août 1792; la justice, dans les
temps de révolution, est tellement ombrageuse et
expéditive, qu'il y avait sujet de craindre pour les
jours de ce savant, si une main, bien jeune encore,
ne l'eût suivi dans son désastre. Frappé de cette nouvelle, Étienne Geoffroy s'alarme, et s'emploie avec
tant d'ardeur pour son ami, qu'il réussit à le tirer de
prison. On tremble pour le sort de ce maître distingué,
et on en aime d'autant plus son jeune libérateur,
quand on songe que les jours suivans étaient les 2 et
3 septembre.

Haüy sauvé, il restait encore au séminaire de Saint-
Firmin plusieurs ecclésiastiques, attachés comme professeurs au collége de Navarre. Le courage, la bonté
d'Étienne Geoffroy étaient infatigables : il tente de

délivrer les prêtres qui avaient été ses anciens maîtres, parvient, au péril de sa vie, à s'introduire dans leur prison, et fait, le jour même, évader un des détenus. Sa générosité s'efforce de préparer à l'avance pour les autres des moyens de salut. Les massacres commencent : Étienne Geoffroy, qui aimait la révolution, mais qui aimait aussi l'humanité, se dévoue de nouveau pour épargner le sang. Demeurant dans le voisinage du lieu de l'exécution, il avait appuyé une échelle contre le mur extérieur de la cour et était descendu à plusieurs reprises pour arracher des victimes au sort qui les attendait. Ce noble stratagème est découvert ; un des septembriseurs couche en joue le téméraire jeune homme, et lui tire à bout portant un coup de fusil qui le manque. On frémit quand on songe que cette belle destinée pouvait finir là, et que tous les grands travaux qui resteront de ce naturaliste illustre étaient sur le point de descendre avec lui dans la tombe ; mais non, la main de la Providence, qui détourna le coup, le réservait à d'autres épreuves et à d'autres luttes.

La révolution, qui changea le monde, changea encore la position de Geoffroy Saint-Hilaire. A la demande du citoyen Lakanal, le Jardin des Plantes ayant été transformé, le 10 juin 1793, en un Muséum d'histoire naturelle ; douze chaires étant établies pour l'enseignement de la science, M. Geoffroy Saint-Hilaire, qui n'avait encore que vingt-et-un ans, et qui n'était que sous-garde et démonstrateur du cabinet, se vit chargé d'un cours sur l'histoire naturelle des animaux vertébrés. Il hésitait ; une si grande tâche lui semblait au-dessus de ses forces : la voix de Daubenton fixa ses incertitudes : « J'ai sur vous, lui dit-il, l'autorité d'un père, et je prends sur moi la responsabilité de l'événement. Nul n'a encore enseigné à Paris la zoologie ; tout est à créer. Osez entreprendre, et faites que dans vingt ans on puisse dire : la zoologie est une science, et une science française. » Le jeune Geoffroy eut confiance dans la parole du vieillard, et se soumit à l'honneur imprévu qui lui ouvrait une nouvelle carrière.

Nous l'avons entendu plusieurs fois parler avec attendrissement du calme qui régnait alors au Jardin des Plantes, comparé avec l'agitation de la ville. Toutes les richesses minéralogiques et végétales que renfermait l'établissement furent épargnées. Cette main furieuse qui poursuivait les majestés de Saint-Denis sous leur chape de plomb et les trésors de nos églises jusque dans le sanctuaire, s'arrêta devant les frêles enveloppes de verre qui recouvraient les objets précieux de la nature : un arrêté de la commune avait déclaré mauvais citoyen celui qui attenterait au Jardin des Plantes. Temps singulier, où il suffisait d'un mot pour détruire et pour conserver, où Haüy emprisonné était rendu à l'Académie sur une note qui le réclamait comme utile aux sciences, où un décret de la Convention improvisait en quelques jours une armée et un grand naturaliste !

Le jeune Geoffroy traversa ces années glorieuses et sinistres, calme, et les yeux fixés, avec sérénité, sur ce rayonnement de la science dont il fit le soleil de toute sa vie. La terre tremble, il marche toujours ;

la France, en duel au-dehors avec l'Europe, se débat dans l'intérieur avec les factions ; il cherche, il médite, il interroge sans cesse cette éternelle nature dont l'immuable grandeur se montre au-dessus des convulsions de l'histoire. S'il descend à nos luttes et aux événemens du jour, c'est pour sympathiser avec ce qui est grand, pour protéger ce qui est faible. Ami de tous les proscrits célèbres, il cache dans sa maison le poète Roucher, et conserve quelque temps cette tête qui devait, hélas ! tomber sur l'échafaud. Étienne Geoffroy n'en servit pas moins pour cela la Convention, qui l'avait élevé à la place de professeur-administrateur du Muséum : c'était en effet une manière de servir cette assemblée grande et terrible que d'honorer par ses lumières la nouvelle organisation de la science.

A la création primitive des professeurs du Muséum manquait un nom qui s'est fait connaître plus tard dans la science ; on devine que nous parlons de Cuvier. Une double gloire était réservée à M. Geoffroy, celle de briller par lui-même et celle de révéler au monde un génie qui s'exerçait alors dans la solitude. Dans le fond de la Normandie, au milieu d'une plaine ombragée de pommiers, s'élève un petit village qu'on nomme Fiquenville : c'est là que Cuvier, instituteur attaché à une famille du pays, passait le temps orageux de la révolution. Il mettait à profit le voisinage de la mer pour se livrer à l'anatomie de certains mollusques qui sont assez communs sur ces côtes. Le hasard ayant conduit, sous le titre de médecin des armées, un agronome de mérite dans les environs de

Fiquenville, Cuvier, qui était secrétaire d'une petite société savante, s'empresse à le connaître.. Le jeune instituteur avait lu dans l'*Encyclopédie méthodique* quelques articles remarquables de M. Tessier : il le devine bientôt dans l'étranger qui cachait soigneusement son nom. Tessier, qui, ayant été revêtu du titre d'abbé, craignait les haines du moment contre son ancien état, s'alarme et demande grâce : Cuvier le rassure; de bons rapports s'établissent entre eux. Cuvier communique alors à son ami quelques mémoires sur l'histoire naturelle, que celui-ci trouve fort de son goût : « J'ai découvert, écrit-il en style d'agriculteur à son collègue Parmentier, une perle dans le fumier de la Normandie. » Il en déclare autant à Lacépède, à Olivier, à de Grand-Maison, à Jussieu, à d'autres encore; mais tout cela avançait peu les destinées du jeune naturaliste. Un seul s'intéressa à cette recommandation, ce fut M. Geoffroy; il écrivit à Cuvier de lui envoyer quelques-uns de ses manuscrits; frappé du tour élevé de ces travaux, qui n'étaient encore que des études, mais dans lesquels un œil exercé découvrait déjà les bases d'un esprit solide, il lui fit cette réponse : « Venez à Paris, venez jouer parmi nous le rôle d'un autre Linné, d'un autre législateur de l'histoire naturelle. »

On reconnaît dans cet élan d'enthousiasme le cœur noble et désintéressé du bon Geoffroy Saint-Hilaire; il oblige un inconnu sans regarder ou plutôt en sachant que cet inconnu est un rival. Comment aussi ne pas rapprocher les deux sentences qui servent de point de départ à ces deux naturalistes célèbres ? Daubenton promet à Geoffroy qu'il sera le *créateur d'une zoologie toute française*, et M. Geoffroy écrit à Cuvier qu'il sera un *autre Linné*, un *législateur de l'histoire naturelle*. La tournure d'esprit de ces deux futurs collègues était dès-lors marquée en sens contraire; l'un devait finir une ère de la science, et l'autre en commencer une nouvelle.

Rien de plus touchant que la confraternité qui s'établit entre Geoffroy et Cuvier à l'arrivée de celui-ci dans notre ville. On les voit partout ensemble; leurs travaux sont communs, leurs écrits signés de leurs deux noms. M. Geoffroy partage avec son ami son toit, sa table, ses livres et tous les avantages que sa position lui donnait. Jamais Cuvier, pendant sa vie, ne chercha à déguiser la nature des services qu'il avait reçus de cette main hospitalière; après sa mort, on crut devoir jeter un voile sur des souvenirs qui blessaient à tort l'amour-propre de sa famille. Ce silence monta bientôt jusqu'à l'Académie, où, dans un éloge de Cuvier, on ne fit aucunement mention de ces détails biographiques. M. Geoffroy était trop sensible pour ne pas montrer sa douleur : « J'ai cru remarquer, dit-il, le cœur gros d'amertume, que lundi dernier on avait atténué les services que j'ai rendus à mon vieil ami, lors de son entrée dans la carrière. » C'est pour consoler son ombre et pour satisfaire à la vérité que nous avons cru devoir insister sur ces détails.

Le jeune Geoffroy ne se borna pas à soutenir Cuvier dans ses débuts ; il le présenta dans les maisons où lui-même avait accès, et le produisit par tous les moyens sur le futur théâtre de sa gloire. C'est à la confraternité de ces travaux qu'il faut rapporter la classification actuelle des mammifères et l'ordre qui règne encore au Jardin des Plantes dans le cabinet de zoologie. Un instant on eût pu espérer que l'association de ces deux esprits si éminens et si bien d'accord, l'un porté vers les différences, et l'autre vers les analogies, aurait donné à la science des travaux complets ; mais, chose triste à dire ! cette union si heureuse ne pouvait, ne devait pas durer. Ne cherchons ni dans des faiblesses de caractère, ni dans les rivalités de l'amour-propre, les germes d'une rupture qui éclata peu-à-peu : mieux vaut n'y voir qu'une suite regrettable, mais nécessaire, des contrastes de la nature. Ces deux intelligences d'élite s'étaient touchées un instant sur des points élevés ; mais il en devait être de leur association comme de deux grands chemins qui se joignent pendant quelque temps et qui se séparent, comme de deux branches qui se rencontrent et qui se divisent, comme de deux ruisseaux qui, après avoir coulé l'un près de l'autre, se quittent pour jamais : l'un gagne la plaine, l'autre descend écumeux dans la vallée. C'est une loi affligeante que celle de ces désunions morales : mais qu'y faire ? Le plus blessé des deux amis met trop souvent alors sur le compte de l'ingratitude le résultat inévitable de la divergence de leurs facultés.

Nous raconterons pourtant une petite anecdote qui peint les mœurs patriarcales de ces anciens de la science. Daubenton, surnommé, à cause de son grand âge et de son éloquence naïve, le Nestor des naturalistes, avait une préférence marquée pour son fils d'adoption, le jeune Geoffroy. Celui-ci reçoit un jour une invitation conçue en termes extraordinaires qui le prie à dîner pour le lendemain, et qui l'engage à s'y préparer. Geoffroy ne savait que penser de ce ton à effet; il s'imagine que peut-être une réunion imposante l'attend sous le toit de son vieil ami : il s'habille en conséquence, et s'y rend à l'heure indiquée. Daubenton était seul avec sa femme. Alors madame Daubenton de le recevoir les fables de La Fontaine à la main, et de lui dire solennellement : « Jeune homme, prends et lis ! » En même temps elle lui présente le volume ouvert à la fable de *la lice et sa compagne*. Ces sages de la nature aimaient à envelopper leurs sentences sous les mœurs et sous le langage figuré des animaux. Du reste, l'intention était toute dans la morale de la fable :

> Ce qu'on donne aux méchans, toujours on le regrette.
> Pour tirer d'eux ce qu'on leur prête,
> Il faut que l'on en vienne aux coups ;
> Il faut plaider, il faut combattre.
> Laissez-leur prendre un pied chez vous,
> Ils en auront bientôt pris quatre.

« C'est sur vous et non sur l'*autre*, ajouta le vieillard avec tristesse, que nous avons mis notre confiance. » Geoffroy résista à ces conseils, et conserva pour Cuvier la même amitié, les mêmes égards, la même admiration.

Cependant de nouveaux événemens allaient séparer la fortune des deux amis. Une armée de savans s'enrôlait à la suite de l'armée de soldats qui marchaient à la conquête de l'Égypte : Geoffroy Saint-Hilaire, toujours enthousiaste pour ce qui était grand, séduit par les souvenirs de Thèbes et de Memphis, s'engagea l'un des premiers dans cette entreprise aventureuse : Cuvier, plus froid, plus prévoyant, demeura. La campagne d'Égypte fut pour le jeune naturaliste un magnifique théâtre d'observations : nous l'avons entendu plusieurs fois parler avec ravissement de la majesté de cette terre foulée par des races antiques et disparues. Ses travaux contribuèrent puissamment au succès scientifique de cette expédition mémorable. M. Geoffroy se trouva mêlé à Monge et à Berthollet. Le général en chef de l'armée d'Orient honorait ces soldats de la science qui s'étaient élancés sur les traces du sabre à la conquête de l'inconnu. Dans un discours qu'il leur adressa et dont M. Geoffroy nous récitait avec chaleur les passages frappans, Bonaparte commença ainsi : « Messieurs, ou plutôt permettez-moi de vous appeler du mot de César, *cummilitones*, car nous avons chacun ici notre champ de bataille. » Une conversation de ce même Bonaparte, au moment de quitter le Caire pour revenir en France avait laissé des traces dans l'esprit du naturaliste : « Le métier des armes est devenu ma profession, disait-il à Monge ; ce ne fut pas de mon choix, et je m'y trouvai engagé du fait des circonstances. Jeune, je m'étais mis dans l'esprit de devenir un inventeur, un Newton. » M. Geoffroy se souvenait encore de cette parole remarquable : « Le monde des détails reste à

6.

chercher. » C'est ce monde dont le savant que nous venons de perdre tenta plus tard la découverte dans un mémoire intitulé : *Loi d'attraction de soi pour soi.*

Cette antique terre d'Égypte, où la nature s'est conservée dans les grandes proportions des premiers âges, fournit à Geoffroy Saint-Hilaire des sujets d'étude précieux sur les crocodiles et autres animaux qui ne se rencontrent plus vivans dans nos contrées. Le savant se livrait un jour, sur la place d'Alexandrie, à la contemplation de deux poissons électriques nageant dans un baquet, au moment où une pluie de bombes tombait sur la ville. Distrait de la vue et du fracas du siége par ce fait naturel et par les idées qui s'en dégageaient dans son esprit, le jeune Geoffroy, tout entier sous le charme des scènes d'électricité dont il était le témoin, n'entendit rien de ce qui se passait devant ses yeux ; l'agitation de son âme surmontait dans ce moment-là tous les événemens militaires, et le jet des bombes, et les incendies locaux, et les surprises des assiégeans, et les cris plaintifs des victimes succombant dans la lutte. Il ne connut ce qui s'était passé et le danger qu'il avait couru que par les récits du lendemain. Cette fièvre de travail et de découvertes lui dura même plusieurs semaines, tant l'impression des objets soumis à ses regards avait été vive. Au milieu de ces ardentes préoccupations, il trouva néanmoins le temps et la force de rendre service à son pays. Abandonnée par son général, la commission scientifique allait tomber avec toutes ses richesses au pouvoir des Anglais. Un antiquaire, M. Hamilton, convoitant pour lui et pour sa nation les portefeuilles qui

contenaient le fruit de tant de peines et de travaux ,
insistait pour que la remise en fût faite entre ses mains,
Les membres de la commission, intimidés par cet ordre et par les événemens, ne voyant d'ailleurs aucun
moyen de résistance à la force, allaient peut-être céder, quand l'impétueux Geoffroy, trouvant dans son
cœur des éclats de noble indignation et des paroles
à la hauteur de la circonstance, répliqua à l'Anglais :
«Hamilton, vos baïonnettes n'entreront que dans deux
jours dans la place; dans deux jours, nous vous livrerons
nos personnes; mais, d'ici là, ce que vous demandez
sera détruit. Notre sacrifice va s'accomplir. Nous brû-
lerons nous-mêmes nos richesses. C'est de la célébrité
que vous voulez? Eh bien ! comptez sur les souvenirs
de l'histoire; vous aussi, vous aurez brûlé une bibliothèque dans Alexandrie! » Les Anglais rougirent,
et les matériaux destinés au grand ouvrage français
sur l'Égypte furent sauvés.

M. Geoffroy revint à Paris, où il retrouva son camarade d'expédition, le jeune Bonaparte, qui commençait sa fortune et celle de la France : l'un avait
recueilli en Orient les modestes conquêtes de la
science sur la nature, l'autre était allé saisir cette
redoutable épée qui devait bientôt ramasser à terre
la couronne du monde. M. Geoffroy rapporta des
manuscrits qui ont été imprimés dans un ouvrage
durable, des échantillons précieux qui ont orné nos
galeries, et des travaux qu'il a continués : si la gloire
scientifique est moins brillante que la gloire militaire,
ses œuvres sont peut-être en revanche plus solides :
l'épée a été brisée; l'empereur et l'empire ont dis-

paru, mais on voit encore les souvenirs de l'expédition d'Égypte inscrits sur les cases du Muséum d'histoire naturelle. Un rapport officiel constate « qu'aucun voyageur, depuis le célèbre Dombay, n'avait autant enrichi les collections que M. Geoffroy Saint-Hilaire. »

En 1807, il est élu membre de l'Institut. Bonaparte, qui se connaissait en hommes, appréciait le caractère et le mérite de notre jeune naturaliste, qu'il avait distingué en Égypte. Dans l'année 1808, il l'envoie pour organiser l'instruction publique en Espagne et en Portugal. M. Geoffroy part, et, toujours fidèle aux intérêts de la science, réunit sur les lieux une fort précieuse collection, qui, par suite d'un traité d'évacuation du Portugal, se trouve, comme celle d'Égypte, en présence des Anglais. Le zélé naturaliste sauve une seconde fois des mains de l'ennemi les caisses qui contenaient un bien loyalement acquis à son pays, en laissant à leur place quatre coffres remplis d'effets qui lui étaient propres. Cette généreuse supercherie n'était pas sans danger, mais elle eut tout le succès qu'on en pouvait attendre. Après les désastres de 1815, un ministre de la restauration, M. de Richelieu, allant de lui-même au-devant de la honte, écrivit au ministre du Portugal qu'il était prêt à lui restituer la collection apportée par M. Geoffroy Saint-Hilaire : l'étranger refusa ; il était dit que les ennemis du dedans devaient recevoir des ennemis du dehors une leçon, après tant d'autres, de justice et de dignité. Les motifs de ce refus étaient tous à l'honneur du savant français : on se souvenait que, loin d'user du droit de la guerre pour s'emparer des riches collections brésiliennes d'Ajuda, M. Geoffroy Saint-Hilaire avait procédé par voie d'échanges, et qu'au lieu de choisir des objets uniques, il avait seulement demandé des doubles. Lorsqu'il visitait la vaste bibliothèque du couvent de Saint-Vincent, les moines, effrayés, lui dirent : « Prenez tout, si vous voulez. » Alors Geoffroy, avec dignité : « Je suis venu pour organiser les études, et non pour les désorganiser. »

N'est-il pas beau de voir ce modeste savant traçant à la suite de la victoire, et près du fossé sanglant des batailles, le sillon lumineux de la civilisation? Lié à Napoléon, comme Aristote à Alexandre, il sème les idées et la connaissance de la nature sur ces champs labourés par les boulets. Le premier consul, étonné, témoigna ses sentimens à M. Geoffroy par des offres brillantes que celui-ci, fidèle au culte exclusif de la science, refusa constamment. A Sainte-Hélène, l'homme qui avait été l'empereur conservait la même opinion de M. Geoffroy et en parlait avec estime. Celui qui avait remué le monde sous sa main de fer pour le réduire à l'unité, devait sympathiser avec ce naturaliste ardent, qui combattit un demi-siècle pour mettre cette même unité dans la zoologie.

En 1809, M. Geoffroy est nommé professeur à la Faculté des Sciences. Cette date marque le point de départ de ses efforts vers l'anatomie philosophique. Un nouveau théâtre étant ouvert pour un enseignement plus large et plus élevé encore que celui du Muséum, le jeune professeur s'y élança avec un succès qui changea la marche de la science. De 1793 à 1808, il s'était montré zoologiste pénétrant et sagace, le digne assesseur de Cuvier dans un ordre de travaux qui demandaient un coup-d'œil sûr, un jugement fin, un esprit d'observation exacte. De 1809 jusqu'au terme de sa longue et laborieuse carrière, Geoffroy remue l'histoire de la nature pour la poser sur une base nouvelle; il crée, selon l'oracle de Daubenton, une zoologie qui n'existait pas; là où la science n'avait poursuivi avant lui que des rapports de classification, il cherche à fixer les lois de l'organisation animale.

Cependant le sol des événemens s'ébranle de nouveau sous les pas de ce fervent naturaliste qui avait donné toute sa vie à l'étude. Napoléon était tombé et avec lui la révolution dont il portait les principes autour du monde sur les ailes de ses armées. Étienne Geoffroy n'était pas si absorbé dans la science qu'il ne sentît les maux et les humiliations de son pays. Arrivent les Cent-Jours : l'homme de l'île d'Elbe avait apparu une nuit dans un coin de la France ; on annonce au son du tambour que Napoléon est retrouvé; à ce bruit, la royauté, endormie dans les murs du Louvre, se réveille en sursaut et fuit. Geoffroy sort alors de la science , comme un prêtre de son église dans les temps d'orage. En 1815, il est élu membre de la chambre des représentans , mais il n'y figure qu'un instant. L'empire disparaît de nouveau comme il était venu, et au moment où la France, à la suite des déchiremens de l'invasion, se courbe sous un gouvernement imposé, Geoffroy rentre, la tête haute, dans cette liberté de l'étude qui le console un peu de l'abaissement et de la servitude de son pays.

Arrêtons-nous un instant à cette date fatale, qui se dresse dans la carrière du naturaliste comme une colonne d'airain, et sur laquelle on pourrait inscrire ces mémorables paroles, adressées en 1831 aux élecuteurs du collége d'Étampes, ses anciens commettans de 1815 : « Je ne pouvais me plaire et me tenir aux fonctions de député que pendant la lutte, et tant qu'il était question d'organiser la France pour la liberté, de défendre l'indépendance nationale. »

Nous avons un instant abandonné le fil des relations entre Geoffroy et Cuvier : nous allons le reprendre à dater des événemens de 1815. L'âge, loin de réunir par degrés deux caractères opposés dans leur direction, prononce chaque jour entre eux des différences qui doivent les séparer à jamais. Au retour de la campagne d'Égypte et de son voyage en Portugal, notre jeune savant ne retrouva plus au Jardin des Plantes l'ami qu'il avait laissé ; Cuvier était devenu, selon l'oracle de Geoffroy lui-même, le législateur de l'histoire naturelle. Une dignité froide avait fait place à ces relations cordiales des premiers ans. La vérité est que les deux confrères ne s'entendaient presque plus sur aucun point de la science ni sur la position à prendre dans la société. Geoffroy Saint-Hilaire mettait à fuir les dignités publiques l'ardeur que Cuvier mettait à les rechercher. Pendant les Cent-Jours, Geoffroy figura, comme nous l'avons dit, à la chambre des représentans ; mais il ne fit sous la restauration

aucun effort pour y reparaître. Si la gravité des circonstances put le faire sortir un instant de ses occu-
pations favorites, il y retourna dès que l'orage se fut
calmé. Persuadé qu'un progrès, qu'une liberté conquise
dans la science ne tarde pas à passer dans l'ordre moral, et devient avec le temps une liberté, un progrès dans
l'ordre politique, il crut servir son pays en servant
l'histoire de la nature. C'était prendre la question de
plus haut, ce n'était pas la négliger. L'esprit humain
n'avance pas seulement pas les agitations des États,
mais par les lumières de toute sorte qui viennent
éclairer sa marche. Ses vues religieuses ne différaient
pas moins des idées de son collègue : Cuvier rattachait
les déductions scientifiques aux anciennes traditions
du genre humain ; Geoffroy essayait au contraire de
percer par l'étude de la nature des voies et des échappées nouvelles dans le champ de la philosophie. Son
cours fut jugé sous la restauration d'une grande audace. Attaqué à plusieurs reprises par les feuilles du
parti-prétre, l'esprit de ses leçons n'échappa sans
doute à l'interdit que par les ténèbres dont ces sortes
d'étude étaient alors enveloppées. Du reste, M. Geoffroy Saint-Hilaire ne se montra jamais en lutte ouverte avec les croyances et les institutions établies ;
retiré dans la contemplation et l'étude, il menait,
comme nous le trouvons écrit dans ses notes, une vie
de *dévoûment extatique à la science.*

Il n'entre ni dans notre pensée, ni dans les convenances de ce livre, d'établir ici un parallèle entre
Cuvier et Geoffroy : nous pouvons seulement dire
que les deux adversaires avaient reçu de la nature les

facultés les plus propres à faire avancer la science par leur opposition. Cuvier était né avec un esprit singulièrement lucide, une mémoire infatigable, un jugement sûr et difficile à contenter. Geoffroy trouvait une sorte de béatitude infinie dans la découverte des lois de la nature; doué d'une merveilleuse finesse d'intuition, il poursuivait les causes et les rapports au moyen de cette seconde vue de l'intelligence qui va plus loin que les faits. C'était l'homme des aperçus hardis, des idées générales et des enchaînemens lumineux. Nous savons que dans les régions étroites d'une certaine caste de la science on traite ces esprits-là de rêveurs; mais c'étaient des rêveurs aussi dans leur temps que ce Galilée, que ce Kepler, que ce Newton, dont à cette heure les proportions surhumaines nous étonnent. Cuvier s'était beaucoup appliqué aux classifications : Geoffroy refusa de s'y arrêter pour suivre le penchant qui l'entraînait vers les vues à distance et les révélations soudaines.

Une nuit qu'il s'était mis au lit, triste et préoccupé d'un grand travail sur les insectes, il lui arrive ce qui s'est présenté à d'autres inventeurs : pendant un sommeil calme et non interrompu, toutes ses idées de la veille se coordonnent dans sa tête; il découvre et voit nettement des yeux de l'esprit tous les rapports analogiques des séries animales. A son réveil, qui est subit, ses bras s'agitent violemment, et au même instant il jette ce cri, ce même cri qu'Archimède : J'ai trouvé! Tout le monde se réveille autour de lui; on s'effraie de cette émotion dont on ne tarde pas à connaître le motif rassurant. Ce seul trait peut servir à dessiner la nature de cet esprit orageux, qui procédait en quelque sorte par éclairs et par surprises.

Nous touchons cependant à une lutte qui eut trop d'éclat pour être passée sous silence, et qui tient à des causes trop philosophiques pour que le récit des événemens suffise à en reproduire le caractère. Depuis long-temps, le dissentiment des deux princes de la science couvait dans l'ombre, lorsqu'une séance de l'Académie le fit éclater. A ceux qui parlaient de la doctrine des *analogues*, Cuvier répondait : « Je la ferai taire. » Ce fut le 12 décembre 1829 que la lecture d'un mémoire ouvrit le champ de bataille. Cependant les chances étaient inégales : Geoffroy défendait un terrain entièrement neuf, tandis que Cuvier, soutenu par ses travaux et par ceux de ses ancêtres dans la science, affermissait pour ainsi dire ses pas sur les traces de plus de trente siècles. Si nous ajoutons à ces avantages un vrai talent oratoire, une prestesse et une clarté d'esprit sans égales, une autorité sur l'académie dès long-temps acquise, nous jugerons que Cuvier avait tout ce qu'il fallait pour s'assurer la victoire. Cependant le monde qui pense resta partagé entre Cuvier et Geoffroy. Quoi qu'il en soit du succès, ce fut toujours un grand spectacle que celui de ces deux forts athlètes de la science s'avançant l'un contre l'autre et se rencontrant sur un des points les plus élevés de la philosophie naturelle. L'Allemagne, la grande Allemagne était attentive à ces débats : déjà la voix de l'*Isis* s'était fait entendre de l'autre côté du Rhin pour crier à Cuvier : « Reste à la politique; tu es débordé en zoologie! »

Derrière ce conflit d'opinions, ce tumulte d'amours-
propres et cet orage académique, se leva encore la
tête calme et sévère de Gœthe, qui prit parti pour la
doctrine soutenue en France par M. Geoffroy, et dans
laquelle il s'était lui-même exercé. L'intervention de
Goethe pourra sembler singulière à ceux qui ne voient
dans ce grand esprit que l'auteur de *Faust*; mais,
après tout, la poésie ne gâte rien aux autres dons de
la nature, et de nombreux mémoires sur la science,
naguère traduits et publiés en France par le docteur
Martins, montrent que Goethe était très loin d'être
étranger aux études anatomiques. Ce n'en est pas
moins un beau sujet d'orgueil pour notre pays que
celui du premier génie de l'Allemagne abaissant son
sceptre d'or devant les vues philosophiques d'Étienne
Geoffroy Saint-Hilaire, et proclamant dans le monde
selon l'oracle de Daubenton, la zoologie une science
française. Que sont les conquêtes de la force devant
la pensée infatigable de ce naturaliste, allant rencontrer à l'étranger celle de Goethe, et soumettant par
la conviction cette vieille Germanie que le glaive de
César et de Bonaparte avait mal vaincue?

En France, Geoffroy fut encouragé dans sa lutte
contre Cuvier par les hommes d'avenir. Tous saluaient
dans ce génie précurseur le noble et fécond avénement d'un principe pour lequel la révolution a com-
battu plus d'un demi-siècle, pour lequel nous com-
battons encore en philosophie, en religion, en politique, et qu'il s'efforçait d'introduire dans la science,
l'unité. En vain lui faisait-on un crime, dans ces
discussions publiques et animées, de ne pas suivre le

chemin ordinaire; l'élite de la forte et courageuse jeunesse souhaitait que ce novateur eût raison, et que les vues qu'il prêtait à la nature fussent justifiées par l'expérience. Selon d'autres, à la tête desquels se plaçait son sévère contradicteur, M. Geoffroy se laissait égarer par son imagination. Ce reproche, dont le savant s'affligea peut-être à tort, était calculé sur les mœurs des anciens naturalistes, qui s'attachaient plutôt à la lettre qu'à l'esprit de la nature. De l'imagination! Mais n'en faut-il pas pour suivre la création dans ses lois et ses caprices? N'en faut-il donc pas pour entrer avec puissance dans les desseins de Dieu, et saisir leur trace sur la forme des êtres organisés?

Cuvier, voulant humilier son adversaire, lui jeta enfin dédaigneusement ce titre de poète de la nature, qui, dans sa bouche et dans son intention, était la plus mortelle offense pour un naturaliste. Nous en sommes encore à nous demander si l'injure n'était pas un éloge. Il en est de même du reproche d'enthousiasme qu'on lui adressait alors; nous croyons que M. Geoffroy s'est donné une peine inutile pour repousser ces traits de la malveillance qui tournent au contraire à son honneur. Oui, le savant qui, non content d'être l'historien des faits de la nature, a voulu en saisir les lois, et qui, entraîné par la magie des rapports de la création, a voulu renouer les anneaux de cette chaîne immense que tous nos zoologistes avaient brisée; le savant qui, non content d'étudier dans les froides collections et sur les pièces mortes, cherchait en lui-même et dans la nature vivante les inspirations du génie; ce savant était poète; mais nous ne voyons pas en quoi cette faculté de divination a pu nuire à ses travaux sur l'histoire naturelle. Il faut d'ailleurs bien s'entendre : tout en critiquant cette école timide qui borne ses ambitions à *nommer*, à *décrire* et à *enregistrer* les faits de la science; tout en blâmant la *marche stationnaire* de ces zootomistes qui, dans leur frayeur de la nouveauté, se contentent de promener vaguement le scalpel sur les organes du monde animal, Geoffroy, comme Goethe lui-même, était d'avis qu'il fallait apporter dans l'observation des détails de la nature l'exactitude sévère du géomètre. En 1835, George Sand, dans l'esprit duquel les débats scientifiques de 1829 avaient laissé trace, vint proposer à M. Geoffroy de servir ses idées devant le public; le savant écarta avec politesse la main qui lui était offerte, dans la crainte que ce brillant auxiliaire ne compromît, par ses inventions, le succès d'une cause grave qui voulait être défendue avant tout par de fortes études. Geoffroy voyait la nature en poète, mais en poète instruit des faits qui composent son histoire.

Nous glissons sur les détails et sur les incidens de ce grand duel scientifique dont l'Allemagne s'émut, dont les journaux du temps ont méconnu en France la véritable portée. Le dissentiment d'idées qui agitait les deux adversaires, malgré l'aigreur et l'extrême violence de la lutte, n'alla point jusqu'au cœur. M. Geoffroy ayant perdu, quelques années plus tard, une fille charmante et aimée, Cuvier vint assister aux funérailles, et par un serrement de main bien senti prouva à son ancien ami qu'il partageait toute l'étendue de

son malheur. On sait que Cuvier avait été lui-même
frappé dans une fille de vingt-deux ans, belle et unique ; il comprenait la douleur de son confrère par la
sienne propre : *non ignara mali.*

L'événement de 1830 passa sur la tête des deux
terribles champions et sur leurs querelles incessantes.
M. Geoffroy, quoique éloigné, comme nous l'avons
dit, du mouvement politique, n'en salua pas moins
avec ardeur une révolution qui semblait devoir continuer dans le monde les progrès de son aînée; il
pensait, avec raison, que chaque pas vers la liberté
est un pas vers la science. Nous devons rapporter ici
un fait qui honore son caractère. On se souvient que
dans le premier enivrement de la lutte la colère du
peuple se porta sur le palais de l'archevêque de Paris.
D'imprudentes paroles adressées au roi Charles X, quelques jours auparavant, sous les voûtes solennelles de Notre-Dame, faisaient regarder, à tort ou à raison, l'archevêque comme l'auteur voilé de ces fatales ordonnances
qui soulevaient d'indignation toute la ville. De farouches menaces avaient été proférées dans les groupes;
la vie de M. de Quélen était en danger : surpris par
ces grandes eaux de la révolte qui débordent tout-
à-coup comme l'Océan, il n'avait eu que le temps de
gagner en hâte l'hospice de la Pitié, où il s'était caché
parmi les malades M. Geoffroy, demeurant dans le
voisinage, est instruit par M. Serres de l'arrivée
de M. de Quélen dans l'hospice, de l'infortune
de ce prélat, et du danger qui menaçait ses jours. Il
court auprès de M. de Quélen, qu'il connaissait, et,
touché par son état de détresse, lui offre un asile

dans le Jardin des Plantes. L'archevêque de Paris accepte l'hospitalité qui lui est si dignement offerte; dès que le soleil est couché, il traverse, au bras de M. Geoffroy, la rue Saint-Victor, sous un déguisement, et se rend chez le généreux naturaliste, où sa présence est entourée du plus impénétrable mystère. C'était faire un noble usage de cette retraite du Jardin des Plantes, où la révolution de 93 l'avait établi, que d'en étendre les ombres et les feuillages sur la tête proscrite d'un prince de l'église. Jusqu'à ce que l'ordre fût ramené dans la ville, M. Geoffroy ne cessa de prodiguer les soins, les ménagemens, les égards à cet étranger, dont il était très loin de partager les opinions rétrogrades. Du reste, le séjour de M. de Quélen dans la maison de la famille Geoffroy a peut-être eu sur les destinées de l'église en France une action considérable qu'on ignore. C'est de chez M. Geoffroy Saint-Hilaire, et en grande partie sous son influence et celle de M. Serres, que l'archevêque se détermina à se rendre au Palais-Royal, et à faire partir pour Rome un envoyé dont la mission, dans ces premiers temps de la révolution de juillet, a pu être politiquement fort utile.

Au moment où la France renaissait au sentiment de la liberté, le cœur du reconnaissant Geoffroy Saint-Hilaire se tourna vers un exilé de 1815. Dans l'Amérique du Nord, sur les bords de la Mobile, vivait depuis dix-neuf ans, dans une humble métairie, un homme que les orages politiques de son pays avaient frappé. Cet homme était Lakanal. Geoffroy, toujours dévoué, se souvient de ce député secourable aux sciences en 1793 ; il propose à l'Institut de le réintégrer dans son sein, et a le bonheur d'obtenir un fauteuil académique pour ce vieux conventionnel, qui avait attaché son influence et son nom à l'une des plus belles fondations du génie moderne. Lakanal, flatté de cet honneur, plus flatté encore de ce souvenir d'amitié, revint, malgré son grand âge, sur cette terre sillonnée par tant d'événemens : une révolution l'avait enlevé, une révolution le ramenait. L'entrevue des deux amis fut pathétique; le savant et l'exilé se retrouvaient, après de mauvais jours , dans ce même Muséum d'histoire naturelle que la Convention avait créé , et dont le jeune professeur de 93 avait mûri et fécondé le germe précieux en organisant , presque à ses frais et par ses propres forces, la Ménagerie.

La lutte scientifique résista aux événemens et contribua peut-être à épuiser la force des deux rivaux. Cependant les agressions devenaient moins fréquentes, quoique l'esprit d'antagonisme fût resté le même; cela tenait à la position nouvelle que Cuvier avait prise dans le gouvernement. Lié aux affaires publiques, il avait de la peine, dans les derniers temps, à suivre tous les pas de son adversaire sur le terrain d'une discussion que Geoffroy ne déserta jamais. Cuvier ployait sous les charges étrangères à la science : maître des requêtes, conseiller d'État, pair de France, il était tout cela et autre chose encore, quand, le 13 mai 1832, il mourut. Les rivalités de l'intelligence font trêve devant la pierre du tombeau ; Geoffroy s'avança sur le bord de cette fosse qu'une si grande dépouille i i remplir, et retrouvant dans son cœur toute son

affection d'autrefois pour son vieil ami et son émule,
il dit : « En ce moment d'un dernier adieu que notre
illustre confrère n'a pu, hélas! entendre de ma bouche, comment ma pensée ne se reporterait-elle pas
sur cette vie à deux de nos jeunes ans, sur ces relations si intimes et si dévouées, sur cette communauté
de travaux si douce à tous deux ! » Ces paroles touchantes prennent un intérêt d'à-propos, aujourd'hui
que les deux confrères sont de nouveau réunis.

Le nom de Geoffroy est moins populaire en France
que celui de Cuvier : nous dirons seulement que les
hommes de science se font plus connaître au public
par des ouvrages élémentaires que par des travaux
de philosophie transcendante. M. Geoffroy, à cause
de la tournure de son esprit, s'est toujours tenu dans
des régions inabordables et solitaires. Une certaine
obscurité dans le style, obscurité dont il se plaignait
lui-même, et dont il ne put jamais dissiper les ténèbres, contribuait encore à voiler sa pensée. On a
tant abusé dans ces derniers temps du mot *incompris*,
qu'on ose à peine s'en servir; ce serait pourtant à
Geoffroy qu'il s'appliquerait avec le plus de raison.
Ce défaut de lucidité fit le supplice de ses derniers
jours. Notre grand naturaliste eut une vieillesse
amère : « J'ai le cœur percé, écrivait-il; je suis triste
jusqu'à mourir. » Certaines injustices qu'il eut, hélas!
à subir de la part de ses confrères, mirent le comble
à sa susceptibilité. Un instant il songea à quitter la
France, et à chercher sur un autre théâtre que celui
de ses travaux une considération qui lui était refusée
dans son pays. Il souffrit et finit par se résigner. Ce

7.

savant trouva d'ailleurs sa consolation dans l'objet éternel de ses études et de ses amours. « Je me décidai, nous dit-il, à quitter Paris pour une vie solitaire à la campagne. Je m'y rendis sans livres. Un seul était sous mes yeux, le livre de la nature, où je voyais apparaître toutes les créations du printemps en plantes et en animaux. » On voit que le *poète*, tant critiqué par l'école *positive*, n'avait pas choisi la plus mauvaise part en se décidant pour la vie de contemplation et d'extase.

Ces tribulations n'altérèrent jamais la bienveillance de son commerce. C'est vers ce temps que nous l'avons connu ; nous conservons encore un souvenir ineffaçable de ces bonnes soirées du dimanche, auxquelles sa présence donnait un caractère particulier. Dans l'ancienne rue de Seine-Saint-Victor, aujourd'hui rue Cuvier, s'élève une maison abritée comme un nid par la solitude et les branches d'arbres ; c'est là que le patriarche de la science, le philosophe de la nature, demeurait depuis longues années. Le salon était rempli de savans, de littérateurs et d'artistes. L'été on descendait dans le jardin de la maison qui se rejoignait par un trait-d'union de verdure aux massifs du Jardin-des-Plantes. Les amis du vieillard s'asseyaient en cercle sur des siéges de bois et causaient gravement à la clarté des étoiles. Paris avait éteint son bruit au seuil de cette habitation reculée ; on n'entendait que le rugissement lointain des bêtes fauves, excitées dans les temps de pluie par les senteurs résineuses du cèdre du Liban. L'âme fatiguée de la vie remuante et inquiète de notre ville se reposait avec un calme indicible sur ces réunions touchantes, sur ce silence de la nature et des passions, sur ce savant vénérable, tout chargé d'années glorieuses, sur ces femmes charmantes et sévères, sur deux joyeux enfans à tête blonde. Une larme embaumée montait alors silencieusement au bord des yeux; on croyait à la famille, au repos du cœur, à l'amitié, aux mœurs dorées des premiers âges, et l'on se disait tout bas : Il fait bon ici, *bonum est nos hic esse.*

Geoffroy Saint-Hilaire acheva et mit au jour, postérieurement à Cuvier, plusieurs grands travaux dont nous regrettons, dans l'intérêt de la discussion, que ce dernier n'ait pas eu connaissance. La science ne pouvait que gagner à ces solennels débats, que la mort d'un des deux adversaires vint malheureusement interrompre. Geoffroy reprit dans les derniers temps, du point de vue philosophique, les recherches de Cuvier sur les ossemens fossiles et sur la marche de la nature durant les premiers âges du globe. Ce grand esprit était préoccupé, avant de mourir, de la *genèse des choses;* sa pensée remontait au berceau de la création du monde au moment où le déclin de ses forces l'attirait vers la tombe.

L'étude de la nature avait dévoré cette organisation puissante. Peut-être la lutte de 1829 avait-elle aussi blessé mortellement les deux combattans; des hommes comme Cuvier et Geoffroy ne pouvaient guère marcher l'un contre l'autre sans que le choc fût fatal à tous deux. Geoffroy avait comme le pressentiment de cette décadence prochaine : « Ce n'est pas de moi, écrivait-il dans un de ses derniers mémoires, ce n'est pas de moi, qu'un souffle d'automne emportera bientôt, qu'il doit s'agir. » Hélas! il disait vrai, le souffle d'automne l'a emporté.

Depuis quatre ans le savant vieillard expiait par la cécité le crime d'avoir porté ses regards trop haut dans les secrets et les mystères de la nature ; cette Isis irritée jeta son voile sur les yeux téméraires qui voulaient tout pénétrer. Geoffroy supporta cette cruelle infirmité avec le calme et la résignation du sage. Aveugle comme Homère, comme Milton, comme Galilée, il ouvrit plus grands les yeux de l'âme, il vit le monde au dedans de soi ; ne pouvant plus observer, il médita. Au milieu des ténèbres dont il était entouré, il s'éleva par la pensée vers ce mystérieux et lointain rayonnement de la lumière qui ne meurt pas. Un indigne écrit avait osé mettre en doute, dans ces derniers temps, les principes religieux de M. Geoffroy touchant l'auteur des mondes ; il en fut vivement blessé. Le grand naturaliste qui avait passé sa vie dans la contemplation de la nature ne pouvait pas nier le principe de l'ordre. « En définitive, écrivait-il au terme de ses investigations philosophiques, la cause des faits phénoménaux de l'univers, c'est le principe de l'attraction conçue d'après le principe de l'affinité de soi pour soi ; mais, par-delà incontestablement, la cause des causes, c'est Dieu. »

Geoffroy était mort pour la science : la voix de la prudence et de ses amis lui avait conseillé d'éteindre sa lampe ; il souffla lui-même avec une résignation sublime cette flamme qui ne devait plus se rallumer qu'ailleurs. Au milieu du sommeil et de l'engourdissement de ses forces morales, il conserva cependânt pour sa famille de tendres et lumineux épanchemens. Honneur aux nobles femmes qui ont entouré de soins cette touchante vieillesse! Une des consolations de ce patriarche de la science fut de laisser en mourant un fils digne de continuer son œuvre « *Nunc dimittis servum tuum in pace*, s'écria-t-il. Oui, je m'en vais en paix ; car mon fils sera le sauveur de mes idées, de ces idées que j'ai souvent obscurcies malgré moi par ma faute. » Un fidèle et ancien ami, M. Serres, dont le nom demeurera attach aux plus mémorables découvertes de ce temps-ci, ne cessa de surveiller les progrès de cette longue et douloureuse maladie que la médecine était impuissante à guérir. La mort seule pouvait y mettre un terme ; la main de Dieu étendit de plus en plus son ombre sur cette existence affaiblie par la pensée, et bientôt tout fut dit. Au chevet de ce lit de douleurs, pres de cette grande vie à son déclin, se tenait encore jour et nuit un jeune homme, le docteur Pucheran, qui cherchait à recueillir les dernières paroles sur ces lèvres inspirées, comme les disciples de Socrate sur la bouche mourante de leur maître.

Nous assistions aux derniers honneurs rendus par la science à cette pure et glorieuse existence de naturaliste, qui ne s'est point mêlée au flot politique. L'esprit de parti n'entrait donc pour rien dans les éloges qu'on laissait tomber sur sa fosse ouverte. M. Duméril, son vieux confrère ; M. Chevreul, directeur du Muséum ; M. Dumas, au nom de la faculté des sciences ; M. Serres, au nom de son amitié et de la noble conformité de ses travaux; M. Edgar Quinet, au nom de la génération nouvelle, ont fait entendre tour-à-tour des paroles scientifiques, religieuses, éclatantes. Quelque chose aurait manqué à cette cérémonie funèbre, si Lakanal n'y eût été : ce vieillard plus qu'octogénaire s'est avancé à son tour sur cette tombe qui allait se fermer pour jamais. Tout le monde a senti un frémissement de cœur en voyant un des derniers membres survivans de la Convention ouvrir la bouche pour rappeler, en termes d'une simplicité antique, qu'il y avait eu cinquante ans, ce même mois de juin, que, sur son rapport, le jeune Geoffroy, alors âgé de vingt-et-un ans, avait été nommé professeur au Muséum d'histoire naturelle. Le vieillard, dans ce moment-là, n'était même plus un homme; c'était la Convention elle-même, cette sombre et grande assemblée dont l'histoire nous fait pâlir, qui venait assister aux obsèques d'un de ses enfans dans la science, et lui dire au couronnement de ses travaux : « Je suis contente de toi! »

Quand un homme comme Geoffroy Saint-Hilaire meurt, l'imagination a besoin de se porter sur la partie immortelle de ses œuvres. Ce célèbre naturaliste laisse un grand nombre de mémoires sur l'anatomie philosophique, plus ou moins réunis en volumes, une histoire naturelle des mammifères, et d'autres ouvrages considérables : il y a sans doute dans ces écrits des travaux qui ne sont point achevés, des vues confuses et enveloppées que l'avenir dégagera; mais, tels qu'ils sont, ils se soutiennent majestueusement devant la postérité par des proportions grandes et hardies. Ce n'est point dans l'exécution des détails qu'il faut chercher le talent de Geoffroy; plus architecte que sculpteur, il jette en bloc les pensées, sans se soucier de les tailler ni de les polir : son œuvre ressemble, pour l'effet général, à une ville en construction; çà et là des édifices pendent interrompus, des murs gigantesques se dressent sans appuis et sans couronnement; mais à travers tout ce désordre, on est frappé par le caractère de l'ensemble, et l'on croit assister, avec le poète latin, à la naissance d'une de ces cités futures qui domineront le monde. M. Isidore Geoffroy Saint-Hilaire nous semble appelé, par la nature à-la-fois élevée et sévère de son esprit, à interpréter, à recueillir et à fixer les travaux de son père dans une édition complète qui sera le plus beau monument élevé à la mémoire de celui que nous venons de perdre (1).

Nous sentons que nous devrions indiquer, en finissant, les points principaux sur lesquels porta ce grand duel académique entre Geoffroy et Cuvier, ce combat dont le bruit retentit encore après le silence des combattans; mais ici notre embarras redouble. Comment introduire en quelques lignes nos lecteurs dans le sein d'une discussion qui exigerait de longues études et des développemens infinis? Nous avons parlé déjà de la *doctrine des analogues*, c'est ainsi que Cuvier définissait, en 1829, les idées de M. Geoffroy.

---

(1) Au moment de mettre sous-presse, j'apprends que M. Isidore Geoffroy Saint-Hilaire termine un livre sur la vie, les ouvrages et les doctrines de son père.

Cet esprit synthétique avait en effet lutté toute sa vie pour établir en zoologie cette grande loi d'*unité de composition organique*, en vertu de laquelle tous les animaux peuvent être ramenés à un seul animal. Déjà sa pensée avait surnagé dans la plupart des livres de zoologie moderne, où les formes diverses des êtres vivants n'étaient plus considérées que comme des ac-cidens jetés sur une échelle immense, et dont tous les degrés tiennent les uns aux autres par des rapports naturels. Cuvier n'admettait pas cette unité dans la variété. Esprit analytique, il limitait chaque être organisé dans une forme éternellement invariable et absolue, dont la science devait se borner à décrire isolément les caractères. — Méthode des premiers âges ! s'écriait Geoffroy ; ayez donc le courage de faire un pas en avant ; la nature est une : elle emploie les mêmes matériaux en les transformant sans cesse sous sa féconde main, sans s'écarter jamais d'un plan général d'organisation. — Rêves de poète ! reprenait Cuvier. — Historien de ce qui est, continuait Geoffroy, j'ai cherché mes observations dans l'univers terrestre ; au-dessus de toutes les variétés qui résultent chez les êtres vivans du milieu dans lequel ils sont plongés, je vois planer constamment et partout autour de moi des rapports immuables.

C'est sur ce point que la mêlée s'engagea : mais le terrain de la science est si vaste, que l'arène s'élargissait chaque jour, devant les attaques des deux lutteurs. Le débat se plaça bientôt sur les ruines des mondes antédiluviens. Cuvier ne voyait dans ces créations retrouvées sous la terre que des faits soudains, isolés, apparus et disparus, que des émissions d'êtres engloutis dans des révolutions fortuites du globe, et auxquels d'autres êtres avaient succédé. Abandonnant ce système de cataclysmes et de bouleversemens, Geoffroy déroule l'histoire de la création sur un plan nouveau, à-la-fois plus calme et plus harmonieux. A ses yeux, il n'existe dans les époques anciennes et modernes qu'un règne animal; mais ce règne animal, soumis à l'action des causes environnantes, aux milieux ambians et à tous les agens modificateurs du globe, a dû changer avec les changemens survenus dans la masse. L'ensemble, en se transformant, a entraîné le détail. Ce principe qui lie la création actuelle à la création antérieure, qui noue par des anneaux intermédiaires la chaîne des animaux vivans à celle des animaux détruits, est sans doute dans l'état actuel de la science d'une démonstration difficile. Arrivera-t-on un jour à retrouver parmi toutes ces variétés de formes, un seul animal, comme au fond il n'existe qu'un créateur et qu'un monde?

La vaste intelligence de Geoffroy s'exerça encore contradictoirement à Cuvier sur la question des monstruosités. L'école de Cuvier se servait depuis long-temps de ces anomalies apparentes pour ébranler la croyance à la fixité des lois de la nature. Geoffroy arriva d'aplomb sur la difficulté : c'est au milieu du désordre le plus choquant des principes de l'organisation qu'il fit surgir la notion de l'ordre et qu'il montra la nature toujours d'accord avec elle-même, *sibi conscia*. Son esprit généralisateur sut ramener les formes, en apparence excentriques, de ces êtres d'ex-

ception au maintien des règles éternelles. Là où l'école
de Cuvier voyait avec M. de Châteaubriand un exemple de ce que devient la nature sans le doigt de Dieu,
Geoffroy admire avec Montaigne la persistance d'une
unité inflexible et toujours présente, à laquelle rien
n'échappe, pas même le monstre. Cuvier se réfugiait
dans la doctrine des anomalies. — Tout dans le monde, reprenait Geoffroy, est anomalie et prodige
(*monstrum*) pour celui qui s'approche des faits avec
ignorance : mais tout est d'une composition uniforme
et constante pour celui qui s'élève au-dessus des détails, à la hauteur des vues du créateur et des rapports généraux de la création.

Ce qui restera surtout de Geoffroy Saint-Hilaire,
c'est une direction. Il a ouvert, dans les sciences de
la nature, une voie nouvelle qu'il est loin sans doute
d'avoir parcourue tout entière, mais dans laquelle il
est glorieux d'avoir fait les premiers pas. Ce sage
vieillard ne s'aveuglait pas lui-même à cet égard sur
la valeur de ses travaux : il se disait bien qu'en agi-
tant la science pendant plus d'un demi-siècle, il n'a-
vait jamais atteint le terme de ses efforts : arriver à
la connaissance, même incomplète, des premières lois
de la nature n'est pas l'œuvre d'un homme, c'est celle
de l'humanité.

Une grande signification reste attachée à l'événement final de ces deux puissans chefs d'école : Cuvier
qui meurt, c'est tout un passé de la science qui s'en
va ; Geoffroy qui retourne à Dieu, c'est un avenir qui
vient. L'un a mis dans l'histoire naturelle l'élément
de résistance, l'autre celui de progrès. Ces deux prin-

cipes se sont attaqués avec ardeur et se mesurent encore : peut-être le moment d'un traité de paix est-il arrivé. Les travaux de l'auteur du *Règne animal* étaient nécessaires pour terminer glorieusement et splendidement les époques d'analyse ; ceux du créateur de l'anatomie philosophique en France ne sont pas moins utiles pour préparer l'avènement des idées générales dans la science. Les esprits exacts qui aiment par-dessus tout la netteté, l'ordre, la précision mettront l'homme dont nous venons d'écrire la vie au second rang ; ceux au contraire qui tiennent plutôt compte des déductions brillantes et du pressentiment intuitif des choses lui donneront la préférence sur son rival. Le révélateur, le poète, le devin de la science au commencement du xixe siècle, *vates,* ce n'est pas Cuvier, si admirable d'ailleurs, c'est Geoffroy. Leurs mémoires, voilées de deuil, s'élèvent toutes deux entre l'âge des classifications qui finit et l'âge de la recherche des lois de la nature qui commence : quand les anciens voulaient fixer les limites intermédiaires de deux régions, ils y plaçaient des tombeaux.

V. — État actuel du Muséum d'histoire naturelle.

Nous avons vu le Jardin des Plantes sortir régénéré d'un vote de la Convention nationale. Cet établissement, qui avait langui durant près d'un siècle, sans réglemens fixes, sans lois précises, dont les savans, inégalement traités, n'avaient pas même le droit d'appeler auprès d'eux, à titre de coopérateurs, les hommes les plus distingués par leurs lumières; cet établissement, dis-je, s'élève tout-à-coup du sein des ténèbres, et jette sur la marche des sciences naturelles un éclat qui s'accroît chaque jour. Un des articles du décret conventionnel avait disposé que le Muséum serait en correspondance avec tous les établissemens analogues qui existent dans les départemens. Cette loi, éclose d'une délibération de quelques heures, à la suite d'un entretien intime, au plus fort des événemens révolutionnaires, est donc, comme nous l'avons dit, celle qui régit au Jardin des Plantes, et par suite dans toute la France, on pourrait même dire dans toute l'Europe savante, les destinées de l'histoire naturelle.

Il y a, dans la force même des choses, un mouvement particulier qui consiste à isoler chaque branche d'instruction du tronc primitif de la science. C'est à ce mouvement qu'il faut attribuer les changemens survenus dans l'acte de fondation qui régla, en 1793, les destinées du Muséum d'histoire naturelle. D'anciennes chaires se démembrèrent par suite des progrès qu'avait faits l'objet de chaque enseignement; de nouvelles se fondèrent sur les développemens qu'ont pris dans ces dernières années les idées générales; il en résulte que le nombre des professeurs, fixé d'abord à douze, s'élève maintenant à quinze, sans qu'il soit possible de l'arrêter dans l'avenir à ce chiffre déjà très considérable (1). Les embellissemens du jardin

(1) Voici en quelques mots l'histoire de ces variations et de ces accroissemens dans le corps enseignant du Muséum. La première organisation était,

et du Muséum ont suivi la même marche. Chaque professeur étant tenu à administrer la partie de l'établissement qui relève naturellement de ses fonctions, ce petit monde a dû s'élever et s'accroître avec les progrès mêmes de la science. Parmi les fondations qui appartiennent à la renaissance du Jardin des Plantes, les plus importantes, sans contredit, sont celles de la ménagerie, du musée géologique, et du musée d'anatomie comparée.

L'architecture vint au secours des progrès de l'histoire naturelle pour donner à l'établissement la figure monumentale qui lui convenait. C'est en 1834, M. Thiers étant ministre, et M. Geoffroy Saint-Hilaire étant doyen des professeurs, que le gouvernement réalisa le projet utile de bâtir de nouveaux palais à la science. Aujourd'hui le Jardin des Plantes embrasse tous les règnes de la nature; sous ses constructions de verre, aériennes et légères comme des demeures de fées, il couvre sans les cacher les arbres exotiques, et

comme nous l'avons dit, de douze chaires; il en fut ajouté une après coup (*Reptiles et Poissons*), par suite du démembrement de la chair des *Vertébrés :* ce fut Lacépède qui l'occupa. Le nombre des professeurs revint ensuite au chiffre de douze, à cause de la suppression de la chaire d'*Iconographie*, confiée, dans l'origine, à Vanspaendonck, peintre du cabinet. Les officiers du jardin ayant trouvé que les artistes ne concordaient pas assez bien avec les savans, on remplaça le titulaire mort par deux maîtres de dessin, simplement attachés à l'administration : ce furent Huet et Redouté, l'un pour les animaux et l'autre pour les végétaux. A la mort de Lamarck, on divisa la chaire des *Animaux sans vertèbres* en deux chaires, l'une pour l'histoire des *Insectes* et des *Articulés*, l'autre pour l'histoire des *Mollusques* et des *Zoophytes :* la première fut donnée à Latreille, la seconde à M. de Blainville. Voilà le nombre des professeurs du Muséum reporté à treize. Enfin, deux nouvelles chaires furent créées dans ces derniers temps, l'une de *Physique* pour M. Becquerel, l'autre de *Physiologie comparée* pour Frédéric Cuvier; c'est celle qu'occupe maintenant M. Flourens.

les chauffe aux plus tièdes ardeurs de notre soleil languissant; dans les cages à barreaux de fer de sa ménagerie, il enferme les animaux féroces et soumis ; dans les vastes bâtimens du Muséum, il nous montre les dépouilles de la nature morte et conservée par la main des hommes; dans les salles de géologie, il tient en sa puissance les trésors d'un ancien monde enfoui et retrouvé. L'établissement est une nouvelle arche de Noé où tous les êtres de la création sont représentés. Un professeur commis à chaque sorte de production naturelle veille pour en maintenir et en accroître le dépôt. Un déluge de barbares viendrait à couvrir le monde civilisé des flots de l'invasion et des ténèbres de l'ignorance, que l'univers, actuellement connu, se sauverait une seconde fois, dans l'intérieur de cette arche, et se maintiendrait au-dessus du cataclysme, tant que le Jardin des Plantes demeurerait debout.

Si nous cherchons à résumer l'histoire du Jardin des Plantes, nous verrons que cette création a eu, comme la nature, dont elle est la représentation amoindrie, de véritables époques. A chacune de ces époques se rattache un nom qui la résume et la caractérise; nous avons ainsi l'époque Gui la Brosse, c'est celle de la fondation; l'époque Fagon, l'établissement se régénère; l'époque Buffon, le Jardin des Plantes grandit et se transforme; l'époque Lakanal, le Muséum d'histoire naturelle se refonde sur une idée politique d'unité; l'époque Cuvier, l'institution s'accroît et procède sans relâche au solennel enregistrement des choses créées; l'époque Thiers, la magni-

licence des bâtimens égale en quelque sorte la majesté de la nature ; enfin, l'époque Geoffroy Saint-
Hilaire ; c'est l'âge des larges conceptions et des vues
raisonnées sur l'ensemble des lois qui président à l'é-
conomie universelle des êtres. Ce dernier âge ne fait
encore qu'apparaître : il recevra des travaux modernes
une extension croissante ; peut-être même les recherches d'hommes étrangers au Muséum doivent-elles
concourir, par un autre ordre de lumières, à l'achèvement de cette philosophie de la science.

Nous ne dirons rien de la distribution ni des cu-
riosités du jardin : on peut chercher ces détails ailleurs. Une seule circonstance attire chemin faisant
notre attention, c'est l'élévation de terrain, autour
de laquelle règne une allée en spirale, bordée d'arbustes, et qui conduit à un belvédère. Cette petite
colline, qui fait maintenant un des ornemens du jardin, était autrefois connue sous le nom de *Bute des
Coupeaux* : sur cette butte était un moulin à vent
qui agitait ses ailes. Sauval nous apprend que ce fut
de son temps qu'on enferma le champ avec le monti-
cule dans le Jardin des Plantes. L'origine d'une telle
élévation est assez curieuse pour être rapportée. L'habitude d'entasser en certains endroits des débris de
tout genre, forma, avec le temps, dans la ville de Paris, des collines de gravois, des montagnes d'immon-
dices , auxquelles on donna le nom de buttes, de
voiries, de mottes, de monceaux. C'est à de semblables
amas que durent leur existence la butte Saint-Roch,
jadis rivale de Montmartre, aplanie ensuite sous
Louis XIV ; un village entier nommé le village de

Villeneuve-de-Gravois, et construit sur une hauteur, le monceau Saint-Gervais, la motte aux Papelards, et enfin la butte aux Copeaux. Ces collines artificielles, ouvrages lents et fortuits de la main de l'homme, ont eu pour résultat de changer la configuration primitive du sol de Paris. De tels changemens (et c'est la raison pour laquelle il convient de les signaler ici) présentent, dans l'intérieur de la grande ville, une faible image des formations naturelles qui, sur une bien autre échelle, et dans des temps très anciens, ont refait, bossué, accru, bouleversé la physionomie antique du globe.

A présent que nous avons jeté un regard sur l'histoire générale du Muséum d'histoire naturelle, nous allons entrer dans chacune des grandes divisions de l'établissement, qui représentent une branche de la science. Le Muséum comprend en effet dans son unité toutes les variétés des trois règnes. Au milieu des richesses de la nature dont cet établissement est pour ainsi dire le bazar, de cet ensemble d'êtres vivans ou conservés qui ont fait du Jardin des Plantes un petit monde dans le grand, l'esprit aime à se reposer avant tout sur une division morale. Il y a une ligne qui sert de limite intermédiaire aux deux grandes époques de la création ; et cette ligne, c'est le déluge. Les naturalistes reconnaissent deux systèmes d'animaux, et, comme ils disent, deux zoologies : l'une qui s'étend depuis l'origine du monde jusqu'à la grande et dernière inondation qu'on suppose avoir recouvert le globe ; l'autre qui se montre à partir de cet événement jusqu'à nos jours. La première est la zoologie antédiluvienne ; la seconde est la zoologie moderne. L'ordre des temps et des faits nous conseille de commencer par la plus ancienne. C'est dans le musée de géologie où ont été placés les restes d'animaux aujourd'hui plus ou moins inconnus dans la nature, que nous allons suivre d'abord les événemens de l'histoire du globe, et relier la chaîne des temps anciens à celle des temps modernes de la création.

MUSÉE DE GÉOLOGIE.

1. — Histoire. — Buffon. — Cuvier.

La géologie est fille des travaux modernes. Si l'on remontait pourtant à l'antiquité, on trouverait que les très anciens peuples de l'Orient avaient consacré dans leurs dogmes et dans leurs rits religieux un vague sentiment des grandes révolutions de la nature. Les anciens prêtres d'Égypte faisaient, en quelque sorte, profession de détester la mer, qu'ils représentaient, dans leurs emblèmes, sous les traits de Typhon, l'ennemi d'Osiris. Ils en avaient tant d'horreur qu'ils ne mangeaient ni poissons ni sel. L'abbé Millot et d'autres historiens vulgaires n'ont vu dans cette aversion qu'une rêverie théologique ; nous croyons, nous, qu'il s'y cache un fait primitif d'histoire naturelle. La mer, à raison de ses dernières inondations, devait être regardée comme animée de mauvais desseins envers les habitans de la terre. Dans cette lutte entre les deux élémens, l'homme, enfant d'Osiris, avait nécessairement pris parti contre Typhon; il voyait une ennemie personnelle dans cette grande étendue d'eau, qui avait plusieurs fois recouvert son domaine. Horace se fait, bien plus tard, à Rome, l'écho de ces anciens préjugés, ou, pour mieux dire, de ces anciennes terreurs, quand il invective la Méditerranée féroce, *pelago truci*, qui lui avait pris son ami Virgile. Une telle haine contre la mer et contre la navigation, dans les temps anciens, remonte, nous le croyons, aux grands mouvemens qui ont précédé l'assiette si long-temps incertaine du globe. L'homme a-t-il été témoin des derniers cataclysmes qui ont remis aux prises la terre et la mer, ou bien faut-il attribuer cette réminiscence, très obscure, au sentiment général de la création qui s'exprimait vaguement par la voix de son dernier né ? Songeons que les grands débris du monde antédiluvien, quoique enfouis sans doute et disparus, n'étaient point, à l'origine du genre humain, aussi effacés qu'ils l'ont été par la suite des siècles. Les traces des grands événemens géologiques n'ont d'ailleurs jamais été uniformément cachées; s'il faut entrer très avant dans la terre pour mettre à nu des époques anciennes de la nature ; il existe des créations plus récentes et des derniers ravages, dont nous ne sommes séparés, encore maintenant, que par un voile de sable. Comme la religion était dans l'Inde et dans l'ancienne Égypte le dépôt des connaissances, des souvenirs, des conjectures, il n'y a rien d'étonnant à ce que les idées des premiers hommes sur les luttes de la terre et de la mer, se soient inscrites dans les usages publics du culte. Cet antagonisme primitif des deux élémens devait tendre à s'effacer dans la succession des croyances religieuses. Si nous retrouvons plus tard le sel entre les mains des prêtres de la chrétienté, c'est plutôt comme un symbole de paix, que comme un objet d'anathème et de courroux. Tout annonce de loin un rapprochement entre ces deux grandes puissances, anciennement hostiles, la terre et l'eau. La configuration du monde étant fixée, les hommes ont quitté cet effroi puéril qui leur rendait l'Océan si odieux. De nos jours l'industrie arrive, aidée de la vapeur, qui signe désormais entre les deux élémens réconciliés un véritable traité d'alliance.

Si de telles recherches n'étaient étrangères à l'histoire positive de la géologie, nous montrerions que les anciennes religions de la nature consacrent de la sorte, à chaque instant, dans leurs symboles ténébreux, les transformations non moins obscures du globe terrestre. Quittons, au reste, les âges hypothétiques de la science, et arrivons tout de suite à la géologie expérimentale. Je vais choisir seulement quelques noms d'hommes qui marquent des époques : Bernard de Palissy, ce simple potier de terre, qui sut être un grand artiste, déduisit de l'observation des coquilles fossiles, un petit nombre de conséquences, tout-à-fait extraordinaires pour son siècle, et pouvant servir à esquisser l'origine des choses. Linné, cette étoile du nord, qui jeta sur toute l'histoire naturelle une clarté prudente, croyait notre globe le résultat de couches déposées successivement les unes sur les autres par une mer universelle, dont la retraite graduelle a mis à découvert nos continens. Au milieu de ces débuts, pleins de tâtonnement et d'incertitude, apparaît un génie vraiment créateur. L'homme auquel la géologie philosophique est redevable de son existence; celui qui porta le flambeau de la divination humaine sur les ruines des anciens mondes, c'est Buffon. De son temps les faits n'existaient pas dans la science; il s'en passe. Pour le génie, prévoir c'est voir. Buffon a vu; oui, il a vu, par-delà les erreurs de son siècle, jusque dans les découvertes modernes. Appuyé sur les monumens souterrains de notre globe, encore mal connus de son temps, il déclara que l'œuvre de la création avait eu ses époques, ses mouvemens, ses âges de formation et de croissance. Les traces empreintes à la surface ou dans l'intérieur de la terre, deviennent, sous son œil inspiré, des lettres parlantes, avec lesquelles il entreprend de reconstruire toute une histoire. Les *Époques de la nature* marquent l'avénement d'une genèse philosophique. Le naturaliste écrivit ce grand testament littéraire et scientifique dans un âge avancé; mais l'œuvre de Buffon est comme celle de Dieu qu'elle se proposait de réfléchir : on n'y trouve nulle part des traces de vieillesse. Les hypothèses hardies de l'auteur émurent les colères de la Sorbonne. Buffon s'alarma : « J'espère, écrivait-il au digne abbé Leblanc, qu'il ne sera pas question de me mettre à l'index, et, en vérité, j'ai tout fait pour ne pas le mériter et pour éviter les tracasseries théologiques, que je crains beaucoup plus que les critiques des physiciens et des géomètres. « La Sorbonne rentra, en effet, sous l'hermine une griffe qui n'aurait jamais dû en sortir.

N'est-il pas, du reste, humiliant de voir un génie comme Buffon, n'acquérir le droit de penser qu'au prix des soumissions les plus basses? La *Genèse* de Moïse est un admirable livre sans doute ; mais faut-il, pour complaire à d'aveugles préjugés religieux et à des intolérances barbares, effacer cet autre livre que la nature a écrit en caractères reconnaissables sur l'écorce du globe? Faut-il surtout fermer le livre de la raison humaine, dans lequel le doigt de Dieu trace à sa manière, de siècle en siècle, les preuves d'une révélation croissante? Buffon est un des prophètes de la nature : il semble avoir assisté à la droite des conseils du Très-Haut, durant cette longue nuit des âges, où le *fiat lux* de la puissance divine appelait la création à être.

Après la révélation du génie, la révélation des faits. Depuis Buffon, l'écorce du globe a été visitée ; des populations d'êtres éteints ont été rendues à la lumière ; le voile qui couvrait la face de l'abîme s'est, en plus d'un endroit, déchiré. Ces exhumations récentes qui, depuis un demi-siècle, ramènent à la surface de la terre ses anciens habitans, ont permis de fonder une science nouvelle. Les imaginations se sont vivement émues au récit presque merveilleux de ces mondes primitifs sortant, après une longue et profonde nuit, de l'abîme où les avait précipités la main des événemens. On crut assister à une répétition de l'œuvre des six jours. Chacun s'étonna que les ténèbres de l'oubli et de l'indifférence eussent pesé si long-temps sur ces pages antiques où la terre avait pris le soin d'écrire elle-même ses mémoires. Peut-

être y a-t-il des âges dans l'humanité pour ces révélations rétrospectives. Il en est de la mémoire tardive du
globe, qui se reporte maintenant avec ardeur au
berceau des choses, comme de la mémoire de l'homme
qui, en vieillissant, se retourne peu-à-peu en arrière
vers les événemens de son enfance.

L'existence d'anciens animaux détruits par des
causes qui ont elles-mêmes cessé d'agir, n'est plus
aujourd'hui un secret pour personne. Ces animaux,
différens de ceux qui existent aujourd'hui sur le
globe, ont occupé, avant nous, le monde que nous
habitons, et y ont laissé leurs dépouilles, leurs traces,
leurs empreintes. La terre, ornée à la surface, d'une
vie et d'une jeunesse souriante, a été plusieurs fois le
tombeau d'elle-même, ou du moins des créations
qu'elle avait vues se former. La face des choses s'est
plusieurs fois renouvelée, depuis que Dieu a étendu
la main sur le chaos. L'histoire de ces changemens est
écrite autour de nous, dans le musée de géologie, sur
les minéraux et les fossiles. C'est un usage ancien que
celui de frapper des médailles d'or, d'argent ou de
cuivre, pour fixer le souvenir d'un événement national, comme une victoire remportée, la naissance d'un
prince, ou l'avénement au trône d'un nouveau souverain. L'art de déchiffrer les inscriptions marquées sur
ces médailles historiques, de les rapporter à des époques certaines, de reconstruire par leur date l'ordre et
la chronologie des faits, constitue une science importante, qu'on nomme la numismatique. Cet art d'antiquaire, présente des traits de concordance avec la
géologie moderne. Les géologues se servent en effet

des empreintes trouvées dans le sein de la terre, véritables médailles des anciens âges, pour rétablir la chaîne des événemens qui se sont passés à l'origine du monde. Éternel honneur de notre siècle ! Il s'est rencontré, presque au même moment, dans ces dernières années, deux hommes qui déclarèrent avoir retrouvé le sens d'inscriptions très anciennes et regardées avant eux comme inexplicables; l'un s'adressait aux monumens de l'histoire, et l'autre aux monumens de la nature : c'étaient Champollion et Cuvier.

Cuvier puisa ses principales lumières dans l'anatomie comparée. C'est en vertu d'un principe nouveau, celui de la corrélation des organismes, qu'il ressuscita et fit reparaître les animaux, depuis long-temps ensevelis. Sa méthode contribua plus que toute autre à déterminer le caractère des différens âges du globe. Un artiste célèbre, M. David (d'Angers), s'est chargé de transporter sur le marbre, les traits de celui qui restitua aux sculptures naturelles des couches leurs titres d'ancienneté. C'est un beau monument élevé à la géologie moderne. Le statuaire a mis à côté du savant un globe troué, dont celui-ci tient le fragment dans sa main, voulant exprimer, sous cette grande image, que le génie de Cuvier avait en quelque sorte percé à jour l'écorce de notre monde, et en avait fait sortir, par cette ouverture, la révélation des faits qui constituent, selon la Bible, l'histoire des six jours. Tout en rendant justice à la puissance de l'homme, il ne faut pourtant pas exagérer la valeur, ni la portée des travaux de ce naturaliste. Son fameux ouvrage sur les ossemens fossiles, composé de mémoires sans

suite et sans liaison, où l'on retrouve, pour ainsi dire,
le désordre des mondes bouleversés, épars, qu'il tâche de rendre à l'existence, ne saurait constituer, à
lui seul, l'ère définitive de la géologie. Toutes les fois
que la pensée du célèbre naturaliste s'élève au-dessus
du mécanisme de la reconstruction des animaux, sa
pensée ne rencontre plus que ténèbres. Tantôt l'auteur semble croire à une succession des êtres, tantôt
au contraire il explique la différence des dépôts par
un simple déplacement de choses, à la surface de la
terre; partout, en un mot, son jugement flotte.
Quelle différence entre cette hésitation qui se contredit sans cesse et la hardiesse philosophique de Buffon !
Quelqu'un a dit dernièrement : « Buffon devine ; Cuvier démontre. » Ce quelqu'un s'est trompé. Entre la
méthode de nos deux grands historiens de la terre,
il y a un abîme. Cuvier marque au contraire un retour vers Linné, c'est-à-dire vers l'âge des classifications et de l'observation des faits à courte distance.
Le véritable successeur de Buffon est, en Allemagne,
l'auteur de *Faust*, et en France M. Geoffroy Saint-
Hilaire (1).

(1) Je me trouvais au Muséum, un jour qu'on apporta le modèle d'un os
de *dynotherium gyganteum*, récemment découvert dans une fouille. Ce for-
midable débris antédiluvien excita par sa grosseur une curiosité très vive.
Mais l'impression ne fut pas la même pour tous les assistans. Tandis que les
professeurs s'entretenaient entre eux, le grave naturaliste demeura plongé dans
une rêverie immense ; à l'aide de ce fossile, il reconstruisait mentalement l'a-
nimal tout entier, puis le milieu primitif dans lequel une telle masse était
destinée à vivre. Les autres savans voyaient dans cette pièce énorme un os remarquable ; M. Geoffroy Saint-Hilaire y voyait un monde. Ce naturaliste
philosophe est vraiment l'auteur de l'idée de la succession des êtres, fausse-
ment attribuée à Cuvier, après sa mort. Cuvier croyait au contraire à une
création unique dont les membres se seraient seulement déplacés sur le globe.

Il serait en outre injuste de rapporter à Cuvier seul les conquêtes géologiques, enregistrées sous son nom dans les ouvrages modernes ; il a été aidé dans ces découvertes par d'autres savans considérables. Depuis M. Brongniart, qui associa modestement ses travaux à ceux de notre grand chef d'école, jusqu'à M. Elie de Beaumont, qui est venu, dans un simple mémoire, dresser l'acte de naissance de la terre et apprendre leur âge aux montagnes, nombre de fortes et courageuses intelligences ont contribué, dans ces derniers temps, à faire descendre la lumière sur les restes ténébreux d'une création rentrée dans le voile du néant.

II. — Coup-d'œil sur les ossemens fossiles.

La géologie comprend l'étude des terrains qui forment l'écorce du globe et la recherche des débris d'êtres organisés qui y sont enfouis. Tout le monde sait maintenant ce qu'on doit entendre par des fossiles. La substance primitive des plantes et des animaux antédiluviens a été remplacée par celle des roches ou des couches pierreuses sur lesquelles on les retrouve gisans. Cette opération mystérieuse est le moyen simple et ingénieux dont s'est servie la nature, à l'origine, pour éterniser les formes des êtres qu'elle créait et détruisait ; elle a gardé dans ces moulures leur reproduction fidèle, comme on conserve, tous les jours, sur le plâtre les traits chéris et vénérés des grands hommes que la mort vient de ravir.

Les fossiles sont, avec les terrains qui les contiennent, les seuls monumens des premiers âges du monde, mais ils suffisent pour nous révéler déjà un très ancien état de choses qui s'est trouvé fixé en s'abîmant. Parcourir le musée de géologie du Jardin des Plantes, c'est descendre ou remonter le cours des événemens qui ont précédé la naissance de l'homme. Cette collection de minéraux et de fossiles est une genèse. Si la trompette du dernier jour venait à remplir ces salles de sa voix puissante, nous serions effrayés de voir reparaître autour de nous dans l'état de vie ces animaux étranges, oubliés depuis long-temps par la nature, inconnus à la surface actuelle de la terre qu'ils ont délivrée de leur fardeau : eh bien ! ce travail de résurrection en vertu duquel un mélange confus de débris mutilés s'arrange dans un ordre organique, de manière à ce que l'os aille chercher l'os auquel il devait tenir ; ce travail qui fait sortir une seconde fois du néant des êtres éteints, la science va l'accomplir sous nos yeux dans cette galerie.

L'ordre des pièces géologiques exprime plus ou moins le déroulement des faits qui ont construit et peuplé l'écorce de la terre. Voici d'abord des échantillons, sans empreinte d'êtres créés : la vie alors n'existait pas. La disposition de ces couches, privées d'animaux et de végétaux, imite assez bien celle de livres entassés en pile, successivement, les uns sur les autres, à mesure que chaque auteur y aurait consigné les annales de son temps, et placés de telle sorte que le dernier écrit se trouve toujours immédiatement au-dessus de celui qui renferme le récit des événemens de l'époque précédente. Il s'en faut néanmoins de beaucoup que cet ordre admirable ne soit jamais troublé. Des événemens de nature violente ont déchiré les pages de ces livres et les ont déplacées sur presque toute la surface de la terre, au point d'introduire souvent dans l'esprit des géologues le doute et la confusion. Toutefois les grandes divisions demeurent assez nettement indiquées. Un tel échelonnement des faits doit suffire à notre curiosité présente. Si tous les pas du temps ne marquent point très clairement sur ces roches antiques, sur ces terrains de formation minérale, nous pouvons du moins en suivre déjà quelques traces, et c'est beaucoup dans des âges si éloignés de nous.

La science discute encore sur les pièces qui se montrent dans cette galerie, pour savoir si le règne animal a commencé en même temps que le règne végétal. Nous croyons qu'il faut s'élever ici au-dessus de la matérialité des faits. La partie de l'écorce de la terre qui a été fouillée est relativement trop restreinte, pour qu'on puisse établir sur les fossiles découverts jusqu'ici une conclusion solide. La ligne qui sépara l'avénement des deux règnes de la nature, fût-elle à jamais effacée, devrait encore être admise moralement. Il faut étudier la marche de la création dans les lois générales qu'elle développe à notre intelligence, mieux encore que dans des monumens douteux, dont la date et les causes de conservation ou de ruine sont souvent impénétrables. Nous devons reconnaître que le génie humain a aussi ses révélations, et croire avec Moïse, le plus ancien des géologues, que l'aurore du règne végétal a devancé le jour des premiers animaux créés.

Les premiers animaux qui paraissent dans les terrains ardoisiers ne montrent encore qu'une organisation très simple. Ils n'en ont pas moins laissé leur trace sur le fond évanoui de leur époque : beaucoup d'écrivains qui travaillent à faire de même pour l'avenir n'y réussiront peut-être pas aussi bien que ces mollusques et ces crustacés. C'est au reste une belle leçon que nous donne la nature, en faveur de l'inaltérabilité du style, dans ces inscrustations d'êtres, dont la forme a dominé la matière, au point d'exister plusieurs milliers de siècles après elle.

Un savant estimable, M. Cordier, chargé de l'enseignement de la géologie au Muséum d'histoire naturelle, préside à la conservation et à l'accroissement de ces fossiles.

III. — Rapports de la géologie avec l'embryogénie.

La puissance productive de la nature se montre à nous sous deux faces identiques, la création et la génération des êtres.

Selon les anciens, le monde est sorti d'un œuf (1),

(1) Les Égyptiens se représentaient l'éternel auteur des êtres sous la figure d'un homme qui tenait un sceptre, et de la bouche duquel sortait un œuf. Cet

ex ovo emersit. Cet œuf a eu, pour ainsi dire, un temps d'incubation ; Moïse nous représente sous une grande image ce travail préparatoire de la matière : « Les ténèbres couvraient la face de l'abîme, et un souffle de Dieu était porté sur les eaux. » La science d'accord cette fois avec la tradition religieuse, peut voir dans le noyau primitif de notre planète une image de l'ovule, au début de ses formations. Ce germe, couvé par l'esprit de vie, s'avança au travers des siècles, vers des changemens nécessaires. Autour de lui se formèrent, comme autour de l'embryon, des enveloppes destinées à le protéger ; ceux qui ont observé l'œuf humain, recouvert par les villosités du chorion, se figureront aisément le règne végétal étendant à la surface du globe primitif ses fougères membraneuses. Le monde a renouvelé plusieurs fois les conditions de son existence durant cette longue et obscure évolution de progrès que nous allons bientôt retracer. Plongé dans les eaux diluviales, comme l'œuf humain dans les eaux de l'amnios ; revêtant, comme lui, des organes successifs de respiration et de vie, l'œuf terrestre a passé par les mêmes états de naissance, où passent les êtres vivants durant leur période de formation intra-utérine. Les actes très anciens de la création géologique se répètent et se

œuf, symbole de la création de l'univers, se retrouve chez les Indiens, les Chinois, les Chaldéens, les Perses, les Grecs. L'idée de la création du monde, par voie d'ovogénisme, qui se rencontre ainsi dans toutes les cosmogonies de l'Orient, ne saurait être attribuée au hasard. L'homme a été pourvu, à l'origine, d'une mémoire intuitive des choses, qui a été prise généralement pour une révélation.

continuent maintenant dans les actes de la généra-tion animale. Il a donc existé, à l'origine, sur le globe que nous habitons une véritable embryogénie des choses.

La vie a commencé sur la terre ; il existe, comme nous l'avons dit, une limite à partir de laquelle l'exis-tence a revêtu les formes de la plante et de l'animal ; franchissez cette limite, et vous ne retrouvez plus au-delà qu'un monde sans habitans. Ce monde-solitude recèle déjà pourtant l'avenir de l'animalité : soit que des germes errans parcourent l'immensité de l'air et des eaux ; soit que la matière cherche à se combiner en vue d'une création des êtres. Il fallait que la nature eût atteint l'âge de puberté pour que la force géné-sique se développât. Jusque-là, tout entière au travail architectural, qui devait établir la charpente osseuse du globe, la nature n'avait guère exercé d'autre puis-sance que celle de ces deux agens constructeurs , le feu et l'eau.

Le règne végétal a-t-il commencé avant ou après le règne animal, ou bien ces deux règnes ont-ils paru tous les deux en même temps ? Dans la création embryogénique, on voit les enveloppes de protection se former, au même instant où l'œuf se détache de l'ovaire. Si, suivant cette voie d'analogie, nous re-gardons le règne végétal comme nécessaire à l'enve-loppement du règne animal, surtout dans les premiers temps de la vie sur le globe, nous serons portés à croire que la manifestation des deux règnes a été presque simultanée. Si nous consultons au contraire les lois du progrès, comme nous l'avons fait tout-à-l'heure, lois qui se montrent si clairement par la suite dans la marche de la nature, nous trouverons alors plus conforme à la raison de supposer un temps d'arrêt, entre l'avénement des plantes et celui des animaux.

Il existe au reste entre les deux règnes des dépendances étroites, qui ont dû lier les causes et les rapports de leur naissance sur le globe. La nature, qui pourvoie par le *vitellus* à la nourriture primitive de l'embryon, a sans doute ménagé de même aux premiers animaux créés, des magasins d'approvisionnement dans l'existence des végétaux. Il y a un autre fait qui demande d'être médité : la respiration des plantes appelait, selon nous, sur le globe celle des animaux. Tout le monde sait que les végétaux respirent de l'acide carbonique et rejettent de l'oxygène; tandis que les animaux, (admirable prévoyance de la nature!) respirent de l'oxygène et rejettent de l'acide carbonique. Cet antagonisme respiratoire est précisément une des causes auxquelles nous devons rapporter l'origine des deux règnes. L'existence très ancienne d'une atmosphère chargée d'acide carbonique est attestée en géologie par les inépuisables dépôts de houille et de charbon de terre. Quelle force luxuriante il a fallu dans ces temps reculés à la nature végétale pour donner, en se décomposant, cette immense quantité de carbone, qui a été fixé dans l'écorce solide du globe. A cette époque où la terre encore stérile, venait d'être recouverte par la mer, les plantes jouissaient, en quelque sorte, d'une vie indépendante du sol et cherchée presque entièrement

dans les principes de l'air humide. Ces végétaux dégageaient, en respirant, une masse toujours croissante
d'oxygène : l'introduction de ce gaz nouveau, ou du
moins contenu jusque-là en petite quantité dans l'atmosphère, a eu pour résultat de donner naissance
aux premières formes animales. A mesure, en effet,
que cet élément nouveau se développe dans ces anciens âges, à la surface du globe, nous voyons la vie
qui augmente.

Les élémens chimiques, contenus dans les organes
des animaux ne se retrouvent pas tous dans ceux des
végétaux. C'est une preuve, selon nous, de la succession des êtres. Les changemens qui ont fait passer
l'organisation de la plante à celle de l'animal, ayant
eu pour cause d'autres changemens survenus dans
l'état de l'atmosphère, il en résulte que l'on ne saurait demander aux uns et aux autres les mêmes principes de composition chimique. Le monde de ces
temps reculés est un vaste laboratoire, où la nature
opérant d'âge en âge sur la respiration des êtres, par
l'entremise des agens extérieurs, accroît et développe,
à la surface du globe, les conditions de la vie sans
cesse renouvelée. Si ces transformations de chimie
vivante n'ont point agi sur les êtres déjà créés, pour
les modifier et pour changer les lois de leur existence, elles ont certainement eu lieu dans le principe
créant.

Le règne animal a été primitivement calqué sur le
règne végétal. Il est curieux de voir, comme la nature,
quand elle a une fois adopté un moule et tracé une
direction, ne s'en écarte que pas à pas. Les éponges

et en général les madrépores ont avec les végétaux fungiformes et avec presque toutes les plantes sous-marines, des traits de ressemblance qui frappent les yeux. Le passage des formes de la création végétale aux formes de la création animale a donc été presque insensible. La nature s'est traînée long-temps dans les mêmes voies.

Le règne animal a eu sur le globe un état d'enfance. Cependant le principe créateur marche et à chaque pas séculaire, il développe dans le monde une nouvelle production d'êtres, une nouvelle forme de la vie. Les âges antédiluviens ont été véritablement pour la nature des temps de grossesse. L'eau, l'air, la terre, tous les milieux, étaient en quelque sorte des appareils dans lesquels se passaient alors les formations primitives de l'animalité. A mesure que le monde ambiant s'organise pour une plus grande dilatation de l'être, les animaux participent à la vie croissante que leur donnent ces foyers extérieurs. D'âge en âge, les organismes augmentent et se compliquent sous l'influence des mouvemens qui s'exécutent à la surface de la planète. Nous suivrons tout-à-l'heure dans les couches d'animaux fossiles la trace continue des créations qui ont amené les animaux, aujourd'hui vivans, sur la terre. Qu'y verrons-nous? une série d'ébauches. La nature a fixé dans ces émissions d'êtres qui s'arrêtent et qui recommencent leur existence sur de nouvelles bases, les divers temps d'une même pensée. La génération de l'idée créatrice a donc été croissante; elle couva et enfanta à plusieurs reprises le dessein de son œuvre. L'évolution de ces mondes embryonnaires est répétée d'ailleurs constamment chez les animaux par une série d'états analogues, durant la vie intra-utérine. Le développement consiste à l'origine des choses, dans un mouvement successif de formes provisoires, remplacées bientôt par d'autres formes qui doivent à leur tour s'effacer et mourir.

Dans la grande série des créations géogéniques, où nous allons entrer, les animaux d'une couche inférieure sont, relativement aux fossiles de la couche supérieure, des embryons qui ont vécu. Ces animaux ayant respiré à l'air libre, il faut alors que le milieu atmosphérique où ils vivaient ait eu quelque affinité, dans ces âges d'enveloppement, avec les lois physiques de la respiration intra-utérine. Cette atmosphère n'existe plus; tout être qui arriverait aujourd'hui à l'air extérieur avec les organes de la vie embryonnaire serait aussitôt frappé de mort; les rapports des choses ont donc varié depuis la naissance du monde. Il existe au reste une telle coordination entre les parties respectives, que les lois du milieu étant modifiées, tout change aussitôt dans le règne animal. A chaque renouvellement de l'air extérieur, les conditions de la vie se suspendent ou se transforment. C'est ainsi qu'une cause entraîne après elle, par un mouvement enchaîné, toutes les autres causes, et que la configuration entière du monde cède à un léger changement survenu dans la force d'expansion des agens créateurs.

Dans le cas où les influences extérieures auraient agi sur les espèces du règne animal pour les engendrer les unes des autres, par une série de métamorphoses, il est certain que ces modificateurs ambians n'auraient point agi sur les individus formés, mais sur l'embryon. En a-t-il été ainsi? Derrière cette question encore douteuse se cache toute une philosophie naturelle. Bornons-nous pour l'instant à voir ce qui est assurément; or, ce qui est, nous l'avons dit, rentre dans les lois de la formation embryogénique. La force productive n'a pas été un instant stationnaire sur le globe. Comment ne pas admirer l'esprit révolutionnaire de la nature, qui proportionne sans cesse les changemens aux besoins nouveaux de la création. Le travail de la destruction se montre ici non moins fécond que le travail de la renaissance, puisqu'elle prépare et le rend possible. Chacune de ces époques antédiluviennes qu'une catastrophe termine, après une durée plus ou moins longue, entraîne dans sa chute un monde complet, dont tous les congénères végétaux et animaux étaient, entre eux, dans une complète harmonie.

Entre ces temps de grossesse, durant lesquels l'acte de la création marche, pour ainsi dire, à pas de géant, s'étendent des intervalles, des repos, des entr'actes. Une série de divisions imprimées dans l'organisation profonde des êtres vivans, marque ces époques fermées. Une clôture, dont la trace persiste encore dans les caractères spécifiques du règne animal, s'élève après chaque ordre de choses détruites. Les limites, plus ou moins infranchissables, qui séparent maintenant entre elles les familles du règne animal, ne sont, en effet, dans l'ordre chronologique de la création, que les barrières entre un monde et un autre monde;

ces mondes géogéniques ont disparu ; les barrières
sont demeurées debout.

Au milieu de ce grand travail qui a préparé et déterminé l'établissement de la vie à la surface de notre
planète, la nature a prévu l'obstacle, tantôt comme
un moyen de retenir d'immenses forces dans leurs
limites, et de les empêcher de tout envahir ; tantôt,
au contraire, comme un moyen de les exciter par la
résistance des autres forces. Si certains agens de la
création eussent été abandonnés au cours naturel des
choses, ils se fussent peut-être engourdis dans leur
domination paisible, tandis que l'antagonisme d'autres
puissances rivales les maintenait sans cesse à l'œuvre.
On voit d'ici la raison de ces luttes qui ont bouleversé à plusieurs reprises l'écorce superficielle de
notre globe. Fléaux de près, ces grands ravages, dont
l'imagination de certains naturalistes a peut-être exagéré la violence et l'intensité, sont au contraire, à
distance des événemens, les agens nécessaires du progrès dans la formation de l'univers terrestre. On se
demande si, depuis ces révolutions antiques, la marche de la nature a changé ; si une sorte d'hiatus in-
franchissable sépare les temps anciens et les temps
modernes de la vie ? Les lois qui agissent, chez l'enfant, pendant les âges de formation et de croissance,
ne sont plus tout-à-fait les mêmes que celles qui déterminent l'existence de l'homme, après la puberté.
Ainsi du monde : quand les lois d'équilibre de la
vie furent fixées, la nature ralentit peu-à-peu l'activité des causes qui avaient présidé dans l'origine à
l'avénement des êtres. Il faut donc reconnaître dans

la création un principe unique; ce principe se modère avec le temps, mais il ne cesse jamais d'exister
ni d'agir.

Ces explications suffisent pour nous introduire
dans l'étude de ces mondes successifs, dont le mouvement amena jadis à la surface de la terre de nouveaux
habitans. Nous allons écrire l'histoire de l'origine des
choses. Une telle histoire se lie intimement à celle
des terrains qui composent, comme nous l'avons dit,
le revêtement extérieur de notre globe. Les événemens dont ces terrains ont été le théâtre sont rendus
à ce moment visibles. Leurs traces se conservent avec
tous les caractères essentiels de l'écorce du globe,
comme des faits anciens gravés dans la mémoire des
hommes. Si l'on suit la marche inverse de la nature,
exprimée dans ce musée de géologie par l'ordre des
fossiles, on est frappé tout d'abord de deux grands
faits. En premier lieu, aucun des animaux qui figurent ici ne ressemble absolument à ceux qui existent
maintenant sur toute l'étendue de la terre. En second
lieu, ces animaux enfouis diffèrent d'autant plus des
êtres aujourd'hui vivans que nous remontons davantage vers les armoires qui contiennent un ordre de
choses plus ancien. On voit donc que la vie n'a pas
toujours revêtu les mêmes formes, qu'elle les a au
contraire changées et renouvelées sans cesse. Enfin,
si nous descendons toujours, nous arrivons à un point
où les animaux et les plantes, de plus en plus rares,
viennent tout-à-fait à disparaître. Nous ne rencontrons plus alors que des roches inertes, dont aucun
débris vivant ne varie la solitude. De ce premier

coup-d'œil jeté autour de nous sur ces salles éloquentes, il résulte que notre monde a eu un commencement, et que des progrès dont l'ensemble constitue
l'état actuel des choses se sont accomplis , pendant
une sombre et indéfiniment longue suite de siècles,
sur l'écorce sans cesse croissante du globe que nous
habitons.

IV. — Histoire de la Terre.

Au commencement, la terre était une légère vapeur
où se jouait une lumière pâle et diffuse. Était-ce,
comme le veulent certains astronomes, plus poètes
encore qu'astronomes, un fragment détaché du soleil
et volatilisé dans sa chute? Ou bien était-ce une de
ces nébuleuses dont l'œil d'Herschell croyait avoir surpris la trace dans le ciel immense, sortes de vapeurs
glaireuses et fécondes, qui lui paraissaient être la
semence dont la force créatrice se sert pour engendrer
des mondes ? Peu-à-peu ce fluide élastique se con-
densa autour d'un centre brillant qui fut, pour ainsi
dire, le noyau de notre planète. De l'état nébulaire, ce
monde naissant passa alors à l'état igné. Cependant
les siècles s'écoulaient, et par siècles nous entendons
ces époques vagues, immenses, éternelles, que l'esprit de l'homme ne peut mesurer. Autour du liquide
incandescent une croûte solide se forma. Cette écorce
était d'abord mince et fragile : un travail mystérieux
s'opérait avec des tressaillemens dans le ventre de

l'abîme, dans cette masse bouillonnante qui oscillait sous la pression des astres; d'effroyables mouvemens atmosphériques parvenaient souvent à disjoindre la surface calcinée, comme le vent qui rompt la glace; des courans d'air prodigieux entraînaient ces fragmens divisés dans le liquide, où les uns rentraient en dissolution, tandis que les autres, amoncelés d'étages en étages comme des glaçons que poussent et qu'entassent des autans furieux, élevaient des amas impossibles à détruire. Ainsi se construisait séculairement l'enveloppe solide du globe, coupée çà et là de rides profondes. En même temps l'immense atmosphère qui baignait de ses flots élastiques et mobiles la surface naissante de notre planète n'attendait que l'abaissement de la température pour se précipiter. Le moment arriva. Alors commença une série de phénomènes sans nom, un vaste mouvement d'actions et de réactions chimiques, dont l'imagination s'effraie. Les premières ondées qui frappèrent la croûte brûlante du globe furent relancées vers le ciel en nouveaux gaz, en vapeurs ténébreuses. Age de nuit séculaire et primitive, durant lequel les ombres d'un brouillard étouffant siégeaient à la surface mal éteinte de notre planète, *et tenebræ erant super faciem abyssi!* C'est à la suite de cet étonnant travail de refroidissement que l'eau épandue avec furie, repoussée d'abord, épandue de nouveau, se maintint à l'état liquide et envahit, sous forme de lessive bouillante, la pellicule granitique du monde consolidé. Bientôt ce ne fut plus qu'un grand océan, au-dessus duquel la terre soulevait par endroits sa face noyée et morne.

Les premières assises superficielles du globe que la
mer vint recouvrir, étaient ces puissantes roches qui
montrent à notre gauche dans le musée de géologie
leurs fragmens variés. Des cristaux et d'autres richesses minérales sortirent dès le commencement du laboratoire où se formait notre planète. Mais la vie n'a
laissé aucunes traces sur ces premiers ouvrages de la
nature. Les merveilleux événemens dont nous venons
d'esquisser le récit n'ont eu pour témoins aucuns des
êtres organisés qui respirent maintenant dans la nature. Dieu, pendant ces temps reculés, assistait seul à
son œuvre. Un océan sans rivages promenait tout à
la surface de la terre sa masse vide et désolée. Ce grand
désert d'eau attendait avec une mélancolie immense
que l'esprit du créateur développât dans son sein ému
les premiers germes de l'existence animale. Ce liquide
inconnu ne roulait dans ses flots troubles et menaçans
que des détritus de roches et des matériaux inanimés.
Une masse de marbres à grains salins et d'autres cal-
caires sans coquilles, tel est le palais que cette mer
primitive s'était construit pendant son séjour sur l'é-
corce du globe. Si jamais un grand poète écrit cette
grande épopée de la création, il y aura pour lui un
beau motif de rimes dans les plaintes inarticulées de
cette mer sans habitans, demandant à Dieu de consoler sa solitude. Mais le moment n'était pas encore venu
où la vie devait s'établir dans le monde. La raison du
vide de la mer et de toutes les autres parties du globe
à cette époque très ancienne est principalement dans
l'état élevé de la température qui n'eût permis à aucun être organisé de se maintenir. Ajoutez à cela les

mouvemens d'un sol sans cesse soulevé, d'une mer toujours en tourmente, d'une nature partout en mal de création, et vous concevrez aisément que les existences végétales ou animales n'auraient paru dans un tel milieu que pour s'anéantir aussitôt. Ne pouvant se mettre en harmonie ni avec l'air chargé de vapeurs mortelles, ni avec la grande eau, continuellement tenue à la température d'un bain thermal, la vie ne pouvait se manifester nulle part : elle attendait. Combien de temps s'écoula entre la consolidation du globe et la naissance de ses premiers habitans? C'est ce qu'il est impossible, dans l'état actuel de nos connaissances, de déterminer. Pour peu néanmoins qu'on y réfléchisse et qu'on examine autour de soi le travail compliqué de la vieille formation terrestre, toutes les espèces de roches qui entrent dans sa contexture, les années s'entassent sur les années, les siècles sur les siècles, et l'on voit fuir ce premier âge du monde dans un prodigieux lointain qui a trop de ténèbres pour les yeux de la chronologie humaine. Mais, au surplus, qu'est-ce que cette attente, si longue qu'elle nous paraisse, devant la patience et le travail de l'éternité?

En ce temps-là, il se fit sur la terre un grand progrès. La mer commençait à se calmer dans son lit toujours incertain ; l'atmosphère avait perdu dans de vastes actions chimiques les gaz qui la rendaient impropre à la respiration des végétaux eux-mêmes ; la température du globe s'abaissait. Ce fut alors que, toutes choses étant préparées de longue date à cet effet, apparut sur ce monde nouvellement formé le plus

étonnant et le plus mystérieux de tous les phénomènes, la vie! La grande ligne de micaschiste et de
gneiss, qui paraît avoir été formée par le contact
simultané de ces deux puissances, le feu et l'eau,
marque en quelque sorte la limite entre la solitude
du monde et son occupation par des êtres organisés.
C'est en effet dès le terrain suivant, auquel les géologues ont donné le nom d'ardoisier, qu'on voit se dessiner les premiers fossiles. Il s'en faut néanmoins de
beaucoup que la vie se soit manifestée tout de suite
avec puissance. On la voit, loin de là, se traîner au
commencement dans les régions les plus basses et les
formes les plus débiles. Encore les êtres animés
étaient-ils rares dans ces premiers temps. La vieille
mer, ce liquide inconnu dont ils venaient peupler les
abîmes abandonnés, était encore dans un état tiède et
inquiet, peu favorable à leur accroissement. A voir
même les anciens produits de l'Océan, ces zoophytes
et ces mollusques, premiers habitans des eaux, se
montrer en petit nombre et de distance en distance,
on ne peut guère douter qu'il n'y ait eu dans l'origine une sorte de lutte entre les nouvelles lois qui
voulaient faire surgir la vie dans la création, et les
anciennes, qui la condamnaient jusque-là à l'isolement et à l'inertie. Plusieurs individus de ces espèces
naissantes, inconnues dans nos mers actuelles, ont dû
succomber sous l'action de cette lutte, et n'auront
sans doute apparu un instant que pour ouvrir les
voies à un nouvel ordre de faits. La grande eau n'offrait donc encore au fond de ses puissans abîmes que
de rares ébauches d'animaux infimes aux prises avec

un monde ennemi qui voulait ramener le néant. La vie triompha. Ce ne fut toutefois que sous les formes les plus simples et les plus rapprochées de la nature inerte qu'elle essaya dans les premiers temps de s'emparer du globe. Des végétaux acotylédons bordèrent de leurs fils déliés les rivages indécis de cette mer qui se déplaçait sans cesse; des zoophytes à sensations obtuses et sourdes, êtres ambigus qui tiennent autant du minéral que de l'animal, des mollusques, plus tard quelques poissons en petit nombre, vinrent occuper faiblement l'immensité des eaux. Ces premiers-nés de la création, qui forment l'aurore du règne animal, ne tardèrent pas à disparaître et à être remplacés par d'autres zoophytes, d'autres mollusques, d'autres poissons, lesquels vont se renouvelant à leur tour, d'étage en étage, à travers les couches que le travail de la vie et de la mort superpose les unes aux autres pendant la longue durée des siècles. La vie, sans cesse en mouvement, quitte certaines formes usées pour en revêtir de nouvelles, qu'elle change encore; et ce sont ces formes abandonnées par la nature, mais conservées à l'état de fossiles, qui se montrent de cases en cases dans notre musée de géologie.

La création, une dans son principe créant, a eu sur le globe une marche successive. A peine l'air a-t-il dépouillé les propriétés nuisibles à la vie des plantes, que le règne végétal, d'abord timide et indécis, prend sous un milieu ambiant, chargé de gaz acide carbonique, des développemens énormes et incroyables. Un terrain entier, qui s'étend à une grande profondeur sur toute l'étendue du globe, a été formé par les débris de cette seconde flore, dont on retrouve encore à cette heure les feuilles et les tiges teintes en noir. Ce qui étonne le plus, c'est que ces espèces arborescentes, d'une force et d'une grandeur prodigieuse, ne sont plus représentées sur notre terre que par des plantes herbacées, aujourd'hui toutes basses et rampantes, surtout dans nos contrées froides. L'existence d'une atmosphère extrêmement favorable à la végétation explique seule ces excentricités dans le volume et dans la taille des plantes de la formation houillère. Nées sur un sol encore stérile et chargé de peu de terreau, elles végétaient, comme nous l'avons dit, dans l'air, qui suffisait à les nourrir. Quel était alors l'état du globe? Les montagnes qui forment aujourd'hui les principaux reliefs de la terre n'existaient pas ; un immense océan parsemé d'îles basses vaguait solitairement à la surface du monde nouveau-né. Les terres découvertes étaient envahies par une végétation dont nous n'avons plus d'exemples maintenant, même sous l'équateur, dans les îles les plus chaudes et les plus fécondes. Des palmiers inconnus dans la nature actuelle, de gigantesques fougères, haute comme les plus hauts arbres, de puissantes lycopodiacées, balançaient à la surface des eaux leurs larges feuilles et leurs étonnantes tiges. L'humidité et le calorique, les deux principes qui contribuent le mieux à la santé des plantes, s'entendaient pour enrichir ce premier vêtement de la terre, nouvellement sortie du fond des eaux. On peut, dans l'ordre de la nature, comparer cette saison géologique à celle du printemps. Comment ne pas se reporter avec mélancolie vers cet âge d'or de la création? Nos peintres n'auraient-ils pas un beau sujet de paysages dans cette première végétation exubérante, dans ces groupes d'îles qui couronnées de verdure sortent des abîmes d'un vaste océan, dans cette lumière riche et uniforme, si intense, que les physiciens ont cru qu'elle différait de notre lumière actuelle, dans la solitude même de ce nouveau règne végétal qui attendait les grands animaux à venir?

Et le temps suivait son cours majestueux. L'Océan, qui renouvelait sans cesse son liquide par suite des changemens de l'atmosphère, était le théâtre de destructions et de métamorphoses sans nombre. La nature se montre partout fidèle à cette grande loi : innover pour conserver. C'est principalement dans la classe si nombreuse des poissons qu'on peut observer les variations de formes à l'aide desquelles cette population flottante passe d'un âge à un autre, sans s'interrompre. Ces formes mobiles paraissent toujours calculées pour les différens milieux où les êtres qu'elles revêtent sont destinés à vivre. C'est ainsi que nous voyons les anciens poissons, recouverts de grosses plaques solides, sans doute pour résister aux convulsions qui bouleversaient dans le sein même de l'Océan la croûte du globe agité, perdre dans la suite cette dure enveloppe, lorsque le calme et le repos de notre planète eut rendu une telle armure inutile. Tout porte donc à reconnaître dans le mouvement des êtres qui se succèdent ici de moment en moment, l'action d'une force créatrice qui essaie, pour ainsi dire, des habitans à la mer et qui les retire à mesure que la mer les rejette, afin de les modifier et de les soumettre aux conditions nouvelles du liquide. Ces poissons réformés, restes éteints et immortalisés dans la mort de l'ancienne population marine, sont là sous nos yeux qui nous disent : « L'Éternel nous a détruits parce que, sous cette forme, nous n'étions plus capables de vie dans l'économie générale du monde. » Nous ne saurions, en tous cas, assez admirer l'art avec lequel la nature a imprimé sur ces planches friables les êtres qu'elle allait sacrifier. Un grand nombre de poissons, ensevelis sous la boue bitumineuse dont l'action les avait tués, ont trouvé la conservation de leurs formes dans l'événement même qui les faisait périr. Rien n'égale la fidélité de ces moulures naturelles; les plus fines arètes ont marqué. A voir ces empreintes légères de poissons se montrer sur le fond obscur des couches, on dirait des imaginations d'êtres ou tout au moins d'anciens souvenirs gravés dans la mémoire de la terre.

Suivre le cours des temps exprimé dans cette galerie par les créations successives qui peuplent les cages de verre, c'est s'avancer avec la nature, des degrés inférieurs de l'échelle zoologique aux degrés supérieurs, de l'infusoire à l'homme. Seulement, ces pas que nous faisons de secondes en secondes, le temps les a faits avant nous, et les pas du temps dans ces grandes formations géologiques ont été peut-être de plusieurs milliers de siècles. Les progrès du règne animal ont été lents comme les causes qui les amenaient. A mesure que le monde ambiant, sans cesse renouvelé, eut revêtu des propriétés plus favorables à l'extension de la vie, on vit apparaître des êtres doués d'une capacité plus vaste pour le mouvement et pour la destruction. Les premiers grands animaux qui se montrèrent à ce second âge de la terre furent des reptiles. Ils suivent les poissons dans l'ordre des temps et dans l'ordre de nos collections. Ces anciens reptiles appartiennent presque tous au genre du lézard ; mais il s'en faut de beaucoup que nous puissions nous faire une idée de la singularité de forme, du volume et des autres circonstances organiques de ces terribles ancêtres par le petit animal du même nom qui rampe aujourd'hui chétivement le long de nos murs. Le plus grand nombre de ces *sauriens* primitifs étaient destinés à habiter la haute mer. Leur taille nous paraît gigantesque; leur peau était une cuirasse formée d'écailles osseuses, pour la plupart imbriquées et distribuées en deux carapaces, dont l'une protégeait le dos, et dont l'autre plastronnait le ventre. Cette armure était proportionnée à leur force. Un tel animal n'a pu vivre et se développer avec ce degré d'audace que sous une température au moins égale à celle des zones torrides les plus ardentes; et cependant, ce reptile habitait nos climats. Les carrières de Caen en ont fourni des squelettes presque entiers qui, après une nuit et une sépulture de plusieurs siècles, sous les marbres et les couches de calcaire grossier, ont revu subitement la lumière. Si ces grands animaux exhumés par la main de l'homme, avaient pu reprendre le sentiment et la vie en revenant à la surface de la terre, qu'auraient-ils dit de notre froide planète ? Auraient-ils jamais pu reconnaître leur patrie dans cette pâle Normandie chargée de brouillards ? De tels êtres n'auraient reparu un instant à la vie que pour la perdre et pour s'anéantir de nouveau. Il faut donc reconnaître que de vastes changemens se sont accomplis durant la marche des siècles sur le monde, et que la vie, dans la variété de ses formes, n'a fait que suivre ce mouvement universel. Parmi les animaux soumis à l'influence continuellement variable des milieux ambians, les uns opposent, par la force même de leur organisation, une résistance invincible à tous changemens ; ceux-là périssent : nous retrouvons chaque jour dans la terre leurs dépouilles enfouies qui nous étonnent. Les autres, moins rebelles par nature à ces renouvellemens du monde extérieur, finissent par s'y accommoder et se maintiennent, moyennant quelques concessions de formes, d'une époque à l'autre ; anciens et nouveaux habitans de la terre, dont ils ont traversé les révolutions sans y laisser leur existence.

Le moment est venu de nous faire une idée de l'état du monde primitif sous le règne de ces étonnans reptiles dont nous avons devant les yeux les débris. Leur succession ressemble à la généalogie de ces despotes qui continuent l'un après l'autre, dans les anciennes histoires, le gouvernement d'un royaume. D'abord, c'est l'icthiosaure qui se montre sur la terre effrayée ; son avénement a dû être quelque chose de terrible et de prodigieux. Il sort comme un géant océanique de l'abîme où les événemens avaient englouti la première manifestation des êtres créés. Quel animal ce fut que l'icthiosaure ! Il faut voir ce monstrueux reptile pour croire à son existence. La nature a eu, comme l'humanité, ses âges fabuleux ; il semble çà et là dans le passage de l'ancien monde au nouveau.

Cependant la forme sous laquelle les premiers mammifères se sont manifestés en abondance à la surface du globe est surtout celle des cétacés. Voyez-vous ces antiques mers, baignant déjà d'assez vastes continens mis à sec, présenter, au lieu de leur ancienne population d'animaux à sang froid, de nouveaux habitans inconnus? Des dauphins et des morses, plus ou moins éloignés de nos espèces modernes, sortent de l'abîme des événemens qui avaient détruit les premiers gros reptiles. Ces hôtes marins s'approchaient souvent du rivage pour y chercher leur nourriture. Sur cette belle eau, qu'aucune barque, aucun navire n'avait encore déflorée, le long des côtes ornées d'une végétation perpétuelle, à l'embouchure surtout des grands fleuves qui se déchargent dans la mer, j'aime à me représenter le lamantin qui vient paître l'herbe sur le bord comme un ruminant. A voir cet animal singulier, sa poitrine enflée de mamelles qu'il élève au-dessus de l'eau, ses nageoires offrant de loin quelque ressemblance avec nos mains, ses poils qui, à distance, font l'effet d'une chevelure, on croirait à l'existence d'un être demi-homme et demi-poisson, qui visitait dans ces temps fabuleux, comme les tritons et les syrènes des anciens, le domaine de l'Océan.

Mais passons. A mesure que la mer, cause et agent principal des révolutions de la nature, détruisait successivement ses premières espèces d'animaux et en produisait toujours de nouvelles, la terre, de son côté, donnait naissance à ces curieux pachydermes célébrés naguère par George Cuvier. Ces divers habitans de forêts qui n'existent plus vivaient sur les continens où l'homme devait asseoir par la suite sa domination. On retrouve leurs débris dans les gypses mêlés de calcaire des environs de Paris. Mais que cette ancienne partie de la terre était loin de ressembler à notre demeure présente! Des palæothères, des lophiodons, des anoplotères, des chéropotames, le xiphodon, leste et svelte comme la plus jolie gazelle, l'adapis, égal par la taille au lapin, tous animaux inconnus dans la nature vivante, occupaient ce monde non moins extraordinaire que ses habitans. Des arbres qu'on ne retrouve plus, ou qu'on ne retrouve que sous un autre soleil, les abritaient de leurs très hautes tiges et de leur végétation plantureuse. Des lacs, qui nourrissaient des poissons ignorés dans nos eaux actuelles, servaient à les abreuver. Plusieurs d'entre eux en traversaient les ondes à la nage. Des oiseaux, des crocodiles, des tortues, également étrangers à notre nature moderne, volaient, rampaient, nageaient dans tous les milieux à-la-fois. La terre émue nourrissait de végétaux ses premiers enfans. Déjà pourtant quelques carnassiers, à la tête desquels se placent une chauve-souris du genre vespertilion et un autre animal perdu de la famille des mangoustes, à dents longues et tranchantes, ravageaient le nouveau règne animal. Cette période de jeunesse, durant laquelle tous les grands types d'organisation se montraient peu-à-peu, fût le premier essai suivi et sérieux par lequel la nature préludait à l'établissement de la vie sur la terre. Mais le monde devait subir encore trop de vicissitudes

Le plésiosaure justifie les hydres, les dragons, les tarasques et tous les autres animaux chimériques dont le blason avait peuplé son monde de fantaisie. Vous pouvez le voir entier sur cette empreinte naturelle qui se montre dans la galerie. C'est encore une réunion de formes qui s'étonnent de se voir accouplées et dont l'ensemble paraîtrait aux naturalistes modernes le rève d'une imagination malade, si la preuve de l'existence d'un pareil être n'était sous leurs yeux. La tête du lézard avec les dents du crocodile, un tronc et un queue de quadrupède, les côtes d'un caméléon et les nageoires d'une baleine, voilà le plésiosaure. On comprend difficilement qu'un tel animal ait pu vivre. Mais ce qui doit nous surprendre encore plus, c'est la longueur inattendue de son cou. Les mœurs de ce reptile se déduisent de ses caractères extérieurs. Le plésiosaure n'habitait que des mers et les golfes peu profonds; il nageait à la surface des eaux, recourbant en arrière son cou grêle et flexible, et le tordant à droite et à gauche comme un serpent pour saisir sa proie. Quel spectacle ce devait être que le passage de ce reptile nageur! Rien de ce qui existe aujourd'hui dans la nature ne rappelle une semblable création. Les mers qui ont vu cet étonnant animal n'existent plus elles-mêmes. Le plésiosaure, quoique arrivant dans certaines espèces à une taille et à un volume prodigieux, ou, pour mieux dire, à cause de sa taille même, n'a pu résister à ces bouleversemens terribles qui ont effacé l'ancienne configuration du monde. Après lui, le mosasaure, armé de dents très fortes dont il portait quelques-

unes dans le palais, et le mégalosaure, lézard gros
comme une baleine, animal vorace, hérissé de dents
qui, par la réunion d'arrangemens mécaniques, tiennent à-la-fois du couteau, du sabre et de la scie,
dévastaient l'empire des mers. Quel effrayant animal
ce devait être que ce mégalosaure, vandale de l'Océan,
sorte d'Attila monstrueux envoyé par la nature, dans
ces temps de barbarie, pour exterminer les races
aquatiques destinées à périr! A la vue de ces débris
incroyables, de ces armes gigantesques, de ces cottes-
de-mailles colossales, il est difficile de ne point imaginer de prodigieux combats entre ces reptiles marins,
vivans dans les mêmes eaux, poursuivant la même
proie, et rapprochés sans cesse par le nombre. Quel moment quand ces masses écaillées s'affrontaient! comme
leurs mouvemens irrités devaient remuer puissamment
le bassin des mers! Que sont nos misérables batailles
navales auprès de ces terribles luttes? Le mégalosaure
eût broyé nos vaisseaux doublés de cuivre d'un mouvement de sa queue et avalé un équipage tout entier
dans le gouffre de sa gueule vorace, sans même se
donner la peine d'en diviser les morceaux.

Ce peuple cuirassé n'occupait pas seulement la
grande eau; le ciel lui avait été donné en partage pour
y étendre sa domination. Des reptiles volans dans lesquels on reconnaît les caractères réunis de l'oiseau,
de la chauve-souris et du lézard, traversaient les airs
en sifflant. Ils se nourrissaient de poissons et d'insectes sur lesquels ils fondaient à la manière des
hirondelles. Ces étonnans volatiles, dont l'aspect
serait effrayant si on les voyait aujourd'hui, ont sans

doute précédé les oiseaux à grandes ailes qui n'auraient pu encore exister dans une atmosphère si chargée d'acide carbonique. La nature, à toutes les époques, peuple les différens milieux d'êtres successivement adaptés aux conditions extérieures de la vie. La grosseur des yeux a fait croire à quelques naturalistes que ces ptérodactyles étaient des animaux nocturnes. Ces fantômes des mers en auraient sillonné les ténèbres dans un temps où les chauves-souris n'existaient pas. Quoi qu'il en soit de ses habitudes, le ptérodactyle ccuronne dignement cette manifestation toute phéncménale d'êtres curieux et maintenant impossibles qui signalent le second âge de la terre. Écartons pourtant bien loin de nous toute idée de prodige et de monstruosité à la vue de ces animaux antiques. Ils étaient faits pour le monde de leur temps comme les animaux actuels pour le monde que nous habitons. Plus on étudie les grandes époques génésiaques, et plus on voit que la nature s'est toujours maintenue dans des rapports harmonieux. Le même mouvement qui renouvelait la population des mers en changeant la nature du liquide amenait dans l'atmosphère des variations analogues qui réformaient lès plantes et les animaux terrestres. Tout avançait en même temps et selon des lois solidaires les unes des autres. Si donc ces anciens animaux nous étonnent tant, c'est que le monde a considérablement changé depuis leur extinction, et que nous prenons pour un état permanent ce qui n'est qu'une des phases passagères de la nature.

Où en était le monde à cet âge d'adolescence? Nous

venons de voir que les reptiles y dominaient ; leur
empire était une mer immense. Plusieurs étaient exclusivement habitans des grandes eaux ; d'autres
étaient amphibies ; d'autres enfin se tenaient à terre
et rampaient autour des savanes que couvrait une
végétation luxuriante. Étendus sur le sable au bord
des golfes, des lacs et des rivières, ceux-ci faisaient
étinceler sous un soleil équatorial leur armure mé-
tallique ; tandis que ceux-là se couchaient mollement
à l'ombre de grandes arundinacées, de bamboux, de
palmiers et d'autres plantes monocotylédones à hautes tiges. Il n'est pas aussi difficile qu'on pourrait le
croire de reconstruire ce moyen âge de la terre. La
géologie, quoique née d'hier, a ramené de ses fouilles de nombreux enseignemens. Ce ne sont pas seulement quelques individus fossiles qui ont revu le
jour ; mais des œufs de reptiles, des excrémens recueillis religieusement par la science, des empreintes de
pas, sont encore venus révéler l'existence de certains
animaux qu'on ne retrouve plus et les mœurs de ceux
qui se sont conservés dans nos couches. Une seule
armoire contient ces faibles vestiges d'une nature per-
due ; mais pour le savant qui médite, cette armoire
est un monde. Vous pouvez voir vous-même sur le
grès rouge la trace des pas d'une tortue qui a marché
là, dans un temps où ce grès n'était pas encore soli-
difié. Voilà un simple animal dont la nature a pris
soin d'éterniser le passage sur la terre. Allez donc
maintenant chercher l'empreinte victorieuse des pieds
d'Alexandre, de César ou de Napoléon sur le théâtre
de leurs conquêtes ! Mais ce qui mérite encore plus

d'exciter notre enthousiasme, c'est que les animaux des temps très anciens, aux formes toujours plus insolites, sont également ceux qui ont été le mieux conservés. A mesure au contraire que nous remontons cette longue nuit des siècles, et que nous nous avançons vers la zoologie moderne, nous ne retrouvons plus que des fragmens au lieu des corps presque entiers qui se montraient d'eux-mêmes dans les antiques terrains. Enfin, lorsque la création a atteint les formes actuelles, ou à-peu-près, les eaux perdent lentement cette vertu pétrifiante à laquelle nous devons toutes ces belles moulures des premiers âges. Elle cesse en un mot de conserver les plantes et les animaux, lorsque cette conservation devient inutile, puisque nous avons tous les jours leurs analogues sous nos yeux, à l'état de vie.

L'ère des reptiles n'était point encore terminée, mais déjà cette population marine d'un âge de transition s'avançait vers des formes moins éloignées de notre connaissance. Les téléosaures, êtres plus voisins des crocodiles, et enfin les crocodiles eux-mêmes se montrent. Il est à présumer que ces derniers-nés de la race des reptiles formaient le chaînon qui, dans l'ordre des temps et dans celui de la nature, devait lier les sauriens aux mammifères. Or, le moment était arrivé où une grande évolution allait s'accomplir. Il est impossible de ne pas chercher ici à se faire une idée des causes qui ont englouti cette première émission de grands animaux et qui l'ont remplacée par une autre. Long-temps ç'a été un combat de ténèbres entre les géologues. Selon les uns, à la tête desquels il faut placer George Cuvier, ces événemens ont tous été de nature violente. Les eaux ont envahi subitement des espaces de terre découverte. Le fond de la mer s'est soulevé dans d'autres endroits, et a mis à sec ses habitans. C'est ce caractère furieux et instantané des changemens survenus dans l'économie des anciens mondes qu'on a voulu exprimer sous le titre de révolutions du globe. « La vie, s'écrie l'auteur du livre sur les *Ossemens fossiles* a été troublée par des événemens effroyables. » Si l'on consulte les faits, dont la plupart sont sous nos yeux dans cette galerie, on trouve que certains animaux paraissent effectivement avoir été enveloppés dans une destruction subite. Quelques poissons fossiles, par exemple, ont conservé cette raideur qui suit immédiatement la mort. L'un d'eux a même été saisi au moment où il avalait un autre poisson. Ceci peut servir à confirmer cette idée, que l'état actuel du globe terrestre serait la suite de perturbations et de crises dont la mer, dans ses déplacemens, aurait été le principal auteur. — Selon un autre grand naturaliste, les choses se seraient passées d'une façon moins tumultueuse. Les vastes changemens constatés par la science, et dont l'effet a été de renouveler à plusieurs époques successives la population de l'ancien monde, ne seraient pas, comme devant, le produit de tourmentes ni de cataclysmes subits, mais le résultat de causes lentes, graduées, insensibles, dont l'action aurait modifié progressivement les formes et les conditions de la vie. Le plus grand nombre des animaux fossiles ne paraît pas en effet avoir été victime d'aucune violence mécanique; et quant à ceux qui nous semblent avoir été soudainement détruits, tout annonce qu'ils ont été tués par quelque propriété nuisible des eaux ou par des changemens survenus dans l'océan des fluides respirables. — Nous croyons du reste qu'il y a moyen de concilier ces deux systèmes. Il est très probable que si une catastrophe finale a anéanti les êtres dont nous trouvons les débris dans nos couches, cette catastrophe est arrivée lorsque ces êtres, et le monde auquel ils appartenaient, avaient fait leur temps. Chacune des crises dont les géologues nous ont tracé un tableau si lamentable, aurait rencontré la création animale et végétale tout entière préparée d'elle-même à un nouvel état de choses, et si nous osons ainsi dire, mûre pour une transformation. Ces cataclysmes n'ont donc fait que précipiter des changemens inévitables; ils ont été l'instrument et non la cause des ruines que nous retrouvons semées sur le passage des événemens. Les grands conflits de la nature antédiluvienne marquent le passage d'un état d'être à une autre loi générale de la vie. Chaque vieux monde, en s'abimant, laisse tomber l'obstacle qui s'opposait à l'avénement d'un monde nouveau.

Le globe sortait une seconde fois des ténèbres où l'avait plongé la main du créateur. Ce fut alors qu'un remarquable progrès s'étant accompli dans l'état général du monde, de plus grandes étendues de terre ayant été mises à nu par des soulèvemens, et l'atmosphère aussi, associée à ce travail universel, ayant renouvelé les élémens de la vie, on vit apparaître, dans le cours des siècles, les premiers animaux à mamelles. C'était pour la création un pas immense. Toutefois, dans la formation de ces nouveaux êtres, la nature demeura constamment fidèle à ses grandes lois de succession et d'harmonie. A terre, nous voyons la belle division des ovipares et des vivipares marquée au point d'intersection des deux lignes par l'existence très ancienne d'un animal qui participe à-la-fois des deux systèmes de naissance. Le didelphe se montra dès que les premiers continens eurent été rendus habitables. Cet être douteux, ou, pour mieux dire, intermédiaire, associe deux fonctions qu'*à priori* les naturalistes auraient toujours cru inconciliables, l'oviparité et la lactation. Pourvu d'une vaste poche externe, située sous l'abdomen, il y dépose ses petits après une gestation utérine fort courte : ces demi-nés y restent suspendus par la bouche aux mamelles jusqu'à ce qu'ils soient capables de s'offrir à l'air extérieur. De cette manière, le didelphe naîtrait, pour ainsi dire, deux fois : une première fois, selon le système des poissons ou des oiseaux, et une seconde fois selon celui des mammifères. Ces êtres de transition, que les naturalistes considéraient jusqu'ici, dans leurs cabinets, comme des liens qui joignent un groupe d'animaux à un autre groupe, sont, dans l'ordre des dates et des faits antédiluviens, autant d'attaches naturelles qui unissent un âge à un autre âge. Il y a donc eu progrès dans la marche de la création, et nombre d'êtres qui semblent à la surface de la terre comme des phénomènes et des énigmes pour nos classificateurs ne sont que les anneaux dépareillés de cette grande chaîne d'événemens qui s'est brisée

çà et là dans le passage de l'ancien monde au nouveau.

Cependant la forme sous laquelle les premiers mammifères se sont manifestés en abondance à la surface
du globe est surtout celle des cétacés. Voyez-vous ces
antiques mers, baignant déjà d'assez vastes continens
mis à sec, présenter, au lieu de leur ancienne population d'animaux à sang froid, de nouveaux habitans
inconnus? Des dauphins et des morses, plus ou moins
éloignés de nos espèces modernes, sortent de l'abîme
des événemens qui avaient détruit les premiers gros
reptiles. Ces hôtes marins s'approchaient souvent du
rivage pour y chercher leur nourriture. Sur cette belle
eau, qu'aucune barque, aucun navire n'avait encore
déflorée, le long des côtes ornées d'une végétation
perpétuelle, à l'embouchure surtout des grands fleuves qui se déchargent dans la mer, j'aime à me représenter le lamantin qui vient paître l'herbe sur le bord
comme un ruminant. A voir cet animal singulier, sa
poitrine enflée de mamelles qu'il élève au-dessus de
l'eau, ses nageoires offrant de loin quelque ressemblance avec nos mains, ses poils qui, à distance, font
l'effet d'une chevelure, on croiräit à l'existence d'un
être demi-homme et demi-poisson, qui visitait dans ces
temps fabuleux, comme les tritons et les syrènes des
anciens, le domaine de l'Océan.

Mais passons. A mesure que la mer, cause et agent
principal des révolutions de la nature, détruisait successivement ses premières espèces d'animaux et en
produisait toujours de nouvelles, la terre, de son côté,
donnait naissance à ces curieux pachydermes célébrés

naguère par George Cuvier. Ces divers habitans de
forêts qui n'existent plus vivaient sur les continens où
l'homme devait asseoir par la suite sa domination.
On retrouve leurs débris dans les gypses mêlés de
calcaire des environs de Paris. Mais que cette ancienne
partie de la terre était loin de ressembler à notre demeure présente! Des palæothères, des lophiodons,
des anoplotères, des chéropotames, le xiphodon, leste
et svelte comme la plus jolie gazelle, l'adapis, égal par
la taille au lapin, tous animaux inconnus dans la nature vivante, occupaient ce monde non moins extraordinaire que ses habitans. Des arbres qu'on ne
retrouve plus, ou qu'on ne retrouve que sous un
autre soleil, les abritaient de leurs très hautes tiges
et de leur végétation plantureuse. Des lacs, qui nourrissaient des poissons ignorés dans nos eaux actuelles,
servaient à les abreuver. Plusieurs d'entre eux en traversaient les ondes à la nage. Des oiseaux, des crocodiles, des tortues, également étrangers à notre nature
moderne, volaient, rampaient, nageaient dans tous les
milieux à-la-fois. La terre émue nourrissait de végétaux ses premiers enfans. Déjà pourtant quelques carnassiers, à la tête desquels se placent une chauve-
souris du genre vespertilion et un autre animal perdu
de la famille des mangoustes, à dents longues et
tranchantes, ravageaient le nouveau règne animal.
Cette période de jeunesse, durant laquelle tous les
grands types d'organisation se montraient peu-à-peu,
fût le premier essai suivi et sérieux par lequel la nature préludait à l'établissement de la vie sur la terre.
Mais le monde devait subir encore trop de vicissitudes

pour que cette première manifestation de mammifères
terrestres pût se maintenir. L'histoire de la création
n'est qu'une suite d'actes et de mouvemens qui renouvellent sans cesse la nature des milieux et la forme
de leurs habitans. Soit que les mers troublées dans
leurs abîmes par de nouveaux continens qui se soulevaient se soient jetées soudainement sur les terres découvertes et les aient envahies une seconde fois, soit
que l'atmosphère ait éprouvé de prodigieux changemens qui aient modifié à leur tour les lois et les
conditions de l'existence, soit que ces deux forces
aient agi en même temps, toute cette première et
étonnante apparition des grands animaux rentra dans
les ténèbres dont elle était sortie. Fouillez les couches
qui succèdent au gypse, et vous n'en trouverez plus
le moindre vestige. Voilà donc encore un âge effacé
de la création. Entre les temps que nous venons de
traverser et ceux qui nous restent à décrire, le monde
avait été de nouveau transfiguré. La découverte de
cétacés quelque peu semblables à ceux de nos jours,
une baleine, un dauphin voisin de l'épaulard, un animal plus étonnant nommé zyphie, tenant à-la-fois du
cachalot, de la baleine et de l'hypéroodon, ont fait
croire avec assez de vraisemblance à une invasion de nos
continens par les eaux de la mer. Ces animaux marins
annoncent en outre la marche continuelle des vieilles
formes inconnues à des formes plus récentes que nous
connaissons. De savans géologues ont expliqué par
d'autres causes que par un débordement des eaux
la présence de ces grands animaux marins dans les
couches où l'on ne découvrait avant eux que des mam-

mifères terrestres et des poissons d'eau douce. Mais qu'importe ici la nature du désastre? Que la ligne qui sépare les deux grandes successions de mammifères terrestres soit tracée par le passage violent des eaux ou par tout autre événement, nous n'en voyons pas moins surgir des ruines de l'ancienne nature détruite une nouvelle nature qui la remplace. Après un monde qui finit, voici un monde qui renaît. ·

Nous touchons à un état de choses plus avancé. C'est ici l'âge adulte des mammifères. Aussi bien quelle puissance! quels développemens de membres! quelle grandeur, quoique déjà bien réduite, si on la compare à la taille des anciens reptiles marins! La terre du moins n'avait jamais vu et ne reverra jamais rien de semblable. Comme ces géans nouveaux s'emparent en maîtres des parties du globe remises à sec par l'Océan, leur ennemi qui bat pour ainsi dire en retraite! A la tête de ces nouveaux hôtes se place, par sa force et ses caractères monstrueux, un animal qui étonne toutes nos connaissances. A l'ombre de ces conifères gigantesques, de ces palmiers à hautes tiges qui balancent au souffle du vent leurs larges éventails, apercevez-vous debout ou couché lourdement le prodigieux *megatherium*, recouvert de sa cuirasse osseuse d'un poids énorme, soutenu sur ses membres de derrière comme sur de véritables piliers, déterrant et fouillant les racines avec sa bouche, sorte de machine d'une puissance extraordinaire? Ce *paresseux* n'a besoin ni de poursuivre ni de fuir; l'immobilité est sa force; il se défend assez par ses griffes menaçantes et par son propre poids. Vienne le cougouar ou le crocodile, le megatherium ne les craint pas ; il broiera le crocodile d'un seul coup de son pied et le cougouar d'un revers de sa queue recouverte d'écailles. Cette forteresse vivante marchait à pas lourds et lents sur le sol importuné d'un tel volume. Soit que la nature ait trouvé que ces megatheriums absorbaient dans leur construction une matière animale trop abondante, et qu'ils nuisaient ainsi à l'économie générale de la création, soit encore que ces masses formidables dussent opposer un jour à la domination intelligente du maître actuel de la terre des forces de résistance trop disproportionnées, elle jugea à propos de les anéantir. On frémit en songeant aux moyens de destruction qu'il fallut mettre en œuvre pour abattre ces titans du règne animal. Que sont nos révolutions politiques et nos misérables guerres civiles, qui ébranlent à peine un trône, auprès de ces incroyables séditions de la nature dont la violence et l'étendue ont laissé, après des milliers de siècles, sur le théâtre de la lutte, des vestiges indestructibles? Si au contraire l'influence des milieux ambians toujours renouvelés a suffi à la longue pour faire disparaître ces colosses, quelle durée ne faut-il pas supposer aux époques antédiluviennes ! L'imagination ne quitte ici l'obsession de la force que pour tomber sous celle du temps, et de toutes parts on s'abîme également dans une sorte de rêve pénible. A défaut d'autre chronomètre, l'étendue de ces âges primitifs peut se mesurer par le nombre et la variété des dépouilles qu'ils ont laissées sur le globe. Quand on pense que les masses énormes de calcaire qui constituent certaines montagnes ont été produites par des encroûtemens d'eau minérale, des désagrégations de roches, des débris de coquilles ou des édifications de zoophytes lentement accumulées les unes sur les autres, pendant des périodes de repos, on voit s'étendre indéfiniment les jours de cette grande semaine qui devait avoir pour terme l'avénement de l'homme. Réaumur a calculé ce qu'il y avait de coquilles dans un plateau pierreux de la Touraine voisin de sa maison d'habitation, et il en a évalué la masse à cent trente millions de pieds cubes. On voit par là que si le temps donne aux autres causes, comme nous le croyons puissance de modifier la matière, cette action s'est exercée tout à son aise sur la nature qui a précédé le déluge.

A côté du megatherium vivait le *megalonyx*, son frère et presque son émule, quoique de moindre taille : c'était un animal armé d'ongles longs et tranchans, aujourd'hui inconnu sur la terre. Toute cette population d'êtres puissans et lourds était encore surpassée par le *dynotherium giganteum* dont le nom seul indique assez l'énormité. Ses débris sont plutôt les débris d'un monument que ceux d'un animal. Quand le poète latin disait l'étonnement de la postérité à la vue des grands ossemens qui sortiraient de la terre entr'ouverte, *grandia ossa*, il racontait, sans le savoir, la surprise de nos naturalistes en voyant surnager de la destruction des anciens mondes ces restes gigantesques. Deux très grosses défenses, portées à l'extrémité de la mâchoire inférieure et recourbées en bas, devaient lui donner un aspect sauvage et monstrueux. Quel effet produirait dans nos continens

11.

couverts de villes et rendus étroits par l'habitation de l'homme, cette incommensurable masse! Il fallait, pour contenir le dynotherium, les vastes solitudes et les forêts peuplées de grands arbres, dans lesquelles la nature avait placé les matériaux nécessaires à son approvisonnement. Il étoufferait dans notre monde; il y mourrait de faim. C'est une grande loi de zoologie géographique que la nature proportionne toujours la taille des animaux aux endroits qu'ils doivent habiter. Ces gros êtres supposent donc des milieux également immenses dans lesquels ils mouvaient leur volume solitaire. Tête-à-tête avec le dynotherium, ce géant de la vieille terre, s'élevait un autre colosse que la science a nommé *mastodonte.* Quoique ce dernier se rapprochât de l'éléphant, il présentait néanmoins des différences de taille et de structure qui le liaient à un ordre de choses plus ancien. La grosseur monstrueuse de ses dents mâchelières, les pointes formidables dont elles sont hérissées, je ne sais quoi d'horrible et de farouche dans son ensemble, tout l'a fait prendre long-temps pour un animal carnivore; mais la découverte qu'on a faite de son estomac a détruit cette opinion. On a trouvé cette poche immense encore remplie de branches d'arbres concassées. Cet animal aux membres épais se nourrissait en outre des racines et autres parties charnues des végétaux. Ce genre de vie devait l'attirer vers les terrains mous et marécageux ou sur le bord des fleuves. Sa trompe énorme et allongée pompait l'eau avec abondance.. Un tel animal eût fini, si l'on ose ainsi dire, par dessécher la terre. Aussi le mastodonte eut-il le sort du megatherium et de ses autres frères en puissance. En vain a-t-on cherché à dire que ces animaux vivaient peut-être encore dans les vieilles contrées de l'Inde et de l'Amérique. Tous nos continens actuels ont été à-peu-près visités par des voyageurs; des bandes de sauvages traversent de grandes étendues de pays dans tous les sens, et jamais rien de pareil au megatherium, au dynotherium, au mastodonte n'a été rencontré. Les sauvages ont même imaginé, sur la destruction de ce dernier grand animal, une fable qui étonne par sa naïve sagesse. Les indigènes de la Virginie disent que le mastodonte fut détruit pour l'empêcher d'anéantir la race humaine. La lutte, selon eux, fut terrible : le grand homme d'en haut avait pris son tonnerre et les avait terrassés tous, excepté le plus gros mâle qui, présentant sa tête aux foudres, les secouait l'une après l'autre, à mesure qu'elles tombaient. Mais, à la fin, blessé par le côté, il se mit à fuir vers les grands lacs où il se tient jusqu'à ce jour. L'expérience, la tradition, tout nous dit, comme on le voit, que le mastodonte, avec les autres animaux de son époque, n'a pu tenir contre les changemens que l'éternel auteur des choses préparait encore dans le monde. La défaite de ces gigantesques mammifères, par l'action de la nature, a donné sans doute naissance aux fables de Jupiter et des Titans. Les anciennes histoires, qui consacrent presque toutes à l'origine l'existence d'une race primitive de très haute taille, ont puisé cette idée à la même source. Tous les tombeaux qui ont été donnés, par les peuples de l'antiquité ou par les sauvages, pour des tombeaux de géans, ont été, en effet, trouvés remplis d'ossemens de mastodontes ou d'autres gros animaux fossiles. Par une erreur familière à son esprit et flatteuse pour son orgueil, l'homme a transporté à sa race cette grandeur démesurée qui fut seulement le partage des animaux de l'ancien monde.

Cependant la nature avançait toujours. A mesure que nous remontons cette zone des temps, qui forme par ses terrains superposés la ceinture extérieure de la terre, nous voyons apparaître en plus grand nombre des animaux assez voisins de nos espèces modernes. Chaque pas que nous faisons dans notre musée vers les dernières armoires de la zoologie antédiluvienne est un pas vers la zoologie actuelle. L'éléphant, le rhinocéros, l'hippopotame, tous animaux connus, soulèvent au-dessus du naufrage des anciennes races leur masse imposante. Ici la comparaison avec nos espèces vivantes devient facile. Des éléphans et des rhinocéros, encore recouverts de leur chair, de leur peau et de leurs poils, sont sortis entiers de la glace qui les avait saisis et conservés pendant des siècles. L'éléphant antédiluvien était haut de 15 à 18 pieds ; une laine grossière et rousse formait sa couverture, et de longs poils noirs, d'une raideur sauvage, lui tombaient comme une crinière le long du dos. Cette avant-dernière population du monde, encore différente de la nôtre, s'en rapproche et par l'ordre des temps et par celui du gisement. On a retrouvé, dans le lit des fleuves, des squelettes intacts, des ossemens qui avaient conservé leur gélatine, et des défenses dont l'ivoire pouvait servir au commerce. Quoique les débris de ces derniers gros mammifères annoncent toujours une tendance à excéder les proportions actuelles de la taille, on reconnaît néanmoins que cette tendance avait beaucoup baissé depuis les temps plus anciens, et que si ces derniers représentans de la nature antédiluvienne conservaient encore des formes supérieures en volume à celles de notre époque, ces formes allaient chaque jour s'altérant, et n'attendaient plus qu'une dernière catastrophe pour disparaître tout-à-fait. A cette décadence des forces brutales, à ce je ne sais quoi de nouveau et d'inattendu dans la nature, on sent que l'homme va venir et que le règne animal se range pour lui faire place.

Et maintenant un dernier regard sur ce monde qui va être encore une fois renouvelé. Des mers, des lacs, des fleuves, dont plusieurs n'existent plus aujourd'hui et dont d'autres ont changé de place, baignaient des continens déjà fort étendus. Des soulèvemens de montagnes, suivis de longues agitations de la mer, ont donné à la configuration moderne de la terre ses principaux reliefs. La température avait beaucoup baissé depuis les premiers âges. Des physiciens ont calculé qu'elle s'avançait comme le règne animal vers l'état actuel. Des arbres séculaires, voisins des genres peuplier, saule, châtaignier, orme, sycomore, formaient d'épaisses forêts dans lesquelles l'élan, le daim, le renne et d'autres animaux connus, mais dispersés à cette heure dans des climats très différens, paissaient ensemble les grandes herbes. Il est difficile de se faire une idée du cerf dont les bois élargis et branchus décorent les dessus de porte du musée de géologie. Ce devait être un animal d'une grandeur, d'une force et d'une vitesse admirables. Quelles forêts immenses la nature avait inventées pour loger cet hôte incroyable qui semble porter lui-même une forêt sur la tête ! Comme il eût été beau de le voir courir dans ces solitudes vierges, suivi d'une meute sauvage attachée à ses pas ! Les chiens de cette époque étaient en effet dans la proportion de ce cerf. La découverte d'une dent appartenant à un individu du genre *canis*, permit à Cuvier de reconstruire, en vertu des lois de l'anatomie comparée, un animal ayant au moins huit pieds depuis le bout du museau jusqu'à la racine de la queue, sur au moins cinq pieds de hauteur au train de devant. Ce chien prodigieux, ce cerf étonnant, ne nous représentent-ils pas bien ces chasses fantastiques qu'on voit passer dans les ballades allemandes ? Ce n'était pas encore toute la population de ces antiques forêts : un bœuf voisin de l'aurochs, un autre qui paraît avoir été la souche de nos bœufs domestiques, quoique ses cornes soient autrement dirigées ; un grand nombre de chevaux qui n'avaient pas encore subi le poids du travail ; un animal qui manque à la nature vivante, l'*elasmotherium*, ayant la taille du rhinocéros et formant la transition entre ce dernier et le cheval, être aujourd'hui surprenant ; beaucoup d'autres solipèdes et ruminans habitaient nos pays en l'absence de la race humaine. Or, la nature, en nous montrant par la pensée l'état du globe avant sa dernière révolution, semble nous dire : Hâtez-vous d'examiner, car tout cela va disparaître. Il en est du monde antédiluvien comme de nos grandes villes qui renouvellent continuellement leurs édifices.

Le même âge qui voyait naître les mammifères voyait s'effacer ces grands reptiles qui avaient fait la terreur et le prodige des premiers temps ; le même mouvement qui amenait à la surface de la terre nos modernes animaux en supprimait les anciens. Les époques les plus curieuses dans cette histoire du monde antédiluvien, devaient être, sans contredit, celles que les géologues ont nommées de transition ; momens de durée, relativement très courts, où les formes de l'âge précédent qui n'avaient pas encore eu le temps de se détruire ni de s'altérer de fond en comble, se trouvaient en présence des formes nouvelles d'une création qui commençait à naître.

Plus on remonte vers les couches supérieures du globe, ou, ce qui revient au même, vers l'extrémité des armoires du musée géologique, et plus on voit abonder les carnivores qui tiennent par leur organisation le haut de l'échelle animale. Le génie du Créateur est comme celui de ces grands poètes qui, loin de laisser aucune trace de faiblesse et de lassitude sur leurs derniers ouvrages, les avancent au contraire de plus en plus vers la perfection. Des grottes souterraines, brillamment décorées de stalactites, se succédant l'une à l'autre jusqu'à une grande profondeur dans l'intérieur des montagnes, contiennent une prodigieuse quantité de débris de carnassiers, surtout d'hyènes. Ces animaux y ont entraîné des os d'éléphans, de rhinocéros, d'hippopotames, de chevaux, de bœufs, de cerfs ; quelques-uns de ces os portent la marque sensible des dents qui les ont décharnés. Ces anciens carnassiers s'attaquaient furieusement entre eux; on retrouve parmi leurs dépouilles une tête d'hyène qui avait été blessée et ensuite guérie. L'imagination aurait belle carrière à se représenter ces combats de carnassiers terribles et supérieurs en force à ceux de notre époque, dans l'intérieur sombre de ces souterrains emplis par leur farouche puissance. Des hyènes, des lions, des tigres, des panthères, des renards, désolaient cet ancien règne animal par leurs appétits sanguinaires. Mais le plus robuste, le plus affamé, le plus sournois de ces tyrans carnivores, paraît avoir été un grand ours de cavernes, *ursus spelœarctus*, à front bombé. Voyez-vous ici une dent moulée qui étonne les naturalistes par sa grandeur? Cette vaste canine, très longue et en même temps très comprimée, sortait de la mâchoire d'en haut et y demeurait en dehors saillante, toujours visible. L'ours antédiluvien, auquel a appartenu cette dent gigantesque, avait établi son domaine dans les antres ténébreux de la vieille Allemagne. Les ravages qu'il faisait sur ses états étaient considérables, à en juger par les monceaux d'ossemens de divers animaux qu'il a laissés autour de son squelette. Peut-être existait-il encore d'autres carnassiers, dont quelques-uns ne figureraient plus dans la nature vivante. Quoique les naturalistes n'aient pas jugé à propos d'établir des genres nouveaux pour ces ours, ces hyènes, ces tigres et ces autres anciens dominateurs du règne animal, il est d'ailleurs essentiel de dire qu'aucuns d'eux ne ressemblent absolument à leurs descendans actuels sur la terre. On remarque entre leur squelette et celui des animaux vivans une différence, tandis que la science n'en constate aucune entre l'ostéologie du cheval et celle de l'âne. Les influences extérieures ont dû surtout attaquer la surface de ces animaux détruits, pour leur imprimer des caractères singuliers de tégumens et de formes apparentes. C'est ainsi que le rhinocéros découvert au bord du Wilhoui, en 1770, est sorti de la glace avec une fourrure aux pieds, tandis que rien de pareil ne se rencontre sur les rhinocéros vivans des Indes et du Cap. Cette ligne bien tranchée, qui sépare les deux zoologies, nous entraîne nécessairement à imaginer, durant toute l'ère antédiluvienne, un monde tout entier très différent du nôtre, soumis à d'autres conditions, et n'ayant pu être ramené à l'état du monde actuel que par des causes lentes, continues, suivies d'un grand et subit événement.

L'événement qui termine l'ancienne histoire de la terre a pris dans toutes les traditions le nom de déluge. Un grand géologue, M. Elie de Beaumont, a cherché les causes de cette vaste inondation, dont la Genèse et d'autres monumens historiques ont consacré le souvenir. Il a cru la trouver dans le soulèvement de la chaîne des Andes, qui traverse toute la longueur de l'Amérique méridionale du nord au sud. On conçoit en effet que l'enfantement d'une telle masse ait pu tout d'abord imprimer aux eaux de la mer une agitation suffisante pour que ces eaux vinssent envahir les autres continens. Alors, les bassins du grand abîme furent détruits; les réservoirs de l'espace furent ouverts, et le déluge, décrit par Moïse, s'étendit avec violence sur le vieux monde condamné. Les forêts furent ensevelies, et avec elles leurs nombreux habitans.

Il est probable que cet épanchement de la grande eau fut accompagné de bien d'autres phénomènes et de bien d'autres crises. Les pôles avec les animaux qui y vivaient, et dont quelques-uns appartiennent maintenant aux climats les plus chauds de l'Asie et de l'Afrique, furent gelés : une glace éternelle les saisit et siége encore à cette heure sur leurs solides fondemens. La main de la nature a imprimé dans cette couche diluvienne qui recouvre l'ancien monde et s'étend sur tous les pays connus, la trace de très effroyables ravages. A la vue de cette scène de destruction gigantesque, de ces chaînes de montagnes qui sortent violemment au-dessus des eaux, comme soulevées par une main invisible, de ces mers qui s'éloignent et qui fuient en se jetant sur les terres avec épouvante, des vastes oscillations qui ébranlent, déchirent, ouvrent la surface de la terre et en troublent les profondeurs, on croit assister à la fin d'un monde. Rassurons-nous : cette fin n'est que le commencement d'un nouvel ordre de choses, d'un monde nouveau. Les êtres en apparence détruits vont se remontrer à l'existence, remaniés, transformés ; car durant les derniers temps qui ont précédé le cataclysme, durant le cataclysme lui-même, la nature a eu soin de leur préparer les circonstances nouvelles d'une autre sorte de vie. Ces changemens ne se bornent point à finir les espèces anciennes et à les renouveler ; ils exercent encore sur le règne animal et végétal d'immenses déplacemens de climats. Des plantes, des animaux, qui vivaient sur notre sol ou même dans des contrées aujourd'hui beaucoup plus froides, telles que la Sibérie, ont été transportés exclusivement sous la ligne, ou tout au moins dans des pays chauds, dont elles composent la verdure, dont ils peuplent les fleuves, les mers ou les savannes. Tout porte donc à croire qu'il y a eu diminution graduelle de calorique pendant la longue semaine qui embrasse l'œuvre des six jours; et à la fin, sur certains points, refroidissement subit. Le petit nombre d'habitans de l'ancien monde qui ont échappé à la destruction, sans presque changer de formes, n'ont donc su se maintenir dans le nouveau qu'en choisissant pour leur résidence l'endroit de la terre qui rappelait, de près ou de loin, la manière d'être générale du globe avant les dernières catastrophes dont leurs ancêtres avaient été victimes. Tout le reste a péri ou a cédé aux changemens survenus dans la nature.

Au bout de cette chaîne d'êtres liés les uns aux autres par les rapports mystérieux d'un organisme toujours constant, à l'extrémité du musée de géologie, voyez-vous apparaître le dernier de la création dans l'ordre des temps et le premier dans l'ordre de dignité, l'homme? — Il est naturel de se demander (et c'est une question qui divise encore les naturalistes) si l'homme fut compris comme témoin et même comme victime dans les scènes de désolation qui changèrent la face de l'ancien monde. Les uns ont imaginé que l'homme fut créé dès le commencement avec les zoophytes, les mollusques et les autres animaux. Seulement, comme il lui eût été impossible de vivre sous sa forme actuelle dans un monde si mobile et avec une atmosphère si contraire à la nôtre, ils accordent que son organisation a changé depuis ces temps anciens et s'est successivement modifiée selon les divers milieux ambians qu'il lui a fallu traverser. Du temps, par exemple, où le ciel était chargé d'acide carbonique, au point de former une sorte d'océan aérien, l'homme devait avoir, disent-ils, des poumons semblables à des branchies; c'est même à cette demi-nature de poisson qu'ils rapportent la cause de la longévité prodigieuse dont la Bible gratifie les anciens patriarches. D'autres, plus inconséquens encore, veulent que l'homme ait paru dès les premières manifestations de la vie et qu'il se soit maintenu sous une forme inaltérable à travers toutes les grandes révolutions du globe, se déplaçant d'une contrée dans une autre, à mesure que la mer envahissait les anciens continens et soulevait de nouvelles étendues de terre. Outre l'autorité de la raison, ces deux systèmes ont contre eux l'autorité des faits géologiques. On a retrouvé dans les entrailles de la terre les analogues de tous les animaux qui existent maintenant sur le globe, l'homme excepté. Le singe, que Cuvier avait déclaré absent ou du moins douteux, a fini par se montrer dans ces derniers temps avec évidence. Mais il n'en est pas de même pour notre espèce. Les ossemens humains qui ont été découverts au port du Moule, à la Guadeloupe, et qui figurent dans la dernière armoire du musée, appartiennent à un terrain de formation récente, dont il est impossible dans l'état actuel de nos connaissances de déterminer la date, mais qui paraît certainement postérieur au déluge. On est donc fondé à croire que l'homme n'a point été contemporain de cet événement dévastateur qui marque par sa trace encore visible l'avant-dernier âge de la terre. La nature n'a pas voulu risquer son dernier et son plus bel ouvrage à travers les chances de perte que ce cataclysme étendait sur tous les habitans de l'ancien monde.

Les mammifères ont paru à deux reprises différentes, que l'homme ne se montre pas encore. La nature diffère la naissance de cet être privilégié jusqu'à un troisième état de choses plus stable et plus proportionné à ses forces. Cette précaution dilatoire nous paraît admirablement rendue dans la Bible par le conseil que Dieu tient en lui-même : *faciamus hominem*, faisons l'homme ! Avant que ce nouveau maître s'en vînt prendre place au sein de la création, il fallait que le monde eût été préparé et remanié de longue date pour le recevoir. Cependant, le moment était arrivé. C'est alors que l'homme, prévu de toute éternité dans les desseins de la Providence, précédé et, selon d'autres, amené par les animaux qui se succédaient d'âge en âge, se manifesta à jour fixe sous la forme qui lui était propre, *et homo factus est.* Nous rencontrons encore ici deux systèmes : l'un qui veut que chaque être et l'homme, en particulier, soient l'objet d'une création individuelle, isolée, distincte ; l'autre, selon lequel l'homme, après avoir traîné le long des siècles une existence végétale au sein des plantes, et avoir parcouru l'échelle animale tout entière depuis la monade jusqu'au singe, aurait fini par accomplir de lui-même, sous l'action d'une volonté divine, un dernier progrès. Goethe était en Allemagne

à la tête de cette nouvelle opinion, si souvent fulmi-
née en France par Georges Cuvier. Il croyait tous les
êtres de la nature sortis les uns des autres par une
succession éternelle. Un jour que l'auteur de *Faust*
et des *Métamorphoses des plantes* se promenait sur
les bords du Rhin, il rencontra une jeune fille qui con-
templait des vergiss-mein-nicht avec un air de souvenir et de rêverie. Goethe, mêlant alors le poete au
naturaliste, dit tout haut : Elle se souvient d'avoir été
fleur! — Quoi qu'il en soit de la cause qui produisit
l'homme sur la terre, l'événement n'en fut pas moins
grand. En face de ces antiques ossemens recouverts
d'une croûte terreuse, et qui semblent avoir appartenu à l'un de nos plus anciens ancêtres sur le globe,
il est difficile de ne pas ramener sa pensée au vaste
et solennel moment où l'homme, ce dernier né de la
nature, se manifesta. Jusque-là, le monde ne se comprenait pas lui-même; la nature perdait ses peines à
broder l'écorce du globe de ces grands végétaux qui
n'étaient point regardés, les forêts étalaient vaine-
ment, aux yeux des stupides mastodontes et des épais
megatheriums, leurs primitives beautés : la terre sans
l'homme, c'était un spectacle sans spectateur. Lui
au contraire survenant, tout changeait de face, tout
arrivait à se passer en revue dans cet être capable de
sentiment et d'admiration. L'homme était le cerveau
de cette création, arrivée à son dernier âge. Il ne faut
pourtant point exagérer le caractère soudain et extraordinaire de cet événement. La nature n'avance
jamais par surprise. Quand l'homme advint, il était
si bien annoncé par tout le travail de la grande se-

maine; sa présence se rattachait aux créations antérieures par des liens si intimes et des progrès si continus, qu'il fut moins dans l'ensemble des choses un
objet d'étonnement que de nécessité.

Ce dernier ouvrage, par lequel la nature couronne
une série d'événemens et de merveilles, fait encore
naître dans l'esprit une autre pensée. A la vue de ces
mondes en ruines qui ont précédé l'homme, on se
demande si l'état actuel du globe est désormais invariable? Y a-t-il encore au sein de l'Océan de nouvelles chaînes de montagnes à soulever? Serons-nous
encore une fois submergés et renouvelés? L'homme
est-il le dernier mot de la création? Les géologues
croient généralement que la terre, après avoir subi,
pendant le cours des siècles, les changemens nécessaires à sa formation, est maintenant fixée. D'autres
soutiennent au contraire que la nature n'en a point
fini avec les révolutions. Selon eux, l'espèce humaine,
après avoir accompli ses destinées, sera remplacée à
son tour ou du moins dominée par une autre race
d'êtres supérieurs à elle, comme les animaux des
temps anciens l'ont été par d'autres animaux. Après
le monde des reptiles, le monde des pachydermes, le
monde des carnasssiers, puis en dernier lieu le monde
de l'homme; y aura-t-il un jour le monde d'un être
encore inconnu, qui serait un progrès sur l'homme
comme l'homme en a été un sur le singe? Mais hâtons-
nous de quitter cette sphère des conjectures : si le
passé de la terre nous offre déjà tant d'incertitude, il
y aurait de la témérité à aventurer ses regards dans
un avenir qui présente encore bien plus de ténèbres.

Avant de sortir de ce musée, ou, si vous aimez mieux, de ce monde antédiluvien, dont nous venons de parcourir les siècles en quelques instans, nous rencontrons à la porte une dernière question qui se dresse devant nous avec autorité. Le monde dans lequel nous allons remettre nos pas, diffère-t-il absolument de celui dont nous venons de heurter les débris, et sur lequel retombe déjà le voile de poussière un instant soulevé ? Cuvier, l'homme des étonnemens et des anomalies, voyait dans la marche révolutionnaire de la nature, qui a précédé le déluge, l'action de causes et de moyens qui n'existent plus. Suivant lui, le mouvement général du monde avait brusquement changé. Cette opinion n'est plus aujourd'hui admissible. Pour peu qu'on y réfléchisse, on reconnaît que l'ordre ancien a laissé dans l'ordre nouveau des traces profondes. De même que pendant l'enfance se manifestent chez l'homme des phénomènes nombreux qui ne se remontrent plus ensuite, nous pouvons comprendre aisément un âge où le monde était agité par des causes qui ont ralenti leur action, sans que pour cela la marche et les lois générales de la vie soient renversées. Tout porte au contraire à voir dans les anciens mondes le commencement d'un état de choses dont nous avons sous les yeux la suite calme et reposée. Au-dessus des ravages, des déplacemens et des révolutions qui ont troublé les conditions et les formes de l'existence, durant les vieilles époques séculaires, tout ce qui intéresse les lois fondamentales de la nature, tout ce qui s'élève à une hauteur philosophique, est resté immuable. Si même nous jetons un dernier regard sur cette suite d'événemens dont les fossiles déroulent dans cette salle la chaîne immense et magnifique, nous verrons que l'ordre suivi par Dieu au commencement dans la création du monde se répète encore sous nos yeux dans quelques-uns de ses ouvrages. Le monde s'est formé comme se forme la tête de l'homme. D'abord ce n'est qu'une sorte de liquide cérébral qui prend chaque jour dans le ventre de la mère plus de consistance et de fermeté. Autour de ce cerveau mou se dépose bientôt une croûte solide qui est le crâne. Plus tard sur cette enveloppe recouverte d'une peau mobile se montrent comme les premières traces de la végétation qui lui est propre : les cheveux poussent. Enfin des animaux parasites viennent dans le premier âge occuper cette forêt naissante et y vivre comme les premiers êtres à la surface de la terre. Nous rencontrons encore un autre terme de comparaison dans un ordre de faits plus agréables. Il existe une analogie frappante entre la grande création du monde et cette création annuelle qui ramène au printemps la vie sur le globe. D'abord, c'est l'hiver, image du chaos avec ses deux caractères lamentables, le vide et la stérilité. Après, vient *pluviôse*, ce mois aux tièdes ondées qui fécondent le sol, emblème de la première précipitation atmosphérique qui couvrit l'aridité de la terre. *Ventôse* souffle : nous avons dit que la terre porte dans ses rides intérieures la trace ancienne de grandes agitations de l'air ambiant. *Germinal* succède ; alors s'accomplit dans les entrailles du sol ce sourd travail de végétation qui eut lieu à l'origine quand la terre émergée et séchée se couvrit de la première verdure. Enfin, le printemps repeuple en quelque sorte la solitude de nos bois et de nos rivières, par une émission nouvelle d'animaux qui s'élèvent depuis l'insecte jusqu'à l'homme. On peut donc dire que cette antique nature dont nous avons devant nous les sujets reparus et mutilés, ne diffère de la nôtre et des mouvemens qui s'opèrent encore sous nos yeux que par une intensité plus grande; la force des agens de la création était alors proportionnée à l'œuvre qu'elle commençait.

La formation [de l'année dégage bien, pour qui sait voir, une idée de la formation du monde : mais il faut toujours en revenir, si l'on veut rencontrer une image plus parfaite, à la succession des faits qui constituent la vie d'un être. Sans reparler ici des états embryogéniques et même de la première enfance, dont nous avons tous perdu le souvenir, n'y a-t-il pas des existences antérieures dont nous nous sommes pour ainsi dire dépouillés avant d'arriver à l'âge où nous sommes maintenant. Ces existences sont mortes pour nous, quoique nous vivions encore, et nous avons laissé dans chacune d'elles une manière d'être physique et morale. Les idées, les sentimens que nous avions dans ces âges effacés, demeurent enfouis comme de véritables fossiles dans les profondeurs de notre être, où le souvenir va quelquefois les visiter. Ils ont laissé une trace sur notre cœur, une empreinte dans notre cerveau, voilà tout. Le reste, ce que nous étions alors, notre physionomie, la couleur de nos cheveux ou de notre visage, notre taille, notre embonpoint, tout a changé. Cette évolution de faits différens, engendrés néanmoins les uns des autres, donne en raccourci le spectacle de l'évolution du globe terrestre; ce sont pareillement des actes de l'organisme qui se succèdent, des conditions de la vie qui s'altèrent et se renouvellent; l'homme est un monde. Au milieu de ce mouvement fugitif qui fait en quelque sorte du même individu, dans tout le cours de son existence, plusieurs individus distincts, il y a néanmoins un lien qui rattache entre elles et qui continue des phases si diverses : ce lien est dans l'homme l'unité du moi, et sur le globe que nous habitons, l'unité de la vie.

Résumons-nous : la nature est un livre dont l'auteur a plusieurs fois revu et corrigé les épreuves. Les premiers animaux, ébauches des animaux à venir, se montrent en effet sur les planches de terre du Muséum, comme de pâles essais d'imprimerie, dont une main difficile rejette et remanie, à plusieurs reprises, les caractères. Ces feuilles mal venues au tirage de la création, sont remplacées, en effet, par d'autres feuilles sur lesquelles la vie recommence des traits nouveaux. Une série de tentatives sans nombre, constamment renouvelées, a donc précédé l'état actuel de notre monde, et a fixé sans doute à jamais cette dernière typographie des êtres vivans, sur laquelle l'auteur de la création a, si l'on ose ainsi dire, mis son *bon à tirer*. Cette idée, sur laquelle nous sommes plusieurs fois revenu, était très importante à dégager du spectacle des faits. Le sentiment du progrès de la vie dans l'univers se liera en effet tout-à-l'heure au sentiment du progrès de l'humanité, dont il est en quelque sorte la racine. L'homme va continuer la marche de la nature : mais n'anticipons pas sur les événemens ; il est temps de redescendre les degrés de pierre du musée géologique, et de rentrer dans notre monde, où nous attendent, le long des allées du Jardin des Plantes, les maronniers renaissans ; après avoir habité un instant ces mondes engloutis aux ossemens secs et pierreux, on a besoin de revenir à la vie et de contempler la verdure.

V. — Les temps modernes de la création. — La ménagerie.

Nous avons laissé le monde sous le coup de cette dernière catastrophe qui marque selon les naturalistes, le passage des temps anciens de la création aux temps modernes. Maintenant nous trouvons la terre repeuplée. Pour nous tenir dans les limites du Jardin des Plantes, qui a été si justement nommé par les savans une miniature du globe, nous voyons la nouvelle nature végétale représentée autour de nous à l'état de vie par ces arbres, ces plantes, ces fleurs demi-écloses, qui étalent librement dans les avenues ou en captivité sous leurs châteaux de verre les mille fantaisies de leur vêtement. Nous apercevons la nature animale des temps modernes derrière les barreaux de fer de la ménagerie, dans ces parcs ombragés d'arbres et tapissés de verdure, où le cerf, le daim, la gazelle et d'autres animaux ont déposé la

vitesse de leur course, dans ces cages treillagées où
l'aigle a laissé emprisonner son vol, dans cette rotonde massive où l'éléphant, la girafe, le buffle et
quantité d'autres gros animaux ont reçu leur domicile ; dans cette fosse aux ours, si chère à la curiosité
parisienne ; dans cette nouvelle construction, appelée,
à cause de sa grandeur et de sa forme, le palais des
singes ; enfin dans toutes les parties de ce petit univers, qui montre ici à chaque pas ses nouveaux produits et ses nouveaux habitans. A la vue de ce spectacle de vie et de régénération qui succède brusquement pour nous à des scènes de cataclysme, de dépo-
pulation et de mort, il est naturel de se demander
comment toutes ces choses ont pu se reformer dans
l'intervalle d'un monde à l'autre. Ici la lutte recommence entre les naturalistes. La main du Créateur
s'est-elle une seconde fois étendue pour repeupler ce
globe que la tourmente des événemens avait fait sombrer ? Georges Cuvier dit oui, Geoffroy Saint-Hilaire,
non. Mais que la nature renouvelée, dont l'aspect
vivant récrée de toutes parts nos yeux fatigués par les
ruines de l'ancien monde, que les plantes et les animaux dont nos regards s'étonnent, après la grande
destruction dont nous avons suivi les traces, des-
cendent de l'ancien état de choses, des animaux et
des plantes antédiluviennes, ou qu'ils soient le produit
d'une création nouvelle, nous ne nous trouvons pas
moins en présence d'un changement considérable
dont les effets ont retenti au loin sur tous les êtres
organisés. Rien ou presque rien n'est resté dans le
monde actuel sous la forme qu'il occupait dans l'an-

cien. Les divers habitans du globe ont suivi le mouvement universel et définitif qui devait donner à la création tout entière son achèvement par la présence de l'homme. La seconde partie du Muséum d'histoire naturelle qui nous reste à visiter présente donc vis-à-vis de la première un spectacle constamment nouveau ; il importe de le caractériser.

Aucun des agens que nous avons rencontrés dans la formation de l'ancien état de choses, tels que les changemens de l'atmosphère, les variations de la température, les soulèvemens de terre et les mouvemens des eaux, n'existent plus, du moins avec les mêmes forces, dans notre présent milieu ambiant, unique et à-peu-près fixé. Le monde est-il demeuré pour cela stationnaire depuis la naissance du genre humain? La nature, après avoir cédé, durant les âges antédiluviens, à une loi évidente de progrès, s'est-elle tout-à-coup immobilisée? Non, il n'en a point été ainsi : l'espèce de sommeil que Moïse attribue au Créateur après la consommation de son œuvre n'existe qu'en image; Dieu ne s'est pas reposé le septième jour, et la création continue. Seulement les conditions et les agens de son progrès ont changé. A l'action des forces aveugles, dirigées par la volonté secrète qui gouverne le monde, succède peu-à-peu l'action humaine. Le dernier né sur le globe devient de la sorte le mandataire de la puissance créatrice qui organise et remanie sans cesse la matière. L'avénement du genre humain ouvre pour le monde soumis à sa domination une ère inconnue. Le mouvement des causes brutales a cessé; celui de la cause intelligente com-

mence. Dans l'histoire des temps antédiluviens, exprimée par le musée de géologie, nous avons vu les
plantes et les animaux sous la main de la nature;
dans tout le reste de l'établissement, qui représente
les temps modernes, nous allons voir ces plantes et
ces animaux sous la main de l'homme. Voilà tout
d'abord deux mondes nettement marqués par le caractère des influences qui les gouvernent et par les
changemens qui en résultent. Dans le premier se
montre sans cesse la force matérielle avec tous ses
ravages; dans le second apparaît la force morale avec
ses conquêtes pacifiques et ses établissemens éclairés.
Cette action de l'homme sur le globe qu'il habite,
sur les plantes et les animaux qu'il tient en sa dépendance, a tellement modifié les lois primitives de
la vie, que nous entrons véritablement dans un état
de choses imprévu. L'être raisonnable a repris en
sous-œuvre toute la nature et lui a imprimé sa forme.
Nous en rencontrons la preuve de toutes parts visible
dans ces animaux domestiques qui ont changé leur
caractère pour revêtir nos mœurs et nos habitudes;
nous la trouvons même dans ces animaux encore insoumis, mais domptés par la crainte, dont nous
avons fait les esclaves de notre curiosité. Les obstacles
les plus énergiques, tels que la force, l'instinct destructeur, la férocité native, l'énormité de la taille et
du volume, tout s'est abaissé sous notre action envahissante. Le descendant de ces prodigieux mastodontes, de ces terribles éléphans antédiluviens qui
portaient autour d'eux l'épouvante, est là dans son
étroite enceinte, calme, docile, et, pour ainsi dire,

lié au regard de son maître, dont il suit les ordres
sans résistance. Qu'est devenu cet ancien ours à front
bombé, ce solitaire des cavernes de la vieille Allemagne (*ursus spelæarctus*), ce roi de la destruction et
du carnage, devant lequel tremblait toute la nature?
Vous pouvez voir ses descendans au fond de cette
fosse basse, où ils traînent maintenant leur ennui et
leur souveraineté déchue. Sous la main de son vainqueur, cet ancien tyran du Nord a même pris dans
la captivité les vices et les bassesses de la servitude.
Toutes ses actions portent l'empreinte d'un avilisse-
ment auquel il s'est formé lui-même pour plaire à ses
maîtres et pour contenter sa gourmandise. La couronne de l'ancien monde est tombée de son front, qui
montre à nu les flétrissures de l'esclavage. Où est sa
vieille et sauvage majesté? On lui dit de sauter, et il
saute; d'étendre la patte, et il l'étend; de saluer, et il
salue; de monter à l'arbre, et il y monte. Nous le
voyons étaler gauchement et de mille manières ses
gentillesses d'ours, le tout pour un chétif morceau
de pain ou de gâteau dont il console son appétit vorace. Devant la déchéance de cet antique dominateur
du règne animal, si cruellement humilié par son
vainqueur, on sent que la nature tout entière a
changé de maître. La seconde moitié du Muséum
d'histoire naturelle va nous montrer à chaque pas
un monde nouveau en miniature, qui est le monde
de l'homme.

Ce Muséum n'est-il pas lui-même l'ouvrage du
maître actuel de la création? Cet établissement ingénieux, où les productions de la nature ancienne et

nouvelle viennent se résumer comme les monumens
de l'antiquité dans la villa d'Adrien, ne s'est-il point
élevé par l'effort de cette même main qui a soumis et
renouvelé la face du monde? Nous avons cité déjà
les principaux traits qui, dans notre pensée, dessinent l'histoire du Jardin des Plantes. Il nous faut reprendre cette histoire à l'événement qui marqua pour
l'établissement la création d'une ménagerie.

Tout le monde a visité cet endroit du jardin, où
les sauvages représentans du désert ont abattu aux
pieds de l'homme leur orgueil et leur férocité; mais
on ignore trop les circonstances singulières au milieu
desquelles cette ménagerie a commencé. Le Jardin
des Plantes venait d'être érigé par la Convention en
Muséum d'histoire naturelle. C'était un titre, et les
titres sont bons quand ils recouvrent une idée; mais
Dieu sait que la nature était alors bien pauvrement
représentée dans l'établissement. Jamais animal féroce
n'avait été vu vivant au Jardin des Plantes. « Ce fut, raconte M. Jean Reynaud, un coup de main du procureur
de la commune qui devint l'origine de la ménagerie.
Ce magistrat considérant que les exhibitions publiques d'animaux vivans ne devaient point être abandonnées à l'industrie particulière, attendu que ces
ménageries foraines causaient non-seulement encom-
brement sur les places publiques, mais pouvaient
même par suite de la négligence des gardiens à l'égard
des bêtes féroces, devenir une cause de danger pour
les citoyens, prit de lui-même et sans s'être entendu
à ce sujet avec personne, un arrêté portant que les
animaux stationnés sur les places de Paris seraient

saisis sans délai par le ministère des officiers de police, et conduits au Jardin des Plantes, où après estimation de leur valeur et indemnité donnée aux propriétaires, on les établirait à demeure. Cependant les professeurs du Jardin des Plantes n'avaient reçu aucun avis. L'arrêté avait été exécuté aussitôt que signé, et la première nouvelle en fut portée au jardin par les animaux eux-mêmes, qui, avec leurs gardiens, y affluaient de toutes parts sous la conduite des commissaires de police et de la force armée. M. Geoffroy Saint-Hilaire, alors fort jeune, et chargé au Jardin des Plantes de la zoologie et de l'administration des matériaux zoologiques, était tranquillement occupé dans son cabinet, quand on vint le prévenir de l'arrivée des étranges visiteurs qui assiégeaient sa porte. La circonstance n'était pas seulement singulière, elle était réellement difficile. Il était évident que le procureur général de la commune avait dépassé ses pouvoirs en ordonnant que ces animaux seraient conduits et nourris au Jardin des Plantes ; car le Jardin des Plantes relevait de l'état et non de la commune. Ce n'était pas le tout que de recevoir ces nouveaux hôtes, il fallait les payer et les nourrir, et sur quels fonds cette dépense se ferait-elle ! Les animaux auraient fort bien pu demeurer long-temps dans la rue, s'il avait fallu attendre pour leur ouvrir les portes du jardin que cette question eût été convenablement discutée, et finalement adoptée par les pouvoirs compétens. Mais M. Geoffroy en homme vif et actif eut bientôt pris son parti. Il donna ordre d'ouvrir les portes à l'attroupement, d'installer les voitures et les cages qu'elles renfermaient dans la cour intérieure, et prenant provisoirement sur lui toute responsabilité, il se chargea jusqu'à la décision légale, de fournir à ses frais à l'entretien des animaux et de leurs gardiens..... C'est ainsi que fut instituée révolutionnairement en date du 15 brumaire an II le premier noyau de la ménagerie. Parmi les animaux ainsi recrutés, se trouvèrent deux ours blancs, un léopard, un chat-tigre, une civette, un raton, un vautour, deux aigles, plusieurs singes, des agoutis. Ils furent évalués en somme à 33,000 francs. La classe des carnassiers était désormais représentée par quelques-uns de ses membres les plus importans. » Cependant près d'une année s'écoula avant que la Convention, entraînée par les instances de Lakanal, par les démarches assidues de M. Geoffroy Saint-Hilaire, par l'autorité du peuple qui se portait chaque jour devant ce nouveau spectacle étalé à ses yeux, décrétât enfin l'établissement sérieux et à jamais utile d'une ménagerie nationale.

Il s'en faut de beaucoup que cette ménagerie ait acquis tout de suite la consistance et la splendeur actuelles, dont les étrangers s'étonnent. Le bâtiment en a d'abord été renouvelé depuis une vingtaine d'années. Les animaux qui y figuraient ont été remplacés par d'autres animaux plus remarquables et en plus grand nombre. Quoique les fonds alloués à l'entretien si important de la ménagerie aient toujours été en augmentant, il est pourtant vrai de dire que cette exposition publique d'animaux rares et coûteux se recrute plutôt de dons que d'achats. En 1834, le

crédit demandé pour réparer les pertes de la ménagerie n'était que de 4,000 francs, il s'élève maintenant à la somme encore insignifiante de 7,000 francs,
qui ne saurait couvrir les désastres fréquens, ni remplir les vides que la mort fait chaque jour dans les
cages habitées par ces frileux prisonniers. Quel spectacle pourtant plus capable de relever notre nature
que celui de ces redoutables captifs auxquels nous
avons imposé un séjour et une patrie si contraires à
leurs mœurs! Quelle entrée plus digne de notre
sujet, pour nous introduire dans cette série d'événemens marqués par la main de l'homme, qui composent l'histoire moderne du globe terrestre! Les
animaux que l'homme n'a pu attirer à lui par la
douceur, il s'en est emparé par la force. De ce nombre
sont ces terribles carnassiers qui peuplent les cages
de la ménagerie. Quoique ces espèces sanguinaires
résistent plus que les autres à l'éducation, elles n'ont
pas laissé que de déposer dans notre commerce une
partie de leur sauvage nature. Parmi les animaux
féroces soumis aux regards du public, un grand
nombre ont abdiqué cette cruauté native qui a servi
à les désigner; si quelques autres ont repoussé toute
société humaine, n'acceptant pour ainsi dire que les
fers de leur vainqueur, cela tient moins encore à leur
caractère indomptable qu'au peu de soin qu'on a pris
de les adoucir. Le gardien qui, vivant dans l'intimité
de ses hôtes, connaît mieux que tout autre leur naturel et l'empire exercé sur eux par l'éducation, croit
volontiers que ces animaux changeraient leurs mœurs,
si l'on s'occupait à les familiariser. Nous avons eu,

dans nos théâtres, de trop récens et de trop célèbres exemples de cette puissance de l'homme sur la nature, même sur la nature sauvage et carnivore, pour admettre le doute à cet égard. Il n'y a presque pas d'animal qui ne reçoive à la longue notre action, et qui, après avoir courbé sa tête sous nos chaînes, ne plie ensuite son caractère sous notre volonté.

Entrons plus avant dans cette ménagerie dont la bienveillance d'un professeur nous a ouvert la porte et les mystères. Le moment le plus curieux pour visiter cette sauvage demeure est celui où les animaux prennent leur nourriture. Il est environ trois heures. Les préparatifs de cette scène brutale se font dans le long corridor où règnent les loges intérieures de la ménagerie. Ces loges sont vides, leurs hôtes étant occupés sur le devant à recevoir la visite du soleil et du public. Le gardien paraît : il voiture une brouette chargée de viande crue ; ce sont les débris dépécés d'une vache qu'on vient d'abattre dans la boucherie du Jardin des Plantes. La grille de chaque loge est ouverte à la clef : le gardien y dépose un quartier de chair dont la grosseur est mesurée sur l'appétit bien connu de ses hôtes. Cet appétit varie selon les individus ; il existe en ce moment une lionne qui consomme dix-neuf livres de viande par jour, tandis qu'une autre vit avec la moitié de cette ration. Un telle faim difficile à assouvir est pour ces animaux, dans l'état sauvage, comme pour les hommes dans certaines classes de la société, un don funeste qui les condamne à des privations immenses et à des fatigues inouïes en vue de se procurer leur subsistance. Une fois que le gardien a parcouru toutes les loges, distribuant à chacune la portion convenable, il introduit ses hôtes au festin qui leur est préparé. Quelques-uns font entendre, par des grognemens sourds, qu'ils sentent la présence de leur morceau et qu'ils veulent y mordre. L'ouverture de la loge se pratique au moyen d'une planche qu'on lève comme un rideau de théâtre. C'est alors que chaque acteur entre en scène et déploie son rôle de voracité. Nous n'avons rien de mieux à faire que de suivre le gardien dans l'ordre où il convie chacun de ses pensionnaires au repas du soir. D'abord, c'est la hyène qui vient plonger son museau sombre et fétide dans la chair sanglante. Cet animal a, du reste, été calomnié par les poètes qui en ont fait le symbole des passions fausses, haineuses et cruelles. Il n'y a pas au contraire de carnassier plus facile à l'apprivoisement que celui-là. Le premier venu peut sans danger lui passer la main sur le dos. La docilité de cet animal aux caresses de l'homme tient à ce que, son appétit le portant plutôt vers les proies mortes que vers les proies vivantes, la nature a jugé inutile de lui donner l'instinct de l'attaque et de la destruction. Mais si la hyène a été calomniée, c'est bien sa faute : pourquoi aussi est-elle si laide? Il est impossible de voir ce train de derrière déprimé, ces poils raides, gris et sordides, cette physionomie ignoble, cette allure de croque-mort, sans éprouver devant un tel animal une répugnance invincible qui nous vient à coup sûr de la bassesse de ses mœurs. Ce déterreur de cadavres nous dégoûte sans être méchant. Dans les animaux comme dans les hommes nous aimons encore mieux l'héroïsme sanguinaire que la douceur vile.

Passons : voici le lion qui se précipite la tête basse; les habitudes de ce roi du désert ne se démentent jamais; il est resté grand dans la captivité. On le voit dévorer bravement et superbement le quartier de viande qu'il tient fixé à terre sous sa puissante griffe. Le lion se laisse gagner aux avances de l'homme; mais ce n'est point à l'heure du repas qu'il faut parler d'éducation : tous les animaux féroces sont dangereux quand ils mangent. La présence de la chair et l'odeur du sang réveillent les instincts destructeurs de leur farouche nature. Tout étranger, le gardien même, est dans ce moment-là un ennemi qui veut leur arracher leur proie : malheur à lui s'il approche! — Pourquoi cette lionne ne dépèce-t-elle point la grande mâchoire de vache qui est jetée dans sa loge? Cette lionne est une vieille prisonnière dont le séjour à la ménagerie n'a jamais pu adoucir le caractère intraitable. Il est à remarquer que cet animal (le seul de tous) garde sa ration pour la manger pendant la nuit. Y a-t-il une liaison secrète entre la férocité et l'amour des ténèbres? A côté nous avons vu une jeune lionne fort douce qui était arrivée depuis quelques heures à la ménagerie. Son front, usé pendant le voyage au frottement des barreaux, portait dans la région surcilière des traces pénibles et comme la marque récente de l'esclavage. Cet animal nous toucha. Nous lui trouvâmes l'air mélancolique et consterné des nouveaux détenus à leur entrée dans la prison. C'était triste à voir comme cette lionne pleurait et comme elle semblait regretter le sable absent de sa douce patrie, *dulcem reminiscitur Argos*. Sa ration de viande fraîche ne la tentait guère ; la douleur de l'exil et de la prison lui enlevait jusqu'à l'appétit. Cette lionne s'était pourtant décidée à attaquer faiblement son morceau de chair, quand les rugissemens d'un jaguar, son voisin, frappèrent ses oreilles ; elle se retira effrayée dans le fond de sa cage. La malheureuse se croyait encore dans le désert, et s'attendait à la rencontre d'un adversaire supérieur en forces. Au reste, les combats de lion et de tigres, qui tiennent une si grande place dans les ouvrages des poètes, n'existent guère dans la nature. Ces deux genres d'animaux, étant cantonnés dans deux parties de la terre très séparées, ne pourraient se trouver en présence que sur l'extrême limite de leur mutuel empire. Il est donc très incertain qu'ils se soient jamais rencontrés.

Le jaguar a dans ses mouvemens la souplesse du chat ; il entre comme une ombre et se jette sur son repas avec une agilité avide qui tient plutôt à la gourmandise qu'à la faim. Sa langue lèche le sang. L'animal féroce est tout entier à l'acte de la nourriture ; ses griffes pèsent sur sa proie, ses yeux la dévorent, ses dents la déchirent. Apercevez-vous dans leurs loges ces sauvages panthères noires ? Farouches et comme effrayées de la lumière, elles se reculent dans un coin sombre pour décharner les os qu'elles tournent et retournent furieusement. Leur robe se confond avec la nuit. On voit seulement luire leurs prunelles ardentes de joie à la vue des suites du carnage. Ces animaux sont rebelles à toute approche; leur mauvais caractère s'associe à une merveilleuse beauté. Aristote comparait, pour les mœurs autant que pour la forme, le lion à l'homme et la panthère à la femme. Nous lui laissons la responsabilité de ce jugement. Cependant le gardien touche aux dernières cages de la ménagerie. Les deux individus qui les habitent sont d'un accès facile. Leur repas est mêlé de viande et de pain. L'ours tient par son organisation, et surtout par l'ampleur de son cerveau, le haut de l'échelle des carnassiers. Aussi le voyons-nous soulever de terre la nourriture avec ses pattes. C'est un degré vers le singe, qui se sert de ses mains pour porter les alimens jusqu'à sa bouche. Le repas de tous ces animaux est de courte durée; on n'aperçoit bientôt plus dans leurs loges que de grands os rongés, léchés, rongés encore, sur lesquels de vastes dents ont laissé l'empreinte de l'appétit carnassier et de la force. Ces redoutables convives promènent encore long-temps leur large et rude langue autour de leur mâchoire vide, sur leurs lèvres ensanglantées. Puis, l'appétit étant satisfait, on voit tomber peu-à-peu de leur face crispée ce voile de férocité native; tous ces animaux repus prennent l'attitude plus calme de la tristesse et de la résignation.

Un sentiment de convenance a fait sans doute interdire au public la vue des animaux carnivores dans l'action de la nourriture. En dérobant aux yeux de la foule cette scène de barbarie, les administrateurs du Muséum se montrent bien éloignés de la politique romaine qui faisait déchirer les chrétiens condamnés à mort, sous les yeux de la multitude, par les bêtes du cirque. Nul n'ignore que la civilisation a fait d'immenses progrès ; mais, ce qui est peut-être digne de remarque, c'est que les animaux féroces participent eux-mêmes à cet adoucissement des mœurs. Nous croyons devoir rapporter à ce sujet les accidens dont le Jardin des Plantes a été le théâtre. On verra que non-seulement les individus mis à mort par les animaux sont en petit nombre, mais qu'encore ils ont tous été les auteurs imprudens ou volontaires de leur catastrophe. La plus ancienne anecdote tragique dont le souvenir soit à déplorer depuis la présence des bêtes féroces au Muséum d'histoire naturelle, est celle de ce vétéran qui, attiré (on se l'imagine du moins) par l'éclat d'un bouton semblable à un écu, descendit pendant la nuit avec une échelle dans la fosse aux ours. Ce malheureux, surpris par le réveil des formidables animaux dont il venait à cette heure ténébreuse violer le domicile, poussa des cris affreux qui emplirent tout le jardin et furent entendus jusque dans les geôles de Sainte-Pélagie. Il fut trouvé le lendemain étendu sur le dos et le ventre ouvert. Son imprudence pouvait entraîner d'autres malheurs, l'échelle qui lui avait servi à descendre étant demeurée fixée contre le mur de la fosse ; mais l'ours, content d'avoir fait justice de son visiteur audacieux, ne songea point à profiter de ce moyen d'évasion.—La seconde exécution a été commise par un éléphant fort doux. Un curieux, par des raisons ignorées, probablement par bravade, s'était intro- duit entre les poteaux qui limitent l'enceinte réservée

aux gros animaux. L'éléphant, supposant à cet intrus
de mauvaises intentions, se contenta de le fouler
contre un mur avec toute sa masse, et passa. L'homme
était mort. —Le troisième cas (c'est le dernier) présente les caractères du suicide. Un homme attaqué
de monomanie spleenique avait essayé de tous les
moyens de se détruire, et toujours sans succès. Alarmé par l'état mental de ce malheureux, sa famille lui
avait donné un suivant chargé de veiller sur sa conservation. Le malheureux eut alors recours à la ruse
pour tromper la vigilance du geôlier qui voulait l'en-
chaîner à la vie. Il feignit d'être revenu à un   at
plus raisonnable. Déjà l'on ne se méfiait plus de ses
transports, quand, au milieu d'une promenade au
Jardin des Plantes, au moment où la surveillance de
son gardien était détournée par le spectacle de l'ours
montant à l'arbre, notre monomane se précipita la
tête en avant dans la fosse. Cette fois du moins, il dut
être content, car il ne manqua pas la mort : les ours
le tuèrent. Il est bon de réfléchir aux circonstances
qui amenèrent dans les trois cas la destruction des
individus mis à mort par ces animaux. On voit alors
que cet acte doit être moins rapporté chez eux à un
sentiment de férocité indélébile, qu'au droit de légitime défense : ces animaux voient dans l'étranger qui
pénètre si inopinément en leur retraite un agresseur, et
ils le combattent par toutes leurs armes. La preuve que
ce sentiment et non un autre détermine alors leur conduite, c'est que la cruauté attribuée aux ours ne s'exerce
pas sur les êtres plus faibles, dont la taille et le volume
ne leur portent aucune menace. Le public parisien,

guidé par ce reste odieux de barbarie qui conduisait les anciens aux combats d'animaux féroces, a plusieurs fois jeté des chats et de jeunes chiens dans les fosses occupées par les ours ; ces ours les regardent et ne leur font aucun mal : ce ne sont pas des ennemis dangereux. On voit donc que, pour ainsi dire, toute la nature s'humanise ; la barbarie des animaux eux - mêmes laisse tomber aux pieds de la civilisation son appétit féroce et ses joies sanguinaires.

Toutefois, il est juste de dire que cette victoire de l'homme sur le naturel destructeur des carnassiers est encore incomplète. Le petit nombre d'accidens arrivés au Jardin des Plantes deviendrait bientôt plus considérable, sans les précautions prises pour ôter à ces hôtes dangereux les moyens de sévir. On ne cite de mémoire de naturaliste qu'une seule évasion fameuse. Elle se rattache à des circonstances que nous croyons devoir rapporter. Le domestique annonça un jour à M. Geoffroy Saint-Hilaire la visite d'un lion accompagné de son gardien. Comme le savant était en train de se livrer à un détail de toilette, *tondenti barba cadebat*, son fils, aujourd'hui professeur de zoologie au Muséum, fut chargé de reconnaître l'envoi qui était fait. Ce lion était conduit, la corde au cou, par un inconnu qui, à son costume négligé, fut pris pour le valet de la bête. On proposa de transporter dans une cage le lion à la ménagerie. Cette précaution fut jugée inutile. L'inconnu répondit de la docilité de son élève. On marchait. Déjà l'escorte avait franchi la haie de treillage et de verdure qui sépare le jardin du naturaliste des ombrages du Jardin des Plantes, quand le lion se raidit et refusa d'avancer. On eût dit qu'il flairait dans cette prison de la nature l'odeur de la captivité. Son guide, mécontent, le tira rudement par la corde; le lion, impatienté, se jeta sur les assistans, M. Isidore Geoffroy Saint-Hilaire, un domestique, le gardien, et les mordit. Cela fait, l'animal se coucha, fier de sa résistance, contre des arbustes. Cependant l'inconnu qui le conduisait ne voulut pas en avoir le démenti; un homme, selon lui, ne devait pas céder à une bête. Il reprit le bout de la corde et entraîna le lion, qui suivit. A peine avait-il franchi la première porte du jardin que l'animal sauta contre son guide, lui fit une blessure à la main avec ses dents, et s'échappa. L'alarme ayant été donnée, on ferma toutes les issues. Le lion évadé bondit le long des avenues avec la joie d'un captif qui a recouvré sa liberté. Au bout de sa course insensée, il se laissa enfin reprendre dans des filets qui avaient été tendus par l'artifice des gardiens. Le conducteur du lion, grièvement mordu, fut pansé chez M. Geoffroy Saint-Hilaire, par les mains délicates d'une jeune femme de la maison. Mais quel fut l'étonnement du grand naturaliste et des siens, en apprenant le lendemain que l'inconnu, pris à ses insignes pour un valet de bête féroce et soigné avec tant d'humanité, n'était autre qu'un avocat célèbre. On s'amusa fort de cette méprise. Par quelle fantaisie l'éloquence avait-elle voulu se travestir en institutrice de lions? Dans tous les cas, son coup d'essai ne fut pas heureux, et l'avocat dut s'en tenir désormais à apprivoiser les convictions de son auditoire.

Il serait intéressant de connaître les moyens employés par certains dompteurs de bêtes féroces pour venir à bout de leurs terribles élèves. On a reconnu que le caractère des âpres habitans de la ménagerie s'accommode plus ou moins aux individus qui les fréquentent. Le gardien nous a fait voir un lion fort doux entre ses mains qui se montre intraitable envers son collègue. De tels faits ne sont pas rares. Nous avons examiné la tête de ce gardien familier aux animaux, et nous y avons trouvé, malgré une très grande bonhomie, les principaux traits qui dessinent la configuration de la tête chez les carnassiers. Faut-il attribuer à cette organisation particulière les succès qu'il obtient sur la nature ombrageuse et indocile de ses hôtes? Nous le croyons. Il déclare lui-même que son collègue, chez lequel nous n'avons pas rencontré les mêmes caractères, est très bon pour les animaux, et que leur antipathie ne peut être attribuée à aucun mauvais traitement. Il faut donc alors en chercher la cause dans ces attractions mystérieuses de la nature, dont les animaux entre eux nous présentent l'image. Un lion de la ménagerie habite présentement avec un jeune chien, pour lequel il témoigne un vif attachement. Nous avons vu nous-même ce chien, à son entrée dans la loge, être reçu par son fauve compagnon avec de tendres caresses et tous les signes d'affection qui succèdent chez des amis aux ennuis de l'absence. Le même lion ne peut souffrir les animaux, et entre en fureur quand seulement les autres chiens de la ménagerie passent devant sa loge. Ces liaisons se sont déjà présentées plusieurs fois. Il y a quelques années, une lionne et un chien vivaient familièrement à la ménagerie dans la même cage. Le chien vint à mourir. La lionne entra dans une douleur tempétueuse et refusa toute consolation. Dans la crainte de la perdre, on imagina de chercher un chien tout semblable au défunt et de l'introduire dans la loge pendant le sommeil de la lionne. A son réveil, elle trouva l'étranger et le tua. On renouvela l'expérience jusqu'à cinq fois. la lionne se montrait impitoyable dans son chagrin, lorsque, un sixième individu ayant été amené, elle l'adopta et se dépouilla dans son commerce de la grande désolation qui l'avait saisie. Qu'avait ce dernier chien pour complaire à la lionne mieux que les cinq autres? Nul ne le sait. Cette prédilection des animaux les uns envers les autres aurait-elle sa source dans le caractère que chacun d'eux exprime par ses traits extérieurs? Ceux qui vivent dans la société intime des hôtes de la ménagerie ne seraient pas éloignés de le croire. Ayant vu le gardien caresser un lion qui venait d'arriver pendant la matinée au Muséum, nous lui en témoignâmes notre étonnement. « On juge tout de suite, nous répondit-il, à la physionomie ceux qui sont méchans ou ceux qui ne le sont pas. » Il y aurait donc une science de Gall et de Lavater à étendre aux animaux. Le trait suivant nous a été rapporté par M. Isidore Geoffroy Saint-Hilaire, qui a reçu de la naissance la mission difficile de continuer son père, et toutes les facultés heureuses pour la remplir : un dogue de très grande taille alar-

mait les surveillans de la ménagerie par sa férocité;
on avait résolu, au nom de la sécurité publique, de
le détruire; mais, avant d'en venir à cette extrémité,
on chercha encore s'il n'y avait pas un moyen d'utiliser
ce dangereux animal. En ce temps-là, vivait à la ménagerie un lion fort doux. Il fut décidé qu'on conso-
lerait sa solitude en lui donnant ce chien pour compagnon de fers. Le lion, à sa vue, entra en fureur.
Il devint clair que ces deux hôtes ne se convenaient
pas, et l'on se hâta de les séparer. Dans une autre
loge habitait au contraire un lion indomptable. On
imagina de réunir ces deux naturels féroces et assortis
par la méchanceté. L'entrée du chien dans cette seconde loge eut plus de succès que dans la première;
le lion demeura paisible; déjà même les liens d'une
connaissance durable paraissaient se former entre les
deux individus, lorsque le chien, emporté par son
penchant insurmontable, mordit son compagnon
jusqu'au sang. Le lion l'abattit d'un coup de griffe.
Ce commencement de société, si malheureusement
interrompue par la rébellion du plus faible, ne sem-
blerait-il pas nous indiquer que parmi les animaux
comme parmi les hommes la conformité de caractère
est la base de toutes les liaisons.

De tous les moyens employés par l'homme pour
l'éducation des carnassiers, le premier est l'asservis-
ment. Après s'être rendu maître de la liberté de ces
animaux dangereux et avoir comprimé leurs forces
de destruction, il commence à les civiliser. Parmi les
agens auxquels il a recours, les uns sont tout matériels, comme les coups, la diète, la privation de som-

meil. On a même imaginé d'entrer dans la loge de ces terribles animaux en tenant à la main une barre de fer rougie par l'extrémité : le lion ou le tigre, éprouvant la brûlure de cette arme, se retire effrayé et grondant devant une puissance qu'il ignorait. Les moyens qui appartiennent à l'ordre moral et dont l'influence n'est pas moins grande, sont l'empire du regard, le rayonnement du visage humain sur la nature inférieure, le magnétisme du geste et la domination de la volonté. Le docteur Gall était d'avis que l'homme soumettait les animaux au moyen des facultés que la nature lui avait données en plus et dont les organes couronnaient le devant de la tête. Les carnassiers les plus féroces ne sont pas non plus insensibles à la beauté. La faiblesse unie à la grâce paraît les toucher surtout dans les enfans. Des industriels forains montraient, il y a quelques années, un lion dans la cage duquel entrait un enfant armé d'un fouet ; cette petite créature, ignorante du danger et taquine comme on l'est à cet âge, frappait le lion à la face, de manière à le faire visiblement souffrir. L'animal rugissait et secouait sa crinière avec transport, sans toucher à ce frêle ennemi, qui, enhardi par sa victoire, redoublait les coups et les insultes. Cette douce bête féroce montrait une patience que n'eût certes déployée ni le cheval, ni le bœuf, ni aucun de nos animaux domestiques. Mais à défaut de ces exemples isolés, l'état constant du guépard, ce tigre que les Indiens ont dressé comme nos chiens de chasse à rapporter humblement sa proie, nous enseigne que toute la nature est susceptible, avec le temps et l'emploi de la force morale, de se ranger aux lois de l'homme. Le mauvais emplacement de la ménagerie ne permet guère de montrer au public cet animal si doux, gardé par un simple treillage et un filet, dans un parc de verdure, comme les cerfs et les gazelles (1). Soit que l'organisation du guépard, la forme de son cerveau, plus élevé que celui du tigre, la position de ses griffes moins redoutables que celles des autres carnassiers, l'ait destiné par les mains de la nature à un genre de vie particulier; soit que l'éducation ait créé elle-même tous ces caractères, il est certain que l'homme a entrepris ou au moins achevé la conquête de ce précieux auxiliaire. Le premier obstacle à de grands succès qu'on rencontre ici, est dans le peu de séjour que les animaux féroces font à la ménagerie. Les ennuis de la captivité, le changement de climat, la privation d'air et de mouvement les condamne presque tous à une mort prématurée. On cite comme prodige une lionne qui vécut vingt-sept ans dans son étroite loge. Les autres individus se renouvellent si fréquemment qu'on n'a vraiment pas le temps de suivre sur eux des essais complets d'éducation. On a observé que les animaux féroces, appartenant à des industriels forains, quoique enfermés dans des cages encore plus étroites et soumis à une moins bonne nourriture, vivaient plus long-temps que ceux de la ménagerie royale. A défaut de locomotion libre et personnelle, c'est déjà une raison de santé pour ces remuans captifs, que de renouveler leur milieu am-

(1) Cet enclos est occupé maintenant par une jeune lionne qui se montre aussi peu dangereuse que le guépard.

biant et pour ainsi dire leur colonne d'air. La figure
différente des lieux et le changement d'horizon contribuent en outre à les distraire pendant le voyage.
Le second obstacle réside ici dans les difficultés qui
s'opposent, les conditions actuelles étant données, à
la reproduction de ces sauvages espèces de carnassiers. On a obtenu, à la ménagerie, des naissances
de lions : mais ces faits rares, isolés, ne constituent
pas encore un progrès rendu fixe par l'habitude.
Il est néanmoins déjà possible d'entrevoir, à l'aide des
résultats connus, un jour où le travail de l'homme
s'étant étendu avec le temps et les moyens nécessaires
sur les animaux féroces, notre vanité, satisfaite
par de plus grandes conquêtes, n'ira plus visiter
dans les individus de la ménagerie des esclaves,
mais des sujets.

Le petit nombre de loges extérieures ne permet
pas même dans l'état actuel l'exhibition publique de
certains animaux auxquels se rattache un grand intérêt. Nous ne parlerons ni des paradoxures, ni des
civettes, ni des servals, ni du chat d'Égypte, dont la
comparaison avec notre chat domestique offre de
curieux enseignemens. Mais il est dans cette âpre et
sauvage famille des carnassiers deux individus bien
remarquables par leur descendance : ce sont le loup
et le chacal, d'où l'homme a tiré le chien. L'état de
la science permet de regarder le chien comme notre
ouvrage. Cet animal, dont une expérience suivie pendant des siècles à complétement assujetti les mœurs
en les modelant sur les nôtres, est un exemple magnifique et sans cesse présent de notre action sur la

nature. L'homme crée dans la création. A l'aide des élémens de la vie qu'il modifie sans cesse pour les ployer à ses caprices ou à ses besoins, il grave avec le temps dans les organes des animaux soumis à sa domination les caractères de sa volonté. On regrette de ne pas voir figurer en plus grand nombre à la ménagerie le chien lui-même, ce monument des âges modernes de la création, ce produit de la main de l'homme. Un travail dont les bases sont arrêtées, permet d'entrevoir dans l'avenir l'établissement d'une cour extérieure, où les chiens des nations civilisées, des peuples sauvages ou demi-sauvages, seraient réunis sous les yeux du public. Une telle exhibition d'animaux différens par leurs formes et par leurs instincts ne serait pas seulement un spectacle intéressant pour la science; se serait encore un cours d'histoire. Un très curieux mémoire de M. Isidore Geoffroy Saint-Hilaire a démontré que l'état d'éducation du chien correspond toujours étroitement à l'état de civilisation du peuple ou de la race humaine à laquelle cet animal appartient. La distance que le loup et le chacal on dû parcourir dans la suite des siècles pour revêtir les caractères de notre chien domestique serait par ce moyen rendue visible. On suivrait d'un individu à l'autre la marche de cette seconde création qui a eu comme la première ses âges et ses degrés. L'humanité, agissant sur les animaux avec la somme de ses moyens toujours croissans, n'a pas dû exercer à toutes les époques les mêmes influences ni obtenir les mêmes conquêtes. Si nous effaçons de notre esprit l'image du monde actuel, tel que l'ont fait sept ou huit mille ans de travail et d'efforts continus, nous remonterons sans peine à un temps où l'homme n'étendait sur les animaux et en particulier sur le chien qu'une très faible domination. L'état sauvage nous présente le même caractère. Nous verrions de la sorte dans le chien arraché aux peuplades errantes de l'Afrique par nos voyageurs, un sauvage lui-même, un demi-chacal, à peine associé aux premiers travaux de l'homme. Plus loin, nous l'apercevrions, se dépouillant par degrés de son état originel, sortir de la nature sous l'action de son maître, et marcher d'un pas égal au sien vers une domesticité, ou, si l'on aime mieux, vers une civilisation plus grande. Enfin, apparaîtrait ce même animal dans l'état de nos sociétés modernes, le premier de la maison après l'homme, l'auxiliaire de la puissance humaine sur les autres animaux. Dans chacun de ces états se montrerait une organisation conforme à ses instincts. Nous verrions les individus provenant de peuplades sauvages ou demi-civilisées ne dessiner encore que l'ébauche du chien, semblable dans leur configuration douteuse à ces êtres antédiluviens dont l'image fossile présente comme l'essai des animaux aujourd'hui vivant à la surface du globe. Peu-à-peu cette esquisse se dégagerait, et en suivant ce travail l'œil verrait se former par degrés, dans un espace de temps resserré par la main de l'homme, les progrès que la durée des siècles a créés très anciennement chez tous les peuples de la terre. Ces changemens, contractés par l'habitude dans les mœurs des animaux sauvages, deviennent si sensibles à la longue, que les naturalistes constatent sur la tête du chien

moderne, comparée à celle de son ancêtre, une élévation très considérable du crâne et un raccourcissement
du museau. En présence de ces faits, tous deux d'un
si haut intérêt physiologique, l'homme peut se considérer comme imprimant la forme de sa tête aux
animaux qu'il s'adjoint dans l'œuvre de la conquête
du monde : il en fait, s'il est permis de parler ainsi,
des autres lui-même, des ministres de son action,
comme il est à son tour, dans tout ce qui regarde la
fin et le gouvernement de sa planète, l'intendant du
très haut.

L'existence du chien démontre que l'homme pourrait appeler à son service d'autres individus parmi
cette sauvage famille des carnassiers, sortis, l'écume
et le sang à la bouche, des mains primitives de la nature. Le règne animal tout entier doit subir bien
d'autres évolutions. Encore éloignée de son terme
la création n'est pas plus arrêtée qu'elle ne l'était
dans les âges qui ont précédé le déluge. Le progrès
a été refusé aux animaux, et c'est la limite essentielle
qui les sépare à jamais de l'homme, si par progrès
on entend un développement libre et spontané qui
naisse de leur propre impulsion. A part quelques légers
changemens apportés dans leurs organes par leur
position géographique à la surface du globe, les espèces sauvages n'ont guère varié depuis la dernière
révolution de la nature. Leurs mœurs sont partout
restées les mêmes, uniformes, immobiles. Mais si
l'animal n'a pas le progrès en lui-même, il est capable de le recevoir. Son rôle est de participer sans cesse
au développement de l'homme et des sociétés. Selon,

en effet, que l'être intelligent se montre plus ou moins avancé, il imprime sur les animaux domestiques qui l'entourent la marque et pour ainsi dire le degré de son élévation morale. Nous voyons alors ces anciens hôtes des forêts, devenus les hôtes et les compagnons de la demeure de l'homme, ajouter leurs forces auxiliaires aux forces de leur maître, jusqu'à se faire au besoin les instrumens de la captivité de leur race.

Nous n'avons parlé jusqu'ici que des carnassiers, mais le chien n'est pas le seul ouvrage de l'homme. Si nous élargissons le théâtre de nos observations, si de l'enceinte de la ménagerie, nous rayonnons sur les parcs de verdure qui donnent l'hospitalité à un autre genre de captifs, aux animaux doux et herbivores, nous verrons surgir bien d'autres monumens de notre industrie sur la nature animale.

L'établissement de ces pachydermes, de ces ruminans, de ces solipèdes sur le terrain du Jardin des Plantes, doit, comme la ménagerie, son origine à un acte révolutionnaire. C'est du sein des forêts confisquées au profit de l'État, notamment du Rainci, domaine appartenant au duc d'Orléans, et saisi après sa mort, que sortirent, pour le Jardin des plantes, les premiers représentans des familles herbivores et pacifiques (1). Ces animaux, dont les uns n'ont point ou

(1) Laissons encore parler sur la fondation de cette seconde ménagerie, M. Jean Reynaud: «Après la mort du duc d'Orléans, le Rainci avait été confisqué comme propriété nationale, et la chasse du parc avait été adjugée aux enchères à Merlin de Thionville et au marquis de Livry. Mais Cassous, qui exerçait les fonctions proconsulaires dans le département de Seine-et-Oise, cassant le marché, décida que le district de Gonesse ferait saisir dans le parc les bêtes fauves qui s'y trouveraient, pour les mettre à la disposition des

presque point changé de caractères, tandis que d'autres se sont entièrement modifiés, mettent sous nos yeux un grand spectacle. L'homme a, pour ainsi dire, inventé la chèvre, le porc, la brebis; la nature n'avait prévu que le bouquetin, le sanglier, le mouflon. Ce progrès passif dont les animaux sont capables sous notre influence s'est étendu déjà à quarante espèces civilisées, parmi lesquelles il ne faut pas oublier le cheval, cette noble conquête; seulement les transitions nous manquent. Posséder, comme cela se réali-

administrateurs du Jardin des Plantes. En même temps donnant avis à ceux-ci de son arrêté, il les invita à déléguer quelqu'un au Rainci pour recevoir ce tribut. Ce fut encore M. Geoffroy Saint-Hilaire qui, à raison de ses fonctions, fut chargé de ce soin. Nous avons un jour entendu raconter à l'illustre vieillard la visite qu'il fit à cette occasion au Rainci avec Lamarck, cette autre gloire, alors naissante aussi, de la zoologie française. Merlin de Thionville, qui n'avait point encore connaissance de l'arrêté proconsulaire, était en pleine chasse quand on vint l'avertir que deux jeunes gens arrivés au château demandaient qu'on leur remît les précieux habitans de la forêt. Que l'on se fasse une idée de la surprise et de la colère du terrible conventionnel ainsi menacé dans ses plaisirs. M. Geoffroy n'était pas du tout rassuré, et ce fut bien timidement que, pour toute réponse, il présenta au furieux chasseur l'arrêté dont il était porteur, et qui faisait connaître, avec sa qualité, au nom de quel pouvoir il venait. L'effet de ce nom, de cette décision prise dans l'intérêt du peuple, fut comme un coup magique : l'emportement contre les importuns visiteurs fit place au désir empressé de les servir; on se remit en chasse, non plus pour le divertissement de tuer des animaux, mais pour une poursuite toute philosophique, destinée à les mettre dans les filets, et par suite à la disposition des deux délégués de la ménagerie nationale. Merlin de Thionville conduisit lui-même le convoi, et aux animaux confisqués au Rainci, il ajouta même plus tard, en échange d'animaux empaillés, divers animaux précieux dont il était possesseur. Ainsi prirent place au Jardin des Plantes, à côté des tigres et des ours, des cerfs et des biches, des daims fauves et blancs, des chevreuils, un chameau. Deux dromadaires, confisqués au château du Bel-Air, appartenant au prince de Ligne, furent joints à cette troupe paisible; et la seconde section de la ménagerie, entretenue de fourrages comme la première, de débris de boucherie, fut installée, en attendant décision, sous les grands arbres qui existaient alors près de la rue Buffon. »

sera sans doute dans l'avenir, les individus intermédiaires entre les espèces sauvages et les espèces actuelles, ce serait rétablir les anneaux de cette grande chaîne d'événemens qui s'étend entre l'état de nature et l'état de domesticité, entre la première création et la création de l'homme.

Comme en géologie on compare entre eux des fossiles pour déterminer les âges auxquels ces monumens anciens se rapportent, de même on pourra plus tard évaluer aux degrés d'instincts, et aux formes des animaux privés s'éloignant toujours plus de l'état sauvage, l'ensemble de la civilisation qu'ils expriment. L'homme est si bien l'auteur des changemens survenus dans le monde depuis son arrivée, que, s'il venait à disparaître, la nature retournerait à sa barbarie, et les animaux formés par lui, à leurs types originels. Toute cette création factice rentrerait à l'instant même dans le néant. D'authentiques calculs permettent d'affirmer que le porc, par exemple, rendu aux forêts d'où la force et la ruse l'ont violemment arraché, reprendrait par degrés les caractères du sanglier, perdus également par degrés sous notre joug. Ce nouveau monde animal est donc suspendu à la main de l'homme comme l'univers à celle de son auteur. A la vue de tels résultats, dont les preuves vivantes sont déjà devant nos regards, quoique incomplètes et détachées, on pourrait s'élever vers de hautes destinées à venir : on verrait l'homme, avançant toujours, entraîner dans son mouvement toute la nature. Sans admettre les êtres créés par l'imagination d'un célèbre écrivain socialiste, il serait permis de croire logiquement que des animaux inconnus maintenant se montreront plus tard à la surface de la terre : les premiers peuples sauvages ne se doutaient pas du chien, tel qu'il existe à cette heure dans nos pays civilisés. Le mouvement futur des sociétés pourrait amener de même à l'existence de nouveaux habitans du globe, qui seraient les anciens transformés par la main de l'homme. L'*anti-lion* et l'*anti-girafe* de Ch. Fourier ne seraient ainsi que des images exagérées de notre puissance créatrice sur les animaux pour les soumettr à nos caprices et à nos besoins.

Un seul animal, placé tout à côté de l'homme par son instinct supérieur, semble avoir jusqu'ici résisté aux services qu'on serait en droit d'en attendre. Le singe n'a pas voulu reconnaître les titres de ce nouveau chef du règne animal, qui l'a, pour ainsi dire, dépossédé. Réduit en captivité sous notre main, il se soumet, mais il n'obéit pas. S'il cède à la force, c'est toujours avec l'arrière-pensée de vaincre plus tard, et de se venger alors de son tyran. Ces mêmes individus, humbles et caressans tant qu'on les tient en laisse, reprennent leur caractère inflexible dès qu'ils sont lâchés. L'établissement des singes au Muséum d'histoire naturelle étale aux yeux du public diverti par ces scènes animées le tableau de leurs mœurs. La méchanceté, qui fait le fond de leur nature, s'étend même entre eux aux individus les plus faibles ou les plus bornés. Ce qu'il y a de plus curieux dans ce gouvernement des singes, c'est l'éducation qui précède leur entrée dans la cour. Lorsqu'un individu a été donné au Muséum, on le met pendant plusieurs jours dans une cage isolée. Assez souvent, c'est un enfant gâté de bonne maison; le traitement provisoire auquel on le soumet a pour but de lui faire oublier les soins particuliers et les friandises dont il a été comblé chez ses anciens maîtres. Après ce noviciat, on amène dans sa cage un des plus gros singes de l'établissement, puis deux, puis trois, afin de jeter entre les anciens et le nouveau venu les bases d'une connaissance amicale. Ce premier essai ne réussit pas toujours; la présence du gardien comprime alors les rixes trop fréquentes qui pourraient s'élever entre ses pensionnaires mutins. Quand ils ont pris l'habitude de vivre ensemble, on ouvre la cage. Le nouveau venu fait alors son entrée dans la grande rotonde où se tient, pendant le jour, l'assemblée des singes. Malgré toutes les précautions usitées, malgré l'engagement que les trois ou quatre camarades avec lesquels il a fraternisé ont pour ainsi dire pris de le défendre, c'est toujours un moment critique et solennel. Il se fait parmi les singes un grand mouvement. Le malheureux, ébloui, fasciné, étourdi par le nombre des condisciples au milieu desquels il se trouve subitement jeté, éprouve l'embarras commun à tous les adolescens qui entrent pour la première fois, à l'heure de la récréation, dans la cour d'un collége. Souvent ce nouveau venu est immédiatement assailli. D'autres fois, s'il s'annonce par des dehors vigoureux, on tient conseil, on parlemente. L'un des plus adroits et des plus anciens est député vers l'étranger pour le reconnaître. Il s'approche de lui avec des airs de bienveillance hypocrite et le caresse doucement sur le dos. Le pauvre diable n'y entend pas malice ; il se laisse faire avec l'ingénuité de ces écoliers naïfs que nous avons tous connus au collége, si nous n'en avons pas été nous-mêmes. Mais toute cette flatterie n'est qu'une ruse abominable. Au moment où l'innocent se prête à ces avances, l'espion du conseil, l'Omodéi de la bande, lui entr'ouvre les lèvres avec ses ongles et examine l'état de ses dents. Ceci vu, il se retire et va faire son rapport. Les singes échangent entre eux leurs pensées au moyen d'une pantomime brève et saccadée. Si l'étranger est reconnu pour un vigoureux adversaire, on temporise. Il est convenu qu'on attendra une occasion favorable pour l'attaquer par derrière. Cette occasion ne manque jamais. La queue, étant le côté faible de ces animaux, c'est toujours par là qu'ils se trouvent surtout en butte aux agressions. Si nous consultons nos souvenirs, nous trouverons que le sentiment auquel obéissent les singes entre eux est le même qui anime, dans les pensions, les anciens écoliers contre les nouveaux. Ils veulent, comme ils disent, par cette première leçon leur apprendre à vivre, c'est-à-dire à se soumettre. Cette épreuve, cette *bienvenue*, se renouvelle trois ou quatre fois ; c'est le baptême. Quand le *nouveau* (style d'écolier) est jugé suffisamment averti, on l'admet comme les autres au droit de compagnonage. Cette république de singes se compose du reste de plusieurs classes, dont les membres se fréquentent entre eux selon leur ordre de dignité. Le degré d'instinct et la force décident du rang que chaque individu doit tenir dans cette société inégale. Les sapajous, qui sont les plus élevés par leur organisation, font la loi aux singes infé-

rieurs ; ceux-ci s'en vengent à leur tour sur les coatis,
les ratons, les marmottes et autres animaux qui vivent
dans la même enceinte. On remarque alors que ces pa-
rias se coalisent pour réprimer les excès de leurs maîtres ;
mais ils ont beau faire, les grands du royaume ne les
réduisent pas moins au rôle de souffre-douleurs. Le
droit de la force, le privilége, l'ancienneté, l'esprit de
castes, tout ce qui constitue la base de l'aristocratie
et de la démocratie parmi les hommes, existe donc
parmi les animaux à l'état de nature.

On a accusé les singes de copier l'homme ; il est
juste de dire que l'homme le leur a quelquefois rendu.
On se souvient de l'acteur qui attira autrefois la foule
à la Porte-Saint-Martin, dans le personnage de Jocko.
Mazurier avait demandé la permission d'étudier son
rôle sur les modèles du Jardin des Plantes. L'ancienne
singerie était riche d'un assez grand nombre d'individus sauvages qui pouvaient servir à former son éducation : mais l'artiste s'attacha de préférence à un
singe qui dansait à faire rire. Durant les répétitions,
Mazurier s'escrima pour rapporter tous ses mouvemens à ceux de l'animal grotesque. Il joua cette danse
sur la scène, et toute la ville d'applaudir. On trouva
qu'il jouait le singe au naturel. Mais Mazurier et le
public ignoraient que ce singe avait lui-même été
dressé à cette danse par des bateleurs. L'acteur imi-
tait de la sorte, dans son modèle, une imitation de
l'homme.

Il n'est pas dit pourtant que le singe, jusqu'ici
rebelle, ne s'emploiera pas dans la suite à des services utiles. L'œuvre de la domination de l'homme

sur la nature animale, quoique ancienne, est à peine ébauchée. Sans égarer notre vue troublée dans cet avenir confus, nous pouvons déjà admirer autour de nous les commencemens de notre industrie. Non contens de ravir à l'Afrique les libres habitans de ses forêts, nous les avons transportés dans notre éternel hiver, sous ce ciel inconnu où le beau temps n'est jamais qu'un rayon de soleil entre deux nuages. Le Muséum d'histoire naturelle possède en ce moment deux girafes (1). Comment ne pas rapprocher le succès qu'obtint en 1828 le premier de ces individus, de l'indifférence qui accueillit récemment le dernier envoi de Clot-Bey? L'ancienne girafe fit événement. La mode s'empara de ses couleurs et de son nom pour les imposer à la toilette des femmes. Le portrait de cet animal au long cou, demeuré sur les enseignes de nos barrières, est un monument encore visible de l'effet qu'il produisit. Si l'on cherche la raison de ce contraste, on voit que la nouvelle girafe a eu le tort de ne pas venir à temps. Pour les animaux comme pour l'homme, qu'est-ce donc alors que la gloire? — C'est une date.

VI. — Les serres.

L'empire de l'homme s'est également étendu au règne végétal. Ici même les succès ont été d'autant

(1) Depuis que ces lignes ont été écrites, la ménagerie a perdu l'un de ces deux animaux rares.

plus grands que les sujets aveugles sur lesquels il opérait devaient opposer moins de résistance à son action. Le Jardin des Plantes nous offre en miniature l'image de ces conquêtes infinies et surprenantes qui ont renouvelé pour ainsi dire le vêtement de la terre. Des plantes exotiques, réunies de toutes les contrées du monde dans de vastes serres, où la main de l'homme a su reproduire pour elles les climats qui les ont vues naître; des arbres, que la nature avait dispersés çà et là à de grandes distances sur le globe, rapprochés comme par enchantement dans les mêmes lieux, avec un feuillage nouveau, des grâces nouvelles, et comme un air de famille qui leur est venu en se déplaçant; des fleurs, dont les unes ont doublé leur parfum et leurs ornemens, dont les autres ont changé leur teint naturel, dont toutes présentent l'image des soins de l'homme et des miracles de la culture, voilà ce que nous rencontrons à chaque pas dans les galeries vitrées ou même dans les libres avenues du jardin. S'il était permis de prêter l'étonnement aux végétaux, combien ces arbres, ces fleurs n'auraient-ils point à exprimer leur surprise à la vue des changemens que cette seconde création leur a fait subir? La température élevée ou abaissée tour-à-tour selon les besoins de la plante et par des moyens artificiels; les forces du soleil doublées par l'exposition ou par les enveloppes de verre; le sol rajeuni sans cesse, chargé d'engrais puissans, approprié par les mains de l'homme aux caractères des produits variés qu'on en attend, tout concourt ici à revêtir le nouveau règne végétal de beautés inconnues dans

l'état sauvage. Il n'est pas de moyens que l'horti-
culteur n'ait employés pour assujettir les plantes à
mille combinaisons ; il les presse, il les tourmente,
il les croise entre elles jusqu'à ce que des changemens survenus dans la parure des fleurs ou dans
la qualité des fruits amènent des espèces nouvelles.
Ce travail infini, continué sans relâche sur presque toute la terre, a eu nécessairement pour effet
de substituer les lois de l'intelligence humaine aux
lois de la mère nature. Nous voyons ainsi passer
les existences végétales, à dater du déluge, sous l'action d'un monde nouveau qui a comme l'ancien ses
âges, ses développemens, ses tentatives. Les progrès
de l'homme ont remplacé l'influence des milieux
ambians sans cesse variables sur les formes toujours
renouvelées de la nature primitive. Les termes d'observation nous manquent pour tracer une histoire,
même imparfaite, des changemens survenus dans la
grande famille des végétaux depuis les temps modernes ; mais ici l'intelligence supplée aux faits, et nous
concevons sans peine que dans les commencemens,
la puissance humaine sur le monde extérieur n'étant
pas encore ce qu'elle est aujourd'hui, les plantes
n'avaient pas non plus les agrémens artificiels qu'elles
ont acquis par la suite. Cette action de l'homme a d'a-
bord été débile comme celle de la nature elle-même
dans ses premiers ouvrages ; elle a pris successivement plus d'intensité, et à mesure qu'elle se dévelop-
pait de siècle en siècle, elle renouvelait à-la-fois
tous les êtres organisés dans le monde qui lui était
soumis. On peut se représenter à chacun de ces pro-

grès, de ces âges de la création humaine, des formes qui s'éteignent et d'autres qui leur succèdent, de véritables fossiles que la terre ne nous a pas conservés comme ceux de l'ère antédiluvienne, mais qui deviennent en quelque sorte visibles par le raisonnement. Il résulte de là que le mouvement du monde ne s'est point arrêté pour le règne végétal, non plus que pour les animaux, après la grande et dernière catastrophe qui a couvert l'ancien état de choses. L'homme est devenu, à partir de ces événemens, l'auteur des changemens à introduire dans les plantes qui composent la nourriture des animaux, dans les fleurs qui forment la parure naturelle de la terre. C'est à lui qu'est échu en un mot le rôle sublime de se montrer vis-à-vis de toute la population du globe le ministre nouveau du Dieu créant.

L'imagination aime à retrouver dans ce mélange d'arbres exotiques et d'arbres indigènes, les traits mêmes du climat qui les vit naître. Le palmier et les autres végétaux, enfans des solitudes, s'élancent vers le ciel d'un jet droit et puissant, qui annonce la liberté. En les apercevant, j'aperçois l'Afrique, ses déserts, sa population sèche et hautaine. Comme les oreilles droites du chien sauvage s'abaissent dans la domesticité, je vois de même les arbres, transplantés depuis plusieurs siècles des profondeurs de l'Asie, et soumis à notre culture, prendre avec le temps l'allure de la servitude. Ils ont perdu à notre service cette fierté indolente et barbare qui caractérise les races primitives; leurs rameaux s'humilient sous notre main tout chargés de fruits. La civilisation les a domptés :

elle en a fait ce qu'elle fait des hommes, des citoyens utiles et productifs. Parmi ces peuples végétaux, quelques-uns ont été naturalisés dans le Jardin même des *plantes médicinales*. C'est là qu'ont été faites les premières plantations du cèdre du Liban, de plusieurs espèces d'érables, de platanes, de chênes d'Amérique, et d'autres arbres qui embellissent aujourd'hui tout le royaume. Non content de recevoir les produits de toute la nature, l'établissement les a quelquefois transmis à des pays éloignés, où on les croirait naturels. Les premiers cafés qui ont été transportés à la Martinique furent tirés de ce jardin : la France, et surtout nos départemens maritimes, lui sont donc redevables d'une des branches de commerce les plus fructueuses. Quoique la plus anciennement établie sur cette terre classique de l'histoire naturelle, la botanique s'est long-temps traînée dans les ténèbres de l'enfance ; elle doit, comme le règne animal, sa splendeur actuelle au décret de la Convention. Nous négligerons l'histoire de ces accroissemens qu'on peut d'ailleurs se figurer. Un professeur très distingué, M. Adrien de Jussieu, concourt par son enseignement à jeter de l'éclat sur une science déjà si attrayante par elle-même (1). Les plantes qui forment la broderie délicate de l'écorce du globe, contiennent dans leur structure intime, des mystères devant lesquels l'intelligence humaine reste confondue. L'auteur de *Faust* a dévoilé une partie de ces merveilles. Il reste encore, nous le croyons, de très curieux rapports à constater

---

(1) M. Adrien de Jussieu est chargé des herborisations et M. Adolphe Brongniart de l'enseignement de la botanique.

entre les formes de la nature animale et les formes des végétaux. Les relations des deux règnes, traitées jusqu'ici de rêveries, sortiront peu-à-peu des limbes de la science, et serviront à éclairer la marche de la nature, qui s'essaie d'abord sur la construction des plantes, avant d'aborder, chez les animaux, les mêmes faits plus compliqués d'organisation vivante. C'est là un vaste spectacle d'idées sur lequel nous aimons à nous arrêter.

VII. — Le musée de zoologie.

Il y a dans la Bible un beau passage, c'est celui où Dieu amène aux pieds d'Adam tous les animaux de la terre et tous les oiseaux du ciel, pour qu'il voie à leur donner un nom. Cette grande convocation de tous les êtres créés sous les yeux de l'homme, nous la retrouvons dans notre musée de zoologie. La science a rassemblé ici tous les représentans de la vie sur le globe et elle les a nommés. Ce nom exprime non-seulement leurs particularités, mais encore quelques-uns des rapports qui les rattachent à la série. On n'attend pas de nous une description, ni un tableau des richesses variées que ce musée contient. Notre dessein n'est pas de passer la création en revue, ni de décrire les mœurs des animaux: il y a des livres pour cela. Nous avons en vue de signaler le mouvement qui entraîne, à cette heure, toutes les sciences naturelles vers une rénovation philosophique.

L'ordre qui règne au musée de zoologie est le résultat de travaux qui remontent à 1795. Entrepris en commun par Cuvier et par Geoffroy Saint-Hilaire, ces travaux ont jeté la base de la classification des mammifères, qui sauf quelques perfectionnemens, détermine encore aujourd'hui la place de ces différens citoyens de la création. Les méthodes sont utiles, comme moyens d'enregistrement et de classement des êtres : mais il ne faudrait point s'y arrêter. La nature ne se laisse d'ailleurs pas tirer au cordeau, et les plus zélés méthodistes sont forcés de reconnaître l'impuissance de leurs efforts pour arriver à un résultat satisfaisant. Une classification parfaite, qui exprimerait tous les rapports naturels des êtres vivans, est une sorte de pierre philosophale, à la découverte de laquelle il faut renoncer. Dans cet état de choses, ne convient-il pas de se tourner, avec l'école de Buffon, vers une direction moins stérile, vers des essais moins laborieusement nuls? Élevons-nous donc à quelques idées générales sur l'ordre de la création. Dans cette réunion d'animaux qui peuplent les salles du muséum, Cuvier cherchait surtout des différences, et M. Geoffroy des analogies : il faut y voir des unes et des autres. — La nature après avoir satisfait, par des organes, aux besoins particuliers de chaque animal, lui trace, dans ces mêmes organes, des rapports, des points d'attache avec l'ensemble des êtres vivans.

Nous allons donner l'idée d'une conversation qui aurait pu et qui a dû même se passer, dans ces galeries, entre les deux chefs d'école : — Ne voyez-vous pas, disait M. Geoffroy, planer au-dessus de ces variétés de formes la grande loi d'unité de composition organique? La nature tourne en tous sens autour d'un axe fixe. Le *fiat lux* de la puissance créatrice est tombé ici dans les plaines de l'air, là dans l'Océan, ailleurs sur l'écorce solide du globe; douée d'une force relative, la vie s'est développée dans ces différens milieux selon des lois appliquées à la nature du séjour. — Vous êtes poète, répondait Cuvier avec un sourire méprisant et froid! — Historien et philosophe, reprenait fièrement son adversaire, j'ai cherché mes preuves dans la nature. Qu'y ai-je vu? Avec les mêmes élémens modifiés, l'auteur de l'univers a établi des lois constantes d'harmonie entre les organes d'un animal, et les circonstances dans lesquelles cet animal est appelé à vivre. Ce qui est poil ici, devient plume ou écaille ailleurs. La main se transforme en patte, en aile, en nageoire. Au fond c'est toujours le même principe qui agit. — Mais vous enchaînez la liberté de Dieu! — Je n'enchaîne rien : retracer la marche que le Créateur a suivie dans l'arrangement mécanique des êtres, ce n'est aucunement lui dicter des lois! Je n'ordonne pas, je constate. — A qui espérez-vous faire croire qu'un insecte ou un mollusque soit construit sur le même plan que l'homme? — Plus on descend vers les régions obscures et basses du règne animal, plus sans doute les difficultés augmentent pour rattacher l'organisation des êtres inférieurs à celle des mammifères. Les tentatives hardies faites dans ce dessein, au-delà des animaux vertébrés, ont pourtant donné déjà quelques heureux résultats. Il faut tout attendre de la révélation croissante des faits. La lune se montra long-temps rebelle à la loi de gravitation : un astronome prédit alors qu'elle rentrerait un jour dans cette loi, et elle y est rentrée. Il en sera de mon système comme de celui de Newton. Les faits qui lui résistent maintenant le plus en histoire naturelle finiront par se ranger dans la suite à l'unité, et par devenir une confirmation éclatante de mes vues. — Folies ! chaque être a reçu, en sortant des mains du Créateur, ce qui lui est nécessaire pour vivre ; rien de moins, rien de plus. — La nature a, sans aucun doute, pourvu à la conservation des animaux en leur assurant des moyens propres d'existence ; mais après avoir satisfait envers eux à cette loi tout individuelle, elle a eu soin de leur ménager, dans un assez grand nombre d'organes rudimentaires, des conditions d'analogie avec les êtres qui les entourent. — Quels rapports trouvez-vous donc, par exemple, entre un oiseau et un mammifère?— L'oiseau a un membre antérieur, terminé par une main; seulement comme cette main est destinée à choquer l'air, elle se revêt de plumes. Le bec est une bouche composée de lèvres cornées. Contrairement à l'adage vulgaire, les oiseaux ont des dents ; ces dents paraissent dans le premier âge ; puis, comme elles seraient inutiles, à raison de la densité des mâchoires, elles s'effacent bientôt et se fondent, pour ainsi dire, dans le développement du bec. Il ne faut donc plus dire : « Quand les poules auront des dents ! » — Vous feriez mieux de vous en tenir, comme les *naturalistes ordinaires*, à constater les différences et les caractères des êtres, au lieu d'aventurer votre imagination dans ce dédale de rêveries. — Je n'imagine ni ne rêve, j'observe. Vos travaux de description sont dans la science des travaux de premier âge. Vous ressemblez à un architecte qui aurait sous la main des pierres toutes taillées et qui négligerait de les coordonner en un système d'édifice. L'histoire naturelle est assez riche de matériaux, le moment est venu de les utiliser : construisons !

Nous ne suivrons pas plus loin nos deux chefs de file dans ce grand duel d'idées. Toute l'école française se divise entre la double direction que nous venons de voir représentée. Peut-être cet antagonisme est-il maintenant favorable au progrès des sciences naturelles. La description des formes est utile sans doute : par la forme l'animal exprime à lui-même et aux autres tout ce qu'il est. Il faut donc reconnaître une valeur très certaine aux travaux de M. Blainville pour déterminer les caractères de l'être sur les lois de l'organisation. Nous devons surtout applaudir aux efforts intellectuels d'un grand philosophe moderne, qui cherche à retrouver la forme divine, empreinte sur tous les êtres de la création. L'école des analogies tout en donnant moins d'attention à la forme, qu'elle regarde comme variable et secondaire, ouvre d'un autre côté l'horizon à un ordre de faits jusqu'ici négligés. Elle nous montre, avec saint Augustin, la nature amoureuse de l'unité, *natura appetit unitatem*. Une intention a été donnée par elle à des organes rudimentaires qu'on avait délaissés; d'autres organes, dont l'ancienne école ne soupçonnait pas l'existence, ont paru pour la première fois à la lumière de l'anatomie. Ces deux directions opposées, à la tête desquelles se placent, — dans un camp, Linné, Daubenton, Cuvier, — dans l'autre, Buffon, Lamarck, Geoffroy, représentent donc jusqu'à nouvel ordre les deux faces nécessaires de la science.

Nous ne pouvons quitter ces galeries où toute la nature animale revit, par le travail de l'homme, jusque dans la mort, sans signaler l'importance des cours qui se font au Muséum sur les diverses branches de la zoologie. M. Isidore Geoffroy Saint-Hilaire, chargé de l'histoire naturelle des mammifères et des oiseaux, a créé un enseignement plein d'élévation et de clarté; M. Duméril décrit avec soin les mœurs des reptiles et des poissons; M. Milne Edwards a perfectionné sur une grande échelle l'étude des animaux articulés; M. Valenciennes sait rendre intéressans les mollusques et les zoophytes, ces premiers embryons de la vie. Le concours de ces divers professeurs, hommes de patience et de talent, doit réussir tôt ou tard à faire de la zoologie, en France, une science populaire.

VIII. — Projets d'agrandissemens et d'embellissemens du Muséum.

Nous avons indiqué l'état actuel du Muséum d'histoire naturelle sans prétendre avoir épuisé ce sujet vaste comme la création. Il nous reste à dire ses grandeurs dans l'avenir. Les destinées futures de l'établissement sont fixées d'avance par l'idée-mère qui présida, en 93, à sa renaissance. Le nouveau Jardin des Plantes doit être une représentation du globe et de ses habitans. S'avancer sans cesse vers ce but gigantesque, en réunissant dans son enceinte tous les peuples d'animaux qui habitent avec nous la terre, voilà le moyen de répondre aux intentions du décret qui lui donna naissance. Mais, pour recevoir ces êtres innombrables, il faut pouvoir les loger. Or, la nature se trouve de nouveau à l'étroit dans les bâtimens actuels destinés à lui donner l'hospitalité. Il reste une partie des serres à construire, ou pour mieux dire, à continuer. Le musée de zoologie doit aussi recevoir des accroissemens qui mettront à même de perfectionner les collections d'animaux empaillés. Ces nouvelles dépendances sont utiles sans doute et commandées par les besoins nouveaux de la science : mais le but de l'établissement est surtout de représenter la création à l'état de vie. La nature en herbier ou en momie n'est pas la nature. Il nous faut voir les animaux agir et se perpétuer sous nos yeux pour acquérir une idée de leurs mœurs. Un achat assez important de terrains vient d'être fait dernièrement par le Muséum dans l'intention d'agrandir la ménagerie. En proposant à la Convention d'établir des animaux vivans au Jardin des Plantes, le député Thibaudeau, auteur du rapport, faisait entendre le vœu que la nature n'y fût pas prisonnière. « Jusqu'à présent les plus belles ménageries, disait-il, n'étaient que des cachots où les animaux resserrés avaient la physionomie de la tristesse, perdaient une partie de leur robe, et restaient presque toujours dans une attitude qui attestait leur langueur. Pour les rendre utiles à l'instruction publique, les ménageries doivent être construites de manière que les animaux, de quelque espèce qu'ils soient, jouissent de toute la liberté qui s'accorde avec la sûreté des spectateurs, afin qu'on puisse étudier leurs mœurs, leurs habitudes, leur intelligence, et jouir de leur fierté naturelle dans tout son développement... Que tout reprenne ici une nouvelle vie par vos soins, et que les animaux destinés aux jouissances et à l'instruction du peuple ne portent pas sur leur front comme dans les ménageries construites par le faste des rois, la flétrissure de l'esclavage; que l'on puisse admirer la force majestueuse du lion, l'agilité de la panthère, ou les élans de colère et de plaisir de tous les animaux. »

Ce programme d'une ménagerie libre, tracé le 21 frimaire an iii, par le génie républicain, n'avait guère été suivi d'exécution. Le lion, si majestueux dans sa démarche, ne présente encore, au fond de sa cage, que le spectacle attristant de la force enchaînée; le tigre, le jaguar, la panthère, tous ces impétueux enfans de la sauvage nature, capables de franchir le désert en trois bonds, usent la couronne de leur noble tête contre le voile de fer qui comprime chez eux la puissance des mouvemens. La science paraît aujourd'hui touchée de la dure captivité de ses sujets. On a le projet de donner plus d'étendue aux loges des carnassiers. Il est même question d'établir des loges doubles qu'on réunirait par un espace libre, et dans lesquelles on recevrait des ménages de lions. Le mâle et la femelle de ces animaux, dits féroces, pourraient

alors se promener ensemble au soleil. De tels mariages donneraient peut-être des naissances qui fourni-
raient à l'industrie humaine les moyens de s'emparer
de la race. Il y aurait aussi une cour pour les chiens
et les loups; ces animaux qui n'existent pas maintenant
à la ménagerie dans leurs variétés les plus curieuses,
ou qui habitent des endroits interdits au public, se
montreraient en grand nombre, maintenus par une
chaîne dont le dernier anneau, glissant le long d'une
barre de fer, leur permettrait de courir à volonté.
Une nouvelle fosse serait creusée pour des ours, et
une autre pour des sangliers ; ces pachydermes, faute
d'emplacement convenable, n'ont pu être élevés jusqu'ici au Jardin des Plantes. Un terrain, voilé par un
épais rideau de feuillage, serait destiné, de ce côté
du jardin, à M. Flourens, pour ses expériences dou-
loureuses de physiologie comparée.

La section des animaux doux et pacifiques serait
également l'objet de nombreuses réformes domiciliai-
res. Un vieux bâtiment délabré où s'abritent assez
mal, dans l'état actuel des choses, quelques autruches,
doit être remplacé un jour par une grande oisellerie,
logeant 1° autruches, casoars et autres échassiers ;
2° perroquets; 3° faisans. Cette réunion d'oiseaux,
curieux par la variété de leurs mœurs et de leur plu-
mage, ferait aux yeux une peinture charmante. La
faisanderie actuelle est destinée à devenir plus tard
fauconnerie avec grande cage : l'étendue du local re-
construit permettrait de faire pour les vautours ce
qu'on a fait déjà pour les singes. Ces oiseaux, habi-
tués dans l'état libre à vivre par bande, ont des in-

stincts de société tout formés par la nature. Une grande cage, treillisée en fil de fer, permettrait de rendre visibles au public le demi-vol et les mœurs familières de ces animaux rapaces. Les aigles, ces tyrans de l'espace, qui peuvent à peine étendre maintenant au Muséum, dans d'étroites cages, le volume désormais inutile et incommode de leurs ailes, recevraient des demeures plus dignes d'eux, où ces imposans captifs reprendraient du moins une partie de leur majesté. La fauconnerie actuelle deviendrait ménagerie des reptiles.

Plusieurs années se passeront sans doute avant que ce projet, jeté en quelques heures sur le papier, par le conseil des professeurs du Muséum, ne soit mis à l'étude. De tels développemens, qui semblent à cette heure hypothétiques, seront néanmoins jugés bien insuffisans un jour, lorsque la science aura étendu le domaine toujours croissant des collections et des faits. On déplore, en jetant les yeux sur cet avenir non éloigné, que le Jardin des Plantes se trouve maintenu, par sa position, dans des limites qui semblent à-peu-près infranchissables. Borné à l'ouest par la rue Cuvier, à l'est par la rue de Buffon, il ne pourra guère s'étendre sans causer dans le voisinage des bouleversemens infinis. Une telle situation emprisonnée fait de plus en plus naître le regret que la ville de Paris n'ait point cédé, dans ces derniers temps, au Muséum d'histoire naturelle, le terrain de l'île Louviers, pour que la science y pût élever, dans des bassins, quelques poissons et des animaux amphibies. Annexe de la ménagerie, cette île agréable et déjà

plantée d'arbres, se serait rejointe au jardin par une
passerelle jetée entre les deux rives de la Seine. Aujourd'hui il n'y a guère d'espérance que ce projet
avorté soit jamais repris, le terrain de l'île Louviers
étant vendu à des entrepreneurs qui vont y bâtir des
maisons.

Retournons au Jardin des Plantes : quelques essais
moins ambitieux, mais d'une exécution plus facile,
doivent améliorer très prochainement l'état de la ménagerie. La cage des singes va être vitrée : ces frileux
habitans se trouveront ainsi préservés des pluies et des
vents du nord qui leur sont mortels, surtout pendant
l'hiver. Le système actuel de treillage en bois qui a pour
inconvénient de masquer la vue des animaux renfermés dans les parcs, sera remplacé bientôt par des
barrières en treillis de fer, dont l'effet doit être nécessairement moins lourd et moins confus à l'œil. Il
ne tiendra qu'au spectateur de croire les daims, les
cerfs, les alpacas, les chèvres en liberté. Ces demi-
captifs s'apercevront moins eux-mêmes des limites de
leurs domaines, en découvrant autour d'eux un horizon de verdure plus étendu. Si simples et si modé-
rés que soient ces embellissemens, l'administration
du Muséum ne pourra les réaliser que peu-à-peu : l'argent manque. Le budget annuel, qui est de 480,000 fr.,
permet bien d'entretenir l'état présent du Muséum :
mais il ne favorise guère les innovations. On sera
donc obligé de s'adresser aux Chambres pour les grands
travaux d'accroissement, et les Chambres épargnent
fort, en pareil cas, la bourse des contribuables. Les
améliorations pratiques ne devront point toutefois se

borner aux bâtimens, ni aux loges d'animaux. Dans son rapport à la Convention, Lakanal disait : « Il viendra un temps sans doute où l'on élèvera au Jardin national les espèces de quadrupèdes, d'oiseaux et d'autres animaux étrangers, qui peuvent s'acclimater sur le sol de France, et lui procurer ainsi de nouvelles richesses. » Ce temps est-il arrivé? Nous le croyons. La ménagerie du Jardin des Plantes ne devrait point être une simple exhibition d'animaux curieux envoyés par hasard des climats éloignés, qui se montrent, s'é-teignent, et dont la dépouille, travaillée par les mains de l'art, s'en va orner le cabinet de zoologie, ce riche tombeau de la nature. Non, tel n'est point l'objet définitif de l'institution. Le Muséum nous semble fait pour prendre un rôle d'initiative : il a mission de préparer à l'industrie, au commerce, à l'économie publique une source véritable de bien-être. Confor-mément au vœu du rapporteur, des essais de natura-lisation devraient être suivis au Jardin des Plantes ou dans une succursale du Muséum, située vers le midi de la France : le but de ces essais serait de doter le pays de nouvelles espèces d'animaux domestiques. Là ne s'arrête pas encore la nature des services que pourrait rendre à la civilisation un établissement pareil dirigé par des hommes éclairés et amis du progrès. Une école de perfectionnement devrait être instituée au Muséum pour les animaux domestiques, connus et élevés depuis long-temps sur notre sol, mais qui sont susceptibles de recevoir quelques nouveaux ornemens de forme ou d'instinct. C'est là du reste un terrain à-peu-près vierge, sur lequel

nous transporterons plus loin le théâtre de nos
études (1).

Les accroissemens matériels du Jardin des Plantes
ne sont rien encore auprès des grandeurs morales
qui attendent cette fondation dans l'avenir. A côté,
ou pour mieux dire, dans le sein même du Muséum,
s'élève un autre monument non moins précieux à la
science. Nous voulons parler d'une publication col-
lective dans laquelle les professeurs de l'établissement
déposent tour-à-tour le fruit de leurs recherches. Cet
ouvrage périodique a reçu, depuis bientôt un demi-
siècle, sous le nom d'*Annales du Muséum d'histoire
naturelle*, la consécration de tous les maîtres de la
science. Cuvier y fit paraître la plupart de ses mémoires sur les ossemens fossiles, et M. Geoffroy ses
divers écrits sur l'anatomie philosophique. M. Serres
prépare en ce moment pour ce recueil un travail très
considérable sur l'embryogénie. On peut prendre
dans ces *Annales* une connaissance approfondie de
l'état de l'histoire naturelle, au moment où nous
sommes. Ce qui manque, selon nous, à des travaux
si utiles et si méritoires, c'est un lien : le corps enseignant du Muséum manque de l'éclat que jette sur
une association d'hommes l'unité de doctrines. La
spécialité est excellente sans doute : mais encore faudrait-il qu'elle se rattachât à un mouvement général
d'idées. Ce qui s'oppose aujourd'hui au progrès des
sciences naturelles, c'est leur isolement.

Dans un tel état de choses, nous croyons qu'une alliance

____

(1) Voir le chapitre intitulé : *Avenir des animaux.*

de l'histoire naturelle et de la littérature perfectionne-
rait à cette heure la philosophie naissante du Muséum.
La langue n'a rien orné en science depuis Buffon. Les
poètes de leur côté aiment la nature : mais ils ne la
connaissent pas. Ce reproche remonte très haut : on
regrette que M. de Châteaubriand ait consacré les plus
éloquentes pages de son *Génie du Christianisme* à
décrire des merveilles de la création qui n'ont jamais
existé. Bernardin de Saint-Pierre habita de son temps
le Jardin des Plantes; il y prit aux fleurs, aux arbres,
aux brises parfumées, cette fraîcheur et cette am-
broisie de style qu'on retrouve dans ses *Études*,
malheureusement trop peu étudiées. Le moment est
venu de renouer cette alliance du savant et de l'écrivain sous des conditions plus sévères. L'historien de
la nature devrait unir la rigueur consciencieuse du
géomètre à l'imagination souriante du poète. Jusqu'ici la plupart des ouvrages spéciaux sur l'histoire
naturelle sont d'une sécheresse et d'une aridité qui
rebutent. O savans ! à quoi bon avoir semé d'épines
et d'arguties le champ de la science ? Pourquoi donc
avoir fait des livres si maussades sur cet autre grand
livre de choses qui se déploie, feuillet par feuillet,
grandement et magnifiquement. Le xvie siècle a introduit le naturalisme dans les arts et le xviiie dans la
philosophie; le nôtre devra le porter dans la littérature. Au moyen âge, l'Église qui n'aimait pas les
spectacles, avait jeté le voile de l'interdit jusque sur
le théâtre de la création : la renaissance a soulevé ce
voile; la science l'a déchiré. Le moment est venu de
voir face à face l'œuvre de Dieu : moment solennel où

l'esprit humain doit recueillir toutes ses forces, et les mettre en commun, s'il veut pénétrer dans la raison dernière des faits, *rerum cognoscere causas.* La poésie ne se montre pas étrangère à cette recherche des causes enveloppées : elle ne serait donc pas de trop dans le concert de toutes les sciences réunies au Muséum pour célébrer les grandeurs de la nature. Un jour l'art aura lui-même dans ces lieux droit de cité. Ce jardin n'est-il pas déjà l'ouvrage des successeurs de Lenôtre? Cet établissement ingénieux, où tous les monumens de la nature viennent se résumer, avec les productions anciennes ou nouvelles du globe, comme les monumens de l'art dans le musée du Louvre, ne s'est-il point élevé par l'effort de ces mêmes mains qui ont orné la ville de chefs-d'œuvre? Un statuaire, un architecte, des peintres devront donc être attachés par la suite des temps au Jardin des Plantes.

Les poètes et les artistes sont des révélateurs. Voici l'idée d'un monument que nous proposons et qui s'élevera un jour, si nos prévisions ne nous abusent, au milieu du jardin. Une colonne raconte déjà dans la ville de Paris la grande épopée militaire de l'Empire; une autre dit l'héroïque victoire du peuple en 1830, il en faut une troisième qui célèbre les dernières conquêtes de la science. Le règne minéral, représenté par une assise de granit, formera la base de cette colonne. Sur la partie inférieure la flore et la faune primitive étendront çà et là leurs végétations puissantes. A ces plantes, aujourd'hui inconnus dans la nature, viendront se superposer d'autres plantes, de grands madrépores, des mollusques, des crustacés, des poissons, revêtus d'écailles solides et de formes singulières; apparaîtra ensuite l'ère des reptiles. La nature a eu, relativement à nos idées, son âge fantastique; c'est là que l'imagination de l'artiste pourra se donner carrière, tout en restant dans les limites du vrai. Les mammifères, annoncés par des animaux de transition, iront, l'un après l'autre, se succédant sur les flancs de la colonne. Pourvus d'abord de formes colossales, qui révèlent l'existence, dans ces temps anciens, d'une atmosphère favorable à l'accroissement des volumes, ces animaux, de plus en plus semblables aux nôtres, perdront peu-à-peu leur grande taille, à mesure qu'ils s'avanceront vers le faîte du monument. Les nouveaux pachydermes, les carnassiers, le singe, se montreront, à l'extrémité de la colonne, sous les traits des animaux aujourd'hui vivans. Enfin de toute cette nature, en voie de croissance, sortira, comme couronnement, un dernier être attendu et préparé de longue main : l'homme. — Un tel monument élevé à la création, serait, de la part du ministre qui le ferait construire, un acte scientifique et un acte religieux; ce travail revient de droit à M. Auguste Préault.

Il y aura aussi à compléter, un jour, l'enseignement du Muséum (1). A mesure qu'avance l'esprit

____

(1) Nous avons suivi depuis douze années les cours de l'établissement, et tout en rendant justice aux professeurs actuels, qui sont des hommes très capables, il reste, selon nous, plus d'une lacune à combler. Citer les Chevreul, les Gay-Lussac, les Becquerel, les Brongniart, c'est écrire avec des noms tout un âge de la science. Si la chimie, la physique, la minéralogie sont admirablement représentées au Muséum, on peut en dire autant de la botanique et de l'histoire naturelle des animaux. Ce qui manque encore, c'est un cours où l'on

humain, de nouvelles branches de connaissances se superposent aux anciennes; on éprouve le besoin croissant de joindre ensemble les différens ordres de faits par le lien des démonstrations philosophiques : de ce travail d'accroissement et de liaison résulte le dédoublement des anciennes parties de la science et la découverte de rapports qu'on n'entrevoyait pas. Ainsi se transformera tôt ou tard, moralement et matériellement, cette institution qui n'eut jamais de modèle dans le monde, et qui défie même l'esprit imitateur des étrangers. Accru d'un côté par les progrès de la pensée humaine et de l'enseignement, de l'autre par les constructions de plus en plus vastes, le Jardin des Plantes s'élèvera sans cesse davantage vers la hauteur philosophique d'un temple de la nature, d'un congrès où tous les êtres de la création auront leurs représentans. Cette réduction du globe, avec ses divers habitans, montrera à la postérité l'univers de l'homme, comme le ciel qui encadre le Jardin des Plantes étalera l'univers de Dieu. Il est des heures où la lune, faiblement indiquée dans le ciel bleu, élève en plein jour, au-dessus du musée de géologie, son orbe triste et décoloré; les pâles clartés de cet astre, qu'on est libre de prendre pour un monde détruit ou pour un monde à naître, ne conviennent-elles point aux ruines des âges primitifs de notre globe? Si nous nous tour-

rattache l'enseignement du Jardin des Plantes aux leçons de la Sorbonne et du Collége de France. Une chaire est à créer pour remplir cet objet. Son programme serait ainsi tracé : Cours des sciences naturelles appliquées à la philosophie de l'histoire et à l'économie politique. Notre conviction est que cette chaire se formera dans l'avenir.

nons d'un autre côté, nous voyons le soleil verser ses flots de vie et de lumière sur le cèdre du Liban, sur la ménagerie et ses hôtes rugissans, sur l'éléphant, la gazelle, la girafe et toute cette fauve nature d'Afrique, transportée comme par miracle dans cette enceinte unique où l'univers s'est donné rendez-vous. A la vue de cet accord merveilleux de tous les ouvrages de l'homme et de son auteur, à la vue de notre monde représenté sur un coin de la terre, et se trouvant par hasard en face des autres mondes astronomiques, on ne saurait trop admirer ici la grande pensée qui dicta à nos pères l'établissement du Muséum d'histoire naturelle.

DE

L'AVENIR DES ANIMAUX.

COURS DE M. ISIDORE GEOFFROY SAINT-HILAIRE.

I. — Histoire de la domination de l'homme sur le globe.

La position relative des édifices et des établissemens dans une ville comme Paris, quoique fortuite sans doute, recèle souvent des rapports d'idées si intimes, qu'on serait porté à y voir une intention providentielle. Ce n'est pas une circonstance indifférente pour le penseur que l'un de nos chemins de fer les plus importans, destiné à s'étendre très avant dans le pays et au-delà, soit venu s'annexer par la tête au Muséum d'histoire naturelle. Ces réflexions me prirent par un des derniers beaux jours d'octobre, quand j'errais çà et là dans le Jardin des Plantes, attendant l'heure du départ des convois pour Corbeil. Une sympathie qui date de l'enfance, m'attira toujours dans ce jardin, dont j'aime les silencieux détours. La science habite là de frais ombrages et de charmantes retraites. J'allais errant un peu au hasard sous les marronniers éclaircis, quand le lion captif m'appela par son rugissement. Cette grande voix me fit ressouvenir de la création animale. Je visitai successivement la ménagerie, l'ancien cabinet de Buffon, et le musée antédiluvien. J'avais là sous mes yeux trois époques, et, pour mieux dire, trois âges de la nature : — les animaux avant l'homme, les animaux dans la vie sauvage, les animaux à l'état de domesticité.

C'est toujours un contraste pénible quand, en sortant de ces belles allées d'arbres où le soleil se perd dans beaucoup de verdure, où chantent des oiseaux innombrables, on entre dans les froides galeries du musée géologique, — la mort à côté de la vie.

Le règne animal a eu, comme le globe même que nous habitons, une période fabuleuse. La science, en réunissant les fragmens des mondes ensevelis, brisés, qui ont servi de théâtre aux créations primitives, commence à faire pénétrer quelque lumière dans ces âges de ténèbres : mais le voile qui couvre un ordre de faits si anciens et si mystérieux est loin d'être entièrement soulevé. La propriété qu'avait alors la substance même des couches de conserver les formes, — propriété qu'on pourrait nommer la mémoire du globe terrestre, et qui s'affaiblit comme celle de l'homme en vieillissant, — nous a seule sauvé de l'oubli quelques traces de ces premiers temps. Autant qu'on peut en juger sur de si frêles témoignages, l'enfance du règne animal a été une ère pénible et désastreuse. L'existence des individus, enveloppée dans la vie générale du globe, était sans cesse remise

en question par des transformations meurtrières et des
bouleversemens infinis. La nature de ces temps antédiluviens, c'est Saturne qui dévore ses enfans. Guerre
avec les élémens, guerre entre eux, voilà toute l'histoire des animaux qui vivaient à la surface de la terre
ou dans les profondeurs de l'Océan. Le mouvement
de l'univers ne présentait encore qu'une scène animée
de destructions et de renouvellemens sans bornes :
la vie et la mort luttaient ensemble à qui s'établirait
sur les continens soulevés. Des combats effroyables,
dont la trace s'est conservée parmi les dépouilles des
combattans, ont signalé cet âge héroïque du règne
animal, cette épopée de la nature que nous retrouvons écrite sur les pages du musée de géologie. Les
choses en étaient là, quand, au milieu des épouvan-
temens du globe, une dernière fois naufragé, à la
suite des luttes que se livraient entre eux les grands
dépopulateurs aux formes monstrueuses et colossales,
voici apparaître sur un coin imperceptible du globe
un être faible et nu : l'homme.

C'est une opinion convenue que l'homme, au commencement, a été établi le maître de tous les animaux
qui avaient été créés avant son avénement sur le
globe. Moïse nous représente Dieu tenant conseil en
lui-même, et se disant dans sa sagesse qu'il a besoin
d'un lieutenant pour présider aux poissons de la mer,
aux oiseaux du ciel, aux grands animaux et aux
reptiles qui se remuent à la surface du monde terrestre. Associé par la pensée de son auteur à l'œuvre
générale de la création, l'homme ne se montre point
dès-lors comme une créature de plus, mais comme

le représentant de la toute-puissance qui a formé l'univers. Sans vouloir entrer, au point de vue religieux, dans l'interprétation d'un dogme redoutable, nous dirons que la science découvre plutôt sous ces images bibliques un idéal de l'avenir qu'une histoire du passé. Ce n'est point entre les mains de l'homme primitif, enveloppé et comme perdu dans les liens de la nature, que Dieu se décide à remettre ses pouvoirs ; ce n'est pas sur cet être faible, en guerre ouverte avec des forces incomparablement supérieures à la sienne, que le suprême auteur des choses se repose du soin de gouverner notre planète et de régler les destinées des animaux. Lorsque Dieu parle ainsi dans la Genèse, sa pensée, qui franchit les temps et qui voit toutes choses dans un moment éternel, embrasse d'avance les progrès futurs du genre humain, son âge viril et ses conquêtes pacifiques sur le globe. C'est aux peuples civilisés qu'il tient ce langage imposant : « Remplissez la terre et soumettez-la ! » C'est l'homme de l'avenir et du progrès que Dieu investit de son autorité, et auquel il passe en quelque sorte ses titres pour l'établir le contre-maître de la nature.

Le premier état de l'homme, à la surface du globe, ne fut pas la domination, ce fut la lutte. Dans les commencemens, la nécessité de réagir sur les élémens hostiles, de déplacer les masses inertes et de joindre entre elles certaines parties du territoire, divisées par des obstacles, lui fit inventer les premiers instrumens de travail. Pressé, absorbé, enlacé dans la puissance matérielle des lois physiques, comme Hercule dans les plis et replis du serpent, il s'adressa d'abord à ses propres forces pour s'en dégager. Nous voyons, dans toutes les anciennes histoires et chez tous les peuples actuels qui ont conservé l'état primitif, les hommes convertir leurs semblables et se convertir eux-mêmes au besoin en véritables bêtes de somme. Dans l'antique Orient on se sert encore des esclaves, le long des fleuves, comme d'animaux de halage, pour tirer les bateaux. Trois cents malheureux Arabes, attelés par des conducteurs turcs qui les fouettaient jusqu'au sang, ont servi à faire marcher sur le Nil le bâtiment qui contenait notre obélisque de Luxor. C'est le premier âge, celui où l'homme remplace par ses propres bras et ses forces personnelles l'absence des autres moyens de transport, des autres forces motrices.

A mesure que l'homme sent sa dignité et que ses conquêtes intellectuelles se fondent, il cherche à se décharger de ses fatigues sur le règne animal. C'est le second âge. Atlas secoue alors ses bras nerveux pour rejeter le fardeau du monde qui l'opprime, et pour substituer enfin à ses épaules nues le dos des bêtes de somme. Les peuples ont choisi leurs premiers auxiliaires parmi les animaux chez lesquels la taille, la démarche et la force musculaire se trouvaient le mieux appropriés dès l'origine aux travaux pénibles. Ils se sont fait de la sorte un parti dans la nature pour vaincre la nature même, et se soustraire, par ce moyen, à l'accablante oppression du monde matériel.

La première fois qu'on entre dans un de ces musées de zoologie où l'art à trouvé le moyen de faire revivre en quelque sorte les dépouilles animales, en leur rendant leur forme et leur couleur, le regard est vaincu, ébloui,

16.

fasciné par l'inépuisable variété de la nature. L'imagination frappée rappelle à l'existence ces milliers d'êtres, hôtes du globe, citoyens de la création, qui se pressent ici dans des cages de verre, et dont une méthode ingénieuse fait parler à la simple vue les caractères et les mœurs. Ces animaux sont contemporains de l'homme. Leur existence se rattache à la dernière transformation de la vie sur le globe terrestre; quelques-uns ont même subi l'action directe du nouveau dominateur de la nature. Cette action qu'on nomme la domesticité, nous la retrouvons figurée à chaque instant dans le Jardin des Plantes. Faisons un pas de plus, engageons-nous sous ces taillis où la chèvre, le cheval, le lama, le chameau, le dromadaire, la poule, le faisan, entourés d'un léger treillage, accourent à la voix et, pour ainsi dire, à la main de l'homme. Nous touchons ici un terrain neutre où l'histoire naturelle et l'économie politique se rencontrent. A mesure, en effet, que les animaux domestiques augmentent en nombre ou se développent instinctivement, l'homme ajoute aux facultés qui lui sont propres le secours de facultés nouvelles, à ses organes des organes plus nombreux et plus puissans, qui contribuent à étendre son action sur la nature et sa liberté. La mission de l'être intelligent sur le globe est de penser pour toutes les autres créatures qui ne pensent pas, de donner en quelque sorte sa volonté aux élémens, de se réfléchir lui-même sur toute la création avec ses facultés supérieures : Dieu a fait l'homme à son image pour que l'homme fît le monde à la sienne.

On comprend qu'une telle œuvre n'embrasse pas seulement un siècle, mais tous les siècles, mais la vie entière du genre humain. L'étendue même de cette œuvre la rend insaisissable pour l'individu. Chaque homme, enfermé dans un cercle d'années très rétréci, manque tout-à-fait des moyens de contrôle pour constater les changemens survenus à la surface du globe. Il faudrait pour cela une observation continuée pendant des siècles. On ne peut donc juger des modifications lentes que notre action fait subir à la matière, aux végétaux et aux animaux domestiques, autrement que par les yeux de l'esprit. Regardons autour de nous : l'état actuel des choses et la place de l'homme dans le monde ne nous démontrent-ils point l'existence de cette force en vertu de laquelle l'homme crée en sous-œuvre dans la création de Dieu? Comment, parti de si bas, cet être faible, armé seulement de son intelligence, a-t-il fini par donner sa loi à la moitié de la nature vivante? C'est là une vaste histoire qui mérite de rencontrer un jour son historien, et dont les pièces authentiques se trouvent, pour ainsi dire, répandues sur toute la terre.

Si nous n'imaginons pas que les choses aient jamais été à la surface du globe autrement qu'elles ne sont à cette heure, c'est la faute de notre existence qui est courte et de notre vue qui est bornée. Cette erreur étroite, fatale au développement de la science et de l'industrie, disparaît à mesure qu'on s'élève vers la sphère des faits généraux. La nature n'est point immobile. Sans doute la nature, livrée à elle-même, ne change plus guère depuis les dernières révolutions du globe; mais il en est tout autrement quand la main de l'homme agit sur elle pour la modifier. L'état actuel de la création est la conséquence d'événemens très anciens et de conquêtes successives qui lui ont imprimé de siècle en siècle notre forme et notre volonté. Le genre humain agit comme un seul homme à la surface de sa planète, mais comme un homme éternel, toujours mourant et renaissant, qui continue sans relâche son œuvre. La domesticité s'exerce sur les espèces animales, comme la culture sur les végétaux, pour les revêtir de propriétés et de facultés nouvelles. Il se produit de la sorte, dans l'économie animale, des changemens séculaires dont le résultat est de transformer l'instinct des bêtes en une sorte de reflet de l'intelligence humaine.

Si nous cherchons maintenant à mesurer la marche de cette action de l'homme sur la nature, nous verrons qu'elle a eu, comme tout le reste, des temps et des degrés qui se succèdent. Les animaux étant capables d'un véritable progrès, mais d'un progrès communiqué, d'un progrès passif, il en résulte que le développement des espèces domestiques suit partout le développement des sociétés. Les peuples peu avancés ne possèdent qu'un très petit nombre d'animaux domestiques, et encore ils les possèdent mal, c'est-à-dire qu'ils ne savent en tirer que peu de services. Chez les Esquimaux, par exemple, le chien n'est utile qu'à conduire des traîneaux. Les peuples demi-sauvages n'ont réussi de la sorte à conquérir dans cet animal si sagace et capable de services si variés qu'un seul instinct, celui de la traction. Nous pouvons con-

clure de ce fait et de mille autres du même genre que
l'homme a créé en quelque sorte une à une, lentement et à mesure qu'il avançait lui-même, toutes les
manifestations de nos animaux domestiques.

Négligeons au reste ces degrés intermédiaires; trans-
portons-nous tout de suite dans notre société, et
voyons où nous en sommes. Après avoir rendu justice
à l'intelligence de l'homme et à ses éclatantes conquêtes sur la nature, nous ne tarderons pas à reconnaître que ces conquêtes-là sont encore très loin d'a-
voir atteint leur terme. Hercule n'a point achevé ses
travaux; il ne s'agit plus maintenant, il est vrai, de
détruire les monstres (le temps de la guerre avec la
nature est passé), mais de les attirer en notre puissance et de les associer à notre œuvre. Promenons nos
regards sur les espèces si variées qui couvrent la terre:
c'est le plus petit nombre des animaux qui a reconnu
l'homme pour son maître. Que dis-je? c'est à peine si
nous comptons quarante alliés parmi cette multitude
d'êtres vivans qui ont été créés pour notre usage. Le
reste défie notre humeur envahissante. Protégés les uns
par les abîmes de l'Océan, les autres par l'immensité
de l'air, ceux-ci par leur masse puissante, ceux-là par
l'exiguïté de leur taille, tous ces sujets réfractaires ont
échappé jusqu'ici à l'empire de l'homme pour rester
sous le règne de la nature. Nous dominons, il est vrai,
sur eux par la destruction; presque tous ces animaux
insoumis tombent en effet entre nos mains; mais ils n'y
laissent que leurs cadavres. La pêche et la chasse nous
livrent la mer et la terre. Nous inventons chaque jour
des instrumens inévitables pour nettoyer la surface du

globe de tous les hôtes nuisibles ou pour nous emparer de dépouilles qui profitent au commerce. Cet état de choses violent ne ressemble en rien à la conquête; c'est la lutte primitive qui continue. L'homme a seulement perfectionné avec le temps les armes d'une guerre où il est devenu le plus fort au moyen de son intelligence et de son industrie; mais, encore une fois, tuer n'est pas régner. En voyant notre autorité si rétrécie sur le globe, on se demande par quelle illusion d'orgueil l'homme se proclame chaque jour fièrement le roi de tous les animaux. — Oh! si les animaux savaient écrire!

Dans tout combat, il y a des morts et des prisonniers. Les animaux qui succombent vivans à nos attaques ou à nos artifices sont quelquefois traités en captifs, en prisonniers de guerre, et amenés comme tels dans des climats lointains où leur présence fait événement. La science ne regarde pas comme animaux domestiques ces grands carnassiers dont un luxe de roi étale la morne défaite dans nos ménageries. Les étroites loges, les barreaux de fer, les chaînes dont l'homme se sert ici pour maintenir sa victoire, annoncent bien qu'il a soumis la force et les mouvemens de ses esclaves, mais qu'il ne règne pas encore sur leur volonté. En effet, que la contrainte cesse, que la cage s'ouvre, et l'animal montrera bien vite par sa fuite qu'il appartient encore à l'état sauvage. Si quelques-uns de ces hôtes s'apprivoisent par hasard, c'est toujours une conquête peu sûre, dont les effets bornés à l'individu n'intéressent aucunement l'éducation de la race. Il existe sans doute dans les mœurs féroces de ces animaux un obstacle à la domesticité; mais, il faut le dire, qu'a fait l'homme pour adoucir les instincts de ces superbes ennemis et pour les gagner à son service? Il les enferme dans d'incommodes cages de fer; il les condamne à l'isolement et à l'ennui; il applique sur eux ce sauvage régime cellulaire qui irrite chez nos semblables, les passions cruelles et vindicatives. Comment un traitement qui abrutit l'homme même pour lequel l'intelligence est un don primitif de la nature ne dégraderait-il pas l'animal, où il n'existe presque rien qui n'ait été mis par la main de l'homme? Aussi les hôtes de nos ménageries perdentils tous plus qu'ils ne gagnent à notre commerce; ils contractent dans cette dure captivité l'habitude du sommeil, seule consolation du prisonnier, et s'engourdissent sous nos yeux au lieu de s'instruire. Je cherche encore ici dans l'homme le roi de la nature, et je ne rencontre que son geôlier.

Passons maintenant aux animaux domestiques. Il n'est plus besoin de gêne ni de contrainte : ces derniers ne se soumettent pas, ils obéissent; leur liberté n'est pas enchaînée, elle s'est rendue. Dans le commerce assidu de l'être intelligent avec les espèces originairement sauvages, éclate ce pouvoir de seconde formation qui fait vraiment de l'homme sur la terre l'image de la divinité. Il grave partout sa main; il imprime sur le type même de l'animal des caractères que la nature n'avait point prévus; il le crée en quelque sorte de nouveau. Dans cette entreprise souveraine, l'homme s'est proposé différens buts, selon la nature des espèces qu'il soumettait à son autorité. Il a demandé aux unes de satisfaire sa faim, aux autres de l'habiller, à d'autres encore de le servir. — L'instinct de l'alimentation étant chez l'homme une des forces les plus actives et les plus exigeantes, il a cherché avant tout dans les êtres vivans une nourriture, une proie. Les animaux domestiques alimentaires sont nombreux chez tous les peuples civilisés; leur éducation est en outre l'objet d'études spéciales; mais quelle éducation, grand Dieu! L'homme, conseillé par ses besoins aveugles, n'écoutant que son estomac insatiable, a violé les lois de la beauté vis-à-vis de ces animaux pour en faire la matière de sa gloutonnerie ou de sa cupidité. La nature avait borné sagement l'appétit de chaque bête à sa conservation; nous avons renversé cette limite. En les forçant en nourriture, pour jouir plus vite de leur mort, nous avons créé chez les hôtes de nos basses-cours une seconde faim ignoble, vorace, éternelle, qui a pour résultat de dégrader leurs formes primitives et d'avilir tous leurs instincts. Du sanglier, ce vaillant animal qui illustre les forêts par son caractère martial, nous avons fait quelque chose de lourd, d'immonde, de stupide, qui n'a plus même de nom honnête dans notre langue. Dirons-nous, en outre, les procédés inouïs, les apprêts offensans dont un art cruellement raffiné se sert chaque jour pour accommoder toute la nature à la guise de notre sensualité? Montrerons-nous l'homme mutilant les sexes pour obtenir dans ses volières un embonpoint artificiel, une chair plus exquise et plus agréable au goût? Détaillerons-nous tous les supplices que sa main, délicatement barbare,

impose à certains oiseaux de basse-cour, pour leur
faire contracter des maladies chères à notre gourmandise? Non; jetons un voile sur cette partie de nos
conquêtes. Notre faim a maîtrisé durement et bassement les animaux alimentaires. Que parlai-je d'ailleurs de faim? Regardez-moi ce riche, au palais blasé,
rongeant sans appétit, rongeant sans cesse le foie
d'un malheureux oiseau gonflé par les tourmens de
notre industrie! — Prométhée est vengé!

O homme, voilà donc ton ouvrage! voilà donc ce
que tu as fait de ces êtres que Dieu t'avait donnés à
garder et à embellir! Les animaux alimentaires ont
été donnés à l'homme pour que l'homme s'en nour-
rît : aussi bien, ce n'est pas l'usage que je blâme,
mais l'excès, mais l'abus, mais cette recherche avide
qui change, sous nos yeux, la scène animée de la création en une sorte de laboratoire destiné à assouvir
nos convoitises. Une action si monstrueuse finirait par
livrer le monde animal à la confusion, si des lois éternelles et inflexibles n'arrêtaient à temps la main du
maître dans ces attentats.

L'amour du luxe et la cupidité ont, pour ainsi dire,
créé la classe des animaux industriels (1). Nous met-
tons sans cesse à contribution les plus petits êtres qui
nous entourent : ici le commerce emprunte au ver
à soie ce riche tombeau qui devient un des ornemens
de la coquetterie; là il dérobe à l'abeille cette cire
dont une main ingénieuse pétrit un flambeau qui

____

(1) Nous empruntons à M. Isidore Geoffroy Saint-Hilaire cette division
des animaux domestiques en 1° *alimentaires*, 2° *industriels*, 3° *auxiliaires*,
4° *accessoires*.

nous éclaire dans la nuit. Une partie de la nature travaille pour l'homme. Les instincts de ces insectes artisans appartiennent, il est vrai, à un degré trop inférieur de l'échelle animale pour que nous espérions les atteindre jamais.

Il existe d'autres animaux domestiques dont nous avons appliqué les forces à nos travaux ; ce sont les animaux auxiliaires. Ici la puissance humaine développe les êtres sans contredit ; elle a fait naître chez presque tous des facultés qui n'existaient pas à l'origine, et dont le germe, désormais héréditaire, forme comme un des ornemens, disons-mieux, comme une propriété de race. C'est beaucoup sans doute ; mais l'homme en ajoutant à ses propres forces de telles forces étrangères, mesure encore l'instinct de ses serviteurs à la stricte limite des besoins qu'il veut couvrir. Il n'a jamais consulté dans leur éducation que son égoïsme. Prenons pour exemple le cheval, ce précieux auxiliaire, sans lequel l'industrie, le commerce, les sociétés même de notre continent, n'existeraient pas. Je ne connais pas d'animal qui ait été plus façonné que celui-là à notre service. Nous avons réglé ses mouvemens, remplacé sa vitesse naturelle par une vitesse acquise, rompu sa volonté sous la nôtre et discipliné jusqu'à sa fougue pour en faire l'ornement du cavalier. Notre commerce a cultivé en lui la mémoire des lieux, de telle sorte qu'il pût nous servir à-la-fois de monture et de guide dans les endroits perdus. Nous l'avons attaché à des fardeaux énormes, dont nous avons su diminuer pour lui la pesanteur au moyen des lois de l'équilibre. Il s'est fait à ce nouveau service avec une obéissance admirable. On lui dit de tourner, et il tourne à droite ou à gauche; il sait dégager de l'ornière, par un effort industrieux, la roue embourbée qui résiste, ou retenir le char emporté sur une pente glissante. Cette éducation n'a pas été l'affaire d'un jour. Des générations successives se sont transmis depuis des temps fort anciens la tâche de dompter le cheval sauvage. Ajoutant ainsi leurs travaux les unes à la suite des autres, elles ont formé une vaste chaîne de progrès, qui asservit si bien ce fier animal à nos instrumens de traction. Il est sans doute impossible de méconnaître ici la puissance de l'homme, cet être à part qui fait sortir du sein même de la nature des forces et des manifestations nouvelles. Notre volonté a eu, comme celle de Dieu, son *fiat lux;* elle a tiré du monde primitif un monde plus conforme à nos besoins. Cela fait, elle s'est reposée.

Il y a plus : non-seulement l'homme n'a développé chez le cheval et chez les autres animaux auxiliaires que deux ou trois instincts en rapport direct avec la nature de ses besoins; mais, chose horrible à dire! il a comprimé, détruit, mutilé chez ces pauvres êtres toutes les autres facultés dont il n'attendait pas de services. Goëthe, ce vaste génie, qui mêlait sans cesse la poésie avec la science, ne se montrait pas indifférent à cette question du progrès chez les animaux. Ayant rencontré un soir, au bord d'un champ de seigle, un cheval monté par un paysan en blouse, notre poète rêveur vit l'animal curieux et pensif s'arrêter pour suivre de l'œil un enfant qui cueillait avec sa mère des coquelicots et des bluets le long de la route. Le rustre qui montait ce cheval distrait le frappa du fouet et le gourmanda en disant : « Voilà encore de ses caprices ! Ce maudit animal n'en fait pas d'autres : il faut qu'il regarde tout ; on jurerait qu'il veut s'instruire. Un peu plus, et il parlerait allemand comme l'ânesse de Balaam. » Goëthe, jugeant par ce seul trait de notre action abrutissante sur les animaux domestiques, s'écria : «Voilà un homme qui est la bête de sa bête ! » (1)

Les peuples civilisés ont été poussés à l'éducation des animaux par deux mobiles puissans, le besoin et l'attrait. Dans la conquête de toutes les espèces alimentaires industrielles ou auxiliaires, c'est le besoin qui nous a guidés ; mais vis-à-vis de celles dont nous n'attendions pas de services, vis-à-vis des animaux domestiques *accessoires*, c'est l'attrait. Cet attrait est lui-même un besoin, celui de la communication. Il entre dans la nature de l'homme de se donner, de faire participer non-seulement ses semblables, mais encore les animaux même, à sa vie, à son développement, à tout ce qu'il est. Dieu a mis un amour-propre dans l'amour des autres. Il y a du plaisir, nous oserions presque dire il y a de l'égoïsme à élever jusqu'à soi les êtres inférieurs, à leur transmettre en quelque sorte de notre intelligence et de notre volonté. La nature a voulu qu'il en fût ainsi pour que celui qui a plus partageât avec celui qui a moins. Il n'est personne qui ne ressente une joie secrète du cœur et comme un noble sentiment d'orgueil à se voir re-

____

(1) Je tiens cette anecdote d'un Allemand, ami de Goëthe.

connu, suivi et aimé par un animal. C'est un empire,
en effet, et qui plus est un empire moral, le seul en
vérité dont l'homme puisse avoir le droit d'être fier.
L'attrait étant à-la-fois plus noble et plus libéral que
le besoin, il s'ensuit que les animaux inutiles sont
précisément ceux auxquels nous avons le plus communiqué de notre influence. Les pays, les professions,
les fortunes, ont ici marqué des différences infinies
sur le moral et jusque sur la forme de ces êtres organisés. Les individus de telle espèce accessoire n'ont ni
les mêmes habitudes, ni les mêmes goûts, qu'ils soient
possédés par un homme ou par une femme. Ces derniers seront plus friands, plus casaniers, plus délicats,
plus sensibles aux caresses et aux flatteries ; ils pren-
dront, en un mot, le caractère de leur maîtresse. Les
perroquets (1) de marquise, de lorette ou de dévote,
qui vivent dans l'intimité du tête-à-tête, ont tous des
mœurs assorties à leur condition. Le prodigieux succès
du joli poëme de Gresset, tient surtout au tact fin et
délicat de l'auteur qui a su identifier son héros avec
la nature des lieux dont *Vert-Vert* était l'élève.

Il faut le dire, cette éducation toute de luxe ou
d'attrait se trouve jusqu'ici limitée à un très petit
nombre d'espèces ; on peut donc la regarder comme
de peu d'importance en fait, quoiqu'elle présage,
selon nous, des conquêtes plus sérieuses pour notre

---

(1) La science ne regarde pas le perroquet comme un animal domestique ;
on est convenu de réserver ce titre aux espèces qui se reproduisent aisément
sous la domination de l'homme. Il ne suffit pas, pour qu'un animal devienne
domestique, de conquérir les individus, il faut encore conquérir la race. Cet
oiseau étant très répandu et très familier, nous avons pu néanmoins nous en
servir comme d'un terme de comparaison.

industrie. **Dans** les commencemens, le besoin a été le premier, le plus fort et presque l'unique moteur de notre action sur les animaux. Il fallait que l'homme vécût, il fallait qu'il doublât ses forces par l'emploi des forces animales, avant de songer à satisfaire les nobles inspirations de sa nature.

Nous avons vu en résumé que la domesticité des animaux est jusqu'ici bornée et incomplète. Bornée, en ce qu'elle laisse en dehors de notre action une multitude d'espèces qu'il serait peut-être possible de soumettre : incomplète, en ce qu'elle n'a développé chez les animaux les plus anciennement domestiques qu'un très petit nombre d'instincts en rapport avec nos besoins les plus urgens. Nous pouvons ajouter que l'ère de la domination de l'homme sur la nature a été jusqu'ici une ère sauvage, féroce, absorbante, un âge de fer. Nous n'avons pas seulement usé du règne animal, nous en avons abusé; non contens d'étendre aux espèces libres et sauvages cette dure loi du travail qui fait la grandeur des sociétés, nous les avons traitées comme des agens douloureux de notre puissance sur le globe, comme des instrumens que nous étions libres de ruiner et de détruire à notre fantaisie, puisque les animaux étaient notre propriété, notre chose. L'homme n'a respecté chez ces pauvres créatures ni les forces physiques, ni la sensibilité, ni même l'existence. Il n'a songé, en dehors de son intérêt privé, ni à leur développement, ni à leur éducation. Instruire les animaux, ce n'est point changer leur nature; il existe entre l'homme et les autres êtres organisés des limites infranchissables; mais c'est étendre de plus

en plus leurs manifestations physiques et morales
dans le cercle même que le créateur leur a tracé.

Si peu avancés que nous soyons dans cette œuvre,
il ne faut ni déclamer contre le présent, ni désespérer
de l'avenir. Le genre humain, ayant presque toujours
vécu comme l'enfant sous la loi des instincts, s'est
montré jusqu'ici, vis-à-vis des animaux, un animal
lui-même. Il n'a demandé à son intelligence que la
supériorité nécessaire pour réduire les espèces inférieures. Ses instincts ont fait le reste ; et, comme les
instincts sont de leur nature féroces, aveugles, impi-
toyables, il a traité les brutes comme les brutes se
traitent entre elles, durement et sauvagement. Il a
absorbé. Cette ère de violence cessera; la verge de
fer que l'homme a étendue sur la nature vivante sera
brisée. A mesure, en effet que l'intelligence dominera
notre action sur les animaux, elle adoucira l'exercice
d'une puissance qui a commencé par la force. Cet
attrait moral qui nous porte sans cesse à nous communiquer, à nous multiplier en quelque sorte dans
les autres êtres, jouera son rôle et changera pour les
animaux les conditions de la domesticité. Ces animaux ont été créés sans doute pour notre usage;
l'homme a le droit de s'en servir et de les faire con-
tribuer à ses besoins. Là ne s'arrête pas toutefois le
caractère de notre influence. L'homme n'a pas été
seulement institué le maître, mais encore le civilisa-
teur de la nature. Roi des animaux, il doit revêtir
ses sujets des empreintes de son intelligence. Il a
même son intérêt dans cette œuvre; car plus il développe les instincts des êtres inférieurs, plus il étend

sur eux sa conquête et augmente sa propriété. Le règne animal est, au point de vue de l'économie domestique, un champ sur lequel la main de l'homme sème perpétuellement, et dont les générations qui se succèdent recueillent tour-à-tour les fruits.

C'est surtout par rapport à l'agriculture que les animaux domestiques doivent solliciter l'intérêt de l'économiste. Je ne m'arrêterai point à démontrer l'importance de ce premier des arts utiles. Si nous promenons un coup-d'œil à la surface du globe, nous verrons que la culture de la terre marque partout le degré d'avancement des races humaines. Le tracé de la charrue établit, pour ainsi dire, la ligne de démarcation entre l'état sauvage et l'état civilisé. Les peuples agricoles sont de la race d'Antée; chaque fois que, renversés par l'invasion ou par la tyrannie, ils touchent la terre, cette mère puissante répare aussitôt leurs forces, et on les voit se relever géans. La France est un de ces peuples; c'est en tirant de son territoire des ressources toujours renaissantes qu'elle a fermé ses blessures après la guerre et repoussé chez elle la main des pouvoirs qui travaillaient à l'amoindrir.

Un bruit de cloche suspendit tout-à-coup le courant de mes idées. Je me rendis en toute hâte à l'entrée du débarcadère; on voyait déjà monter dans le ciel une colonne de fumée noire et épaisse; la cloche sonna de nouveau; c'était le dernier signal du départ. Nous partîmes.

II. — Philosophie des chemins de fer. — Les animaux et les machines.

A droite et à gauche de la route, les maisons, les arbres, les nappes de verdure fuyaient, fuyaient comme dans un songe. Au milieu d'un pré, j'avisai des chevaux broutant çà et là les brins de trèfle et de sain-foin que l'automne, ce faux printemps, avait fait re-naître. Les paisibles animaux relevèrent leur tête au bruit de la locomotive qui passait, et suivirent d'un œil grave la longue file de wagons en mouve-ment. Je ne sais si je prêtai alors ma pensée à ces créatures privées de raison ; mais il me sembla les voir toutes saluer dans le cheval de vapeur, qui glis-sait au galop sur le rail-way, l'instrument de leurs loisirs et de leur délivrance. Ces chevaux en liberté, tondant l'herbe d'un pré, cette locomotive qui hale-tait dans sa course furieuse, tout cela me fit songer. Je réfléchis, durant le reste du trajet, à la grande ques-tion de l'influence de la vapeur sur la nature vivante, et bientôt un monde nouveau s'ouvrit devant moi, un monde dont je n'étais séparé que par le temps, cette limite qui fuit chaque jour et qui s'efface. Mon esprit se tournait à ces réflexions, quand le bruit et l'ardeur de la locomotive se ralentirent. Le hardi conducteur lui avait passé le frein entre les dents, pour retenir la fougue de son coursier emporté. L'animal (comment donner un autre nom à cette ma-chine qui marche, qui respire et qui vit ?) s'arrêta, tout suant et tout soufflant, comme un cheval rompu

17.

dans son galop, qui cherche à retrouver son haleine.
— Nous étions à Corbeil.

Je me rendis à quelque distance de la ville, non sans visiter, sur mon chemin , la vieille Église surmontée d'un coq, la petite rivière où je m'étais déjà promené en bateau avec mon ami Léon Gozlan, ainsi que la bordure de saules et de peupliers, ceinture mouvante qui presse un groupe de joyeuses maisons. Il n'est que la présence des toits de chaume, des verts pâturages et des champs recouverts d'une végétation puissante, pour rappeler aux travaux rustiques. Dans les grandes villes, l'homme se voit seul ; il se fait le centre de tous les intérêts du globe, et veut, pour ainsi dire, enfermer le monde dans son cercle. On est alors enclin à se préoccuper, outre mesure, de l'industrie et des richesses artificielles qu'elle engendre ; cette attention détourne l'économiste d'autres intérêts non moins sérieux. C'est au milieu des dures populations fixées à la terre, cette mère nourricière des sociétés, *alma parens*, qu'on sent le prix et l'importance de l'agriculture. Le séjour de la campagne dilate, en outre, les liens et les affinités secrètes qui nous rattachent, comme créature, à l'univers terrestre. Là nous sommes avec tout, et tout est avec nous. La vue continuelle des grandes vaches au poil fauve, qui paissaient l'herbe sur le bord des ruisseaux ; quelques chèvres suspendues gaîment aux buissons épineux, un attelage de lourds chevaux qui tiraient péniblement de lourdes charrettes sur un terrain glaiseux et humide ; l'âne, ce frugal et utile auxiliaire, qui marchait d'un pas ferme sur les sentiers pierreux, entre les vignes, tout cela reporta bien vite mon intérêt vers les animaux domestiques. Je n'avais d'ailleurs pas encore perdu de vue le chemin de fer au-dessus duquel fumait, de temps en temps, le passage d'un convoi.

L'histoire de nos conquêtes sur la nature nous a montré l'homme primitif luttant d'abord seul et au moyen de ses puissances musculaires contre les distances, les lois de la pesanteur et les autres obstacles matériels du globe. C'est le premier âge. Avec le temps, nous l'avons vu essayer sur quelques animaux l'action de la domesticité, et mettre à profit leurs services pour se soustraire lui-même aux travaux les plus pénibles. C'est le second âge. Après avoir ajouté à ses propres forces les forces auxiliaires du règne animal, l'homme s'applique enfin à y joindre la force des agens physiques et des machines. C'est le troisième âge, c'est celui dans lequel nous entrons. Aujourd'hui notre système de déplacement consistera de plus en plus à mouvoir la matière par la matière. Ces masses inertes, vis-à-vis desquelles l'infériorité de nos organes est évidente, dont les animaux même, venus à notre secours, ne sauraient vaincre tout-à-fait la résistance, ces masses s'ébranlent devant notre volonté unie à la puissance disciplinée des élémens. Non contens d'avoir cherché notre principal moteur dans la nature vivante, nous le cherchons à présent dans la nature inanimée. L'homme travaille ainsi à se faire des alliés parmi ces mêmes forces qui semblaient d'abord destinées à l'asservir. C'est de cette dernière tendance que la machine à vapeur est sortie.

Dans tous les temps le rêve de la science a été d'animer la matière. Au moyen âge, l'alchimie, qui poursuivait plutôt le fantôme des choses que les choses mêmes, avait imaginé de donner la vie à des créations artificielles. La bonne foi populaire admit cet idéal pour une réalité. D'assez graves écrivains, entraînés sans doute par l'apparence des faits ou par la crédulité de leur siècle, ont avancé très sérieusement que le Grand-Albert, Raymond Lulle et quelques autres alchimistes avaient inventé, pour leur service particulier, des êtres vivans qui n'étaient point sortis du laboratoire ordinaire de la nature. Cette fable remonte dans les temps anciens jusqu'à Prométhée. Or, au fond du même mythe qui se reproduit ici sous différens traits, se cachait, sans aucun doute, un pressentiment, un vague instinct de la puissance réellement créatrice de l'industrie. Quand la science, arrivée à l'âge adulte, eut déserté la région des chimères pour le terrain positif et solide des faits, elle ramena les anciennes figures de la poésie aux proportions de la vérité. Regardons autour de nous ; la main de l'homme, victorieuse de la matière, l'emprisonne aujourd'hui sous nos yeux dans une forme déterminée et lui donne ce qui ressemble de plus près à la vie, le mouvement. Comme Dieu qui, selon la Bible, amena aux pieds d'Adam les divers animaux du globe, la science amène maintenant à nos pieds ces puissantes machines, organes de l'industrie, véritables créatures de l'art, pour que l'homme leur donne un nom et domine sur elles.

Cette nouvelle création d'êtres fantastiques, doués

d'une force mille fois plus grande que celle de tous les autres animaux connus jusqu'ici, soumis et dociles comme eux, présage, sans aucun doute, des destinées singulières aux générations qui viendront après nous. Le monde touche à un de ces momens décisifs où la puissance humaine va développer sur le globe des travaux gigantesques. Cette puissance augmente, en effet, de toute la portée de ses moyens auxiliaires. Comme l'accession des animaux domestiques, en procurant à l'homme de nouvelles forces, a commencé pour les sociétés anciennes une ère d'affranchissement et de progrès, de même l'intervention des machines, mises en mouvement par la vapeur, doit marquer chez les sociétés modernes une époque de renouvellement. La vapeur, cette âme de l'industrie moderne, ressemble de bien près à la pensée qu'elle seconde dans ses projets d'action. C'est un souffle, et ce souffle remue le monde. Soit qu'elle donne, pour ainsi dire, des nageoires aux lourds bateaux qui sillonnent nos fleuves et nos mers, soit qu'elle attache un coursier idéal à nos voitures, elle agit partout avec ordre sur l'aveugle matière et lui impose sa loi. Nous n'avons compté jusqu'ici qu'avec la vapeur : que serait-ce si à cette force, déjà tellement imposante, venait s'en joindre ou s'en substituer une autre supérieure? Les résultats s'accroîtraient en raison de l'intensité de la cause. Or, la découverte de Denys Papin est à nos yeux une de ces réformes entraînantes que d'autres inventions suivront peu-à-peu comme des satellites. Les nouveaux moteurs sur lesquels travaille dès maintenant l'esprit d'investigation n'existent, à la vérité, qu'en germe. L'eau comprimée engendre du mouvement, mais c'est une force lente. Les chemins de fer atmosphériques, quoique plus avancés en théorie, présentent à la circulation des obstacles que la mécanique n'a pas su vaincre, du moins jusqu'ici, sur une grande échelle. L'électricité n'a encore produit que des essais. Tout porte cependant à croire que cette dernière force deviendra dans l'avenir l'agent universel du mouvement. C'est à elle qu'il est réservé de compléter un jour la figure de nos machines, de les faire vivre en quelque sorte, de leur communiquer une volonté, une âme. — Au reste, contentons-nous pour l'instant de la vapeur.

Les effets d'un tel moteur sont incalculables; le temps seul en mesurera les développemens. Il nous semble qu'en histoire naturelle et en économie politique surtout, il ne faut pas s'arrêter à cet obstacle qui borne notre existence. Devancer la date de certains progrès, c'est exercer une des plus nobles facultés de l'homme, auquel il a été donné de juger et de prévoir. C'est par cette prévision que l'homme est à moitié Dieu, car il s'étend de la sorte dans une demi-éternité, dont rien ne trace la limite, si ce n'est la faiblesse de ses organes. Est-il possible que la domination présente de l'homme sur le règne animal change entièrement de nature et de caractère? Pour répondre à cette question délicate, il est nécessaire de recourir à l'histoire scientifique : le passé éclairera l'avenir.

Un premier fait à constater, c'est que non seu'e-

ment la domesticité des animaux a avancé de siècle en
siècle, en mesurant sa marche sur le mouvement
même du genre humain, mais qu'encore notre action
sur les espèces domestiques, quoique régulière et
continue, a éprouvé des oscillations, des doutes ;
qu'elle a 'souvent renouvelé les essais, changeant
quelquefois brusquement de route, ou se détournant
peu-à-peu de son premier dessein. C'est ainsi que des
animaux domestiques, appliqués d'abord par l'homme
à un genre de service, ont été écartés plus tard de
cette destination, lorsque l'homme eut rencontré dans
la conquête d'autres animaux, des forces mieux ap-
propriées à la nature de ses entreprises. Une peinture
égyptienne, antérieure, selon M. Champollion, de
mille ans à Hérodote, représente des béliers employés
aux travaux de l'agriculture. Ce monument porte à
croire que l'homme a d'abord dompté les espèces
plus faibles, et qu'il les a mises à contribution comme
auxiliaires jusqu'à nouvel ordre, c'est-à-dire jusqu'à
ce qu'il eût conquis d'autres espèces plus robustes
et plus capables de services.

M. Isidore Geoffroy-Saint-Hilaire, dans son cours
public et dans ses remarquables *Essais de zoologie
générale*, cite un exemple analogue. Avant l'arrivée des conquérans du Nouveau Monde, le lama
jouait un rôle très important en Amérique comme
bête de transport. Grégoire de Bolivar ne craint pas
de porter à trois cent mille (chiffre sans doute exagéré) le nombre des individus de cette espèce qui travaillaient à la seule exploitation des mines du Potose.
Lorsque les Européens eurent pénétré dans le nou-

veau monde, ils y transportèrent les animaux domestiques de l'ancien continent. Le résultat de ce déplacement fut une révolution complète dans les destinées du lama. « Aujourd'hui, le cheval, l'âne et le mulet ont remplacé le lama dans plusieurs localités, dit M. Isidore Geoffroy Saint-Hilaire, et dans quelques-unes de celles où il est encore élevé en assez grand nombre, c'est presque uniquement comme animal de boucherie. » Ce fait est grave : voilà donc une bête de somme dont la destination a été changée par suite de l'envie qu'il prit un jour à Christophe Colomb de courir les mers. Les animaux domestiques participent donc, eux aussi, aux événemens de l'histoire et aux découvertes de la science.

L'éléphant qui figurait dans l'antiquité, chez les peuples de l'Inde et du nord de l'Afrique, comme une machine de guerre animée, n'est guère plus employé à ce genre de service depuis que l'invention de la poudre à canon et les modernes progrès de l'art stratégique ont rendu son usage à-peu-près inutile. Qu'avons-nous d'ailleurs besoin de nous transporter dans la vieille Égypte, dans l'Asie ou dans le Nouveau Monde? La race bovine a subi, en France, presque sous nos yeux, une réforme analogue. On connaît ces vers de Boileau :

> Quatre bœufs attelés, d'un pas tranquille et lent,
> Promenaient dans Paris le monarque indolent.

Aujourd'hui, le cheval a remplacé le bœuf dans le service des charriots et des voitures de luxe, service qui, peu d'années avant la révolution de 89, était encore fait, dans le bas Berry et dans toutes les provinces éloignées du centre, par des bêtes à cornes. Le bœuf n'est plus guère employé que pour le transport des récoltes et pour le labour ; encore, les populations agricoles des provinces riches aiment-elles mieux à présent se servir du cheval pour ces différens usages. Ici, ce n'est point la force qui manquait, mais la vitesse. L'industrie rurale a trouvé à propos de remplacer un animal aux mouvemens lourds, par un autre animal plus leste, plus docile et plus facile à conduire. Le temps n'est sans doute pas éloigné où le bœuf se confondra en France, comme le lama en Amérique, parmi les espèces seulement alimentaires, après avoir tenu un rang distingué parmi les auxiliaires de l'homme.

Les faits exposés ci-dessus nous conduisent naturellement à rechercher si la vapeur n'amènera pas à l'avenir, pour l'économie rurale et domestique, une révolution qui aura son point d'appui dans la nature. La locomotive ne remplacera-t-elle pas avec le temps les forces animales par une force artificielle plus grande et moins coûteuse ? Il n'est pas impossible que la traction à vapeur s'étende plus tard à nos divers instrumens de transport. Rien ne prouve que les voitures ordinaires et les charrettes ne s'agiteront pas un jour dans nos rues, au moyen d'appareils locomoteurs dont le secret n'est pas encore trouvé. Tout porte, au contraire, à croire que la science et l'industrie ne s'arrêteront pas à moitié chemin. Les machines ambulantes de nos chemins de fer ont déposé le germe d'un mouvement qui se continuera, sans aucun doute, et s'étendra à d'autres véhicules. Quittons, au reste, cette région spéculative pour nous en tenir aux faits présentement connus. Nous ne faisons que d'entrer dans l'âge des machines, et voilà que déjà une partie des auxiliaires que nous cherchions jusqu'ici dans le règne animal se trouvent réformés. Le service d'une seule mine de cuivre de Cornouaille, comprise dans les *Consolidated-Mines,* nous disait, il y a quelques années M. Arago, exige une machine à vapeur de la force de plus de trois cents chevaux constamment attelés, et réalise, chaque vingt-quatre heures, le travail d'un millier de chevaux. Les mêmes calculs ont été faits pour le remplacement des bêtes de transport par les locomotives. Quoique ces calculs ne soient pas aussi concluans, à cause de l'établissement des nouvelles voitures sur les chemins vicinaux qui correspondent avec les chemins de fer, on peut déjà prévoir le jour où les lignes nouvelles, étant pourvues d'embranchemens suffisans, le nombre des chevaux employés aux voitures publiques se trouvera très sérieusement réduit. Il y aura, sous ce rapport pour nos races chevalines, une répétition de ce qui a déjà eu lieu en Égypte pour le bélier, en Asie pour l'éléphant, en Amérique pour le lama, en France pour le bœuf, c'est-à-dire que l'homme, ayant découvert dans la nature une nouvelle force plus puissante et plus étendue, diminuera l'emploi des anciennes forces animales.

Les résultats d'une telle réforme pour le bien-être matériel du pays ne sont pas indifférens. Les pro-

vinces de France les plus pauvres sont toujours celles
où j'ai rencontré les bêtes de somme les plus ché-
tives, les moins capables par conséquent de soulager
l'homme dans ses durs travaux (1). Le perfectionnement de quelques unes de nos races domestiques,
toutes si utiles, serait un des plus grands bienfaits
que la science économique pourrait répandre sur nos
campagnes. Tout le monde est d'accord maintenant
sur ce point qu'il faut rendre les travaux moins pénibles et les subsistances plus assurées à la classe laborieuse. Les bêtes de somme ou de trait, étant les auxiliaires naturels de l'ouvrier agricole, et le plus souvent
sa seule richesse, il s'ensuit que l'amélioration de
ces mêmes espèces domestiques adoucirait le sort des
dures populations attachées à la glèbe. Plus un animal est robuste, plus il travaille, et plus il épargne
de sueur à son maître ; or les races domestiques s'a-
méliorent en raison du soin qu'on prend d'en limiter
la reproduction. Les machines à vapeur ne suppri-
meront pas sans doute les bêtes de somme, mais
elles en restreindront l'usage. Elles restitueront de la
sorte à l'agriculture les forces animales qu'employaient
l'industrie et la circulation. Enfin elles augmenteront
ces mêmes forces, car la consommation moins grande
rendra la race moins nombreuse, et étant moins nombreuse, elle deviendra plus robuste : tous les progrès
s'enchaînent.

Le développement des animaux auxiliaires est lié

(1) On peut citer surtout le département des Hautes-Alpes, qui est le plus
misérable de tous ; c'est aussi celui où les races des animaux auxiliaires se
montrent les plus dégradées.

en outre à la nourriture et à la nature des travaux qu'on leur impose. Les individus de la race chevaline, qui appartiennent aux classes pauvres, sont laids, chétifs, mal venus. Cette infériorité est non-seulement constante pour la forme de ces animaux, mais encore pour leurs mœurs. Les pauvres bêtes travaillant tout le jour sous les coups et ne recevant en échange de leurs services qu'une nourriture mauvaise ou insuffisante, présentent en général, dans leurs instincts, une sorte de rudesse sauvage et bornée. Les traitemens bons ou mauvais exercent, sur le caractère des animaux domestiques comme sur celui des hommes, des influences délicates. Quels sont à cette heure les chevaux les plus intelligens? Ce sont, sans contredit, ceux qui, appartenant aux classes riches, se trouvent mieux nourris, mieux soignés, et moins surchargés de travaux (1). La nature même de ces travaux n'est point étrangère au degré de développement des animaux domestiques. Consultez l'état actuel des bêtes de somme dans les sociétés civilisées, vous verrez les traits de la domesticité grandir chez les individus de la race chevaline dont les forces sont employées à des services plus variés; vous verrez au contraire ces mêmes traits décroître chez les animaux soumis à une tâche rude, uniforme, éternelle. Les chevaux de charrettes, les chevaux de peine, finissent

____

(1) Ceci devient surtout sensible dans nos grandes villes où l'inégalité des conditions parmi les hommes en crée une toute semblable parmi les animaux. Qui n'a vu d'anciens chevaux de bonne maison attelés maintenant à des fiacres ou même à de tristes charrettes, porter encore, sous l'affront de leur décrépitude, les manières reconnaissables d'un gentilhomme ruiné?

par s'assimiler en quelque sorte sous nos yeux, aux instrumens inertes dont ils agitent la pesanteur. Simples rouages d'un mouvement aveugle, toujours le même, ils obéissent à la main du charretier comme la locomotive à celle du mécanicien. Quelle distance de cet animal-machine au cheval de guerre! Vivant dans la compagnie de son maître, qui en fait, pour ainsi dire, son frère d'armes, associé aux plus nobles intérêts du genre humain, rompu chaque jour à des exercices multipliés, le cheval militaire prend dans ce commerce familier les habitudes de l'homme, ses passions, son courage.

Les poètes anciens ont revêtu ces faits d'un langage figuré. Tantôt ils nous représentent le caractère du cheval guerrier sous les traits d'un combattant qui attend le signal de la mêlée; au son bruyant de la trompette, il dit : « Vah ! vah ! » Il flaire de loin la bataille, le tonnerre des chefs, et le cri du triomphe. Job s'arrête à ces traits, qui sont en rapport avec les mœurs farouches d'un peuple errant et belliqueux, c'est le portrait du cheval arabe. Fils d'une civilisation plus avancée, Virgile va plus loin encore; il prête à ce noble animal le sentiment; ému, il l'associe au deuil et à l'émotion générale de l'armée!

> Post bellator equus, positis insignibus, Œthon
> It lacrymans, guttisque humectat grandibus ora.

C'est de la poésie, dira-t-on ; — soit, mais cette poésie ne fait ici que retracer le dessein constant que l'homme s'est proposé dans l'éducation des animaux domestiques ; il a voulu leur communiquer, autant qu'il était en lui, ses idées, ses sentimens, ses mœurs ; en faire, pour ainsi dire, des images de sa nature. L'idéal de l'industrie est au fond le même que l'idéal de la poésie : seulement la poésie rêve, l'industrie réalise.

Il existe à Rome, sur la place de Monte-Cavallo, un groupe antique. Ce groupe représente deux esclaves conduisant deux chevaux sans bride. Comment l'homme contiendra-t-il ce fier animal libre du frein et du mors ? Il le regarde. Ce groupe n'est pas seulement à mes yeux un chef-d'œuvre d'art, c'est une révélation du but même que l'homme poursuit dans sa conquête sur la nature. Tant que l'homme règne sur les animaux, par la crainte, par la menace, et au moyen d'instrumens accessoires, son empire est encore borné ; il possède à moitié ses sujets. L'idéal de la domesticité est de transmettre notre volonté aux animaux auxiliaires par les yeux, par le geste, par la voix. Il faut les rattacher de si près à notre existence, qu'ils deviennent, pour ainsi dire, des satellites de notre puissance, et comme des annexes de nos mouvemens. Ce rêve (si l'on veut que ce soit un rêve), la poésie l'a écrit dans des pages immortelles ; l'art l'a fixé sur le marbre : mais encore une fois l'art et la poésie sont de l'histoire dans l'avenir.

Les poneys norwégiens ont pris l'habitude d'obéir à la voix et au coup-d'œil de leur maître. S'il faut en croire le témoignage des maquignons, il serait aujourd'hui impossible de soumettre ces animaux au mors. On voit par ce fait que devant les progrès du temps et de l'action humaine, le langage le plus anciennement figuré, le rêve le plus idéal de la statuaire, finissent par perdre toute exagération. De semblables progrès pourraient, sans aucun doute, être étendus dans les autres pays à toute la race chevaline. Il est déjà permis de rêver un monde meilleur, où remplacé par le mouvement des machines, délivré peu-à-peu des plus rudes travaux, mieux instruit et mieux traité, le cheval verrait tomber peu-à-peu dans la poussière le frein par lequel nous morigénons, à cette heure, sa bouche impatiente. Le fouet même, ce dernier instrument de la servitude, ce sceptre brutal que nous étendons sur les bêtes de somme, le fouet serait brisé. Que faudrait-il pour cela ? Il faudrait que, non content de conquérir la force et les grossiers instincts du cheval, l'homme formât avec cet utile auxiliaire un pacte moral qui lui gagnât l'animal tout entier. Il faudrait en un mot régler sa volonté par la douceur, au lieu de régner sur ses mouvemens par la crainte. La vapeur vient, encore une fois, en aide à cette œuvre comme agent matériel de la délivrance du règne animal, traité jusqu'ici en esclave, et qui plus est en esclave de guerre. Aussi, quand je rencontre sur mon chemin des chevaux suant, peinant et soufflant par centaine à voiturer dans de lourds tombereaux les matériaux nécessaires à la construction de nos lignes de fer, je ne puis me défendre de voir en eux les instrumens, et si j'osais ainsi parler, les martyrs de l'affranchissement de leur race.

Je viens de dire que la vapeur me semblait un des plus puissans auxiliaires du développement de l'instinct chez les animaux domestiques et surtout chez les bêtes de somme. Ce n'est point ici un résultat en l'air ; c'est une opinion basée sur des faits. On n'exagère rien en portant à deux millions par an le nombre de chevaux qu'il serait nécessaire d'employer pour les transports et les travaux qui se font maintenant en Angleterre, en France et en Belgique par les machines ; c'est même rester bien au-dessous du chiffre réel. Cet état de choses tend de plus en plus à s'établir et à s'accroître. Le seul obstacle qui s'oppose encore à l'envoi des marchandises par le chemin de fer, réside dans les dépenses et les retards qu'occasionnent les transchargemens. Croirait-on, par exemple, que les *mareyeurs* ne se servent pas encore de la traction à vapeur sur la route de Rouen ? La nécessité de conduire le poisson au lieu de départ du chemin de fer et de le faire reprendre au débarcadère de Paris, entraînerait des frais, des changemens de voitures et d'autres inconvéniens qui ne se trouvent point suffisamment compensés par la célérité du voyage. Cette difficulté existe pour un grand nombre de transports. On cherche en ce moment un moyen d'obvier aux vices de l'état de choses actuel, soit par l'établissement d'un chemin de fer circulaire chargé de relier entre elles toutes les lignes qui convergent vers Paris, soit par la création de plusieurs grands centres d'industrie, situés sur le passage des convois et destinés à transmettre ou à recevoir des marchandises. Ces dispositions nouvelles ne présentent, il est vrai, qu'une efficacité incomplète; mais il faut tout attendre des progrès ultérieurs de la science économique.

Au milieu des améliorations qui se préparent et qui tendent toutes à remplacer les forces vitales par l'emploi des forces mécaniques, il est naturel de se demander ce que deviendra le cheval. Après avoir servi durant des siècles aux travaux et aux transports de l'homme, finira-t-il un jour par être rayé du nombre de ses auxiliaires? Ce résultat est peu probable. Les essais tentés dans ces derniers temps par la société des hippophages pour convertir le cheval en animal alimentaire n'ont pas été jusqu'ici très heureux. Rien ne porte à croire en outre que l'éducation du cheval comme serviteur de l'homme soit jamais abandonnée. Il y aurait une perte réelle pour les sociétés à venir dans l'absence d'une espèce si éminemment utile. L'homme, après avoir négligé cette conquête toute faite, se verrait peut-être obligé dans mille ans d'ici, d'inventer le cheval domestique. Heureusement, ce danger n'est pas sérieux. La conséquence du mouvement des machines, qui commence, sous nos yeux, ne sera ni la suppression du cheval comme animal auxiliaire, ni même son remplacement comme bête de somme, ce sera le perfectionnement de ses instincts. Délivré des services les plus durs, déchargé des fardeaux les plus pénibles, mieux soigné et mieux nourri, parce qu'il sera moins nombreux, ce noble serviteur, qui a si long-temps ployé sous nos transports, manifestera sous un régime meilleur des aptitudes plus variées. L'homme possède dans les

18.

animaux ce qu'il y cherche. Ne veut-il qu'un instrument, qu'un levier, le cheval est là pour le lui fournir. Que l'homme lui demande d'autres services, en
rapport avec d'autres instincts de cet animal perfectionné, et nous croyons qu'il les obtiendra de même.
L'éducation du cheval continuée et agrandie en vue
de besoins nouveaux aura pour résultat de le transformer. Ce mot n'a rien d'excessif. Si nous comparons les chevaux des peuples demi-sauvages à ceux de
notre continent, nous trouverons que les premiers
n'ont ni les formes, ni les habitudes, ni les mœurs
de nos chevaux domestiques; ce sont à peine les
mêmes animaux. La civilisation ne change guère d'é-
poques ou de degrés de latitude sur le globe, que
tout ne change aussitôt dans la nature.

Quels seront les caractères de cette transformation?
A quels ouvrages nouveaux le cheval pourra-t-il être
employé? Nous n'aventurerons pas nos conjectures
dans les ténèbres d'un monde qui reste pour nous inconnu. Il y aurait une sorte de témérité puérile à
vouloir préciser d'avance la figure de certains progrès
du règne animal, laissons-les donc enveloppés dans les
voiles du mystère. Contentons-nous de prévoir scien-
tifiquement l'avenir de nos bêtes de somme sur une
donnée générale. Tant que l'homme a senti la nécessité
d'une force vivante pour remuer la nature animée, il a
pris cette force dans les animaux domestiques; aujour-
d'hui qu'il commence à trouver et qu'il trouvera de
jour en jour son plus puissant mobile dans la matière
même, organisée par les mains de l'art, il abandon-
nera peu-à-peu l'usage de ces animaux comme instru-

mens de trait et de transport, et tournera leurs facultés vers un autre ordre de services plus compliqués. L'éducation de ces animaux se développant leur utilité s'accroîtra.

La domesticité doit avoir en vue d'augmenter non-seulement les forces physiques des animaux auxiliaires, mais encore leurs forces morales, c'est-à-dire leurs instincts. Les bénéfices que la classe laborieuse retirerait de ce dernier perfectionnement sont innombrables. Nul au monde n'ignore que la puissance productive s'accroît en raison du nombre et surtout de la capacité des travailleurs. Cela est non-seulement vrai des hommes, mais aussi des animaux que l'homme s'est associés dans ses travaux les plus pénibles. La domesticité des espèces auxiliaires considérée comme moyen d'amélioration du sort des classes industrielles, est une des plus graves questions d'économie pratique. Il n'y a pas une seule race domestique en France dont le perfectionnement ne contribuerait à étendre la liberté humaine pour l'ouvrier de nos campagnes. Tel animal, dressé à certains emplois, affranchirait le travailleur agricole d'une tâche pénible, malsaine ou fastidieuse. En l'absence de cet animal auxiliaire, l'homme prend les forces nécessaires à un tel travail dans sa propre espèce, souvent même dans sa famille. Sans accroître le nombre des races domestiques (ce qui serait d'ailleurs un autre genre de bienfaits), le seul développement de l'instinct et des forces physiques chez nos animaux actuellement soumis, constituerait, pour l'industrie agricole, une somme considérable de bien-être. Nous pouvons en juger par les avantages que la liberté humaine recueille déjà de l'éducation des animaux domestiques, avantages toujours proportionnés au degré d'instinct de ces animaux et à la civilisation des peuples qui les possèdent. Quelle distance du chien sauvage, sorte de chacal borné et vorace, ou même du chien des Esquimaux, propre seulement à mouvoir des traîneaux sur la glace, au chien des sociétés plus parfaites. La domesticité en faisant de cet animal le compagnon de l'homme, lui a, pour ainsi dire, communiqué une seconde nature. La science constate que le chien sauvage n'aboie pas; l'aboiement est, chez le chien domestique, si utile à nos basses-cours, une habitude acquise, une sorte d'imitation de la voix humaine, transmise héréditairement d'individu à individu, et qui devient comme naturelle dans notre commerce. C'est pourtant à cette faculté artificielle que le chien doit d'être le gardien de la demeure de l'homme, de ses richesses, de sa vie. Plus une nation est industrieuse, plus elle compte d'espèces domestiques, et plus aussi elle les applique à des destinations utiles. Dans les États-Unis, par exemple, on se sert du chien de la maison pour battre le beurre. Cette tâche n'est pas très pénible, sans doute, mais elle est monotone; il résulte de l'emploi des forces animales à cet usage presque journalier un véritable soulagement pour les maîtres ou pour les serviteurs de la maison.

S'il faut en croire des récits plus ou moins merveilleux, l'ours dans quelques contrées du Nord, l'orang-outang entre les tropiques, rendent déjà dans l'intérieur des habitations, quelques services. Des ours civilisés, racontent les mêmes voyageurs, deviennent les compagnons et, pour ainsi dire, les amis des pâtres qui conduisent leurs troupeaux ; un peu plus, ils garderaient eux-mêmes les moutons, en jouant du chalumeau comme les bergers de Virgile. On connaît les exercices auxquels les seigneurs indiens dressent le guépar, ce tigre devenu chien sous la main de l'homme. Tous ces faits, auxquels on pourrait en ajouter d'autres, montrent que la nature des animaux est susceptible de variations infinies. La domesticité des animaux, même les plus entièrement soumis, n'est pas une œuvre terminée. L'action des sociétés change avec le temps les espèces sauvages en de nouvelles espèces, dont elle remanie sans cesse les facultés naturelles, les mœurs et jusqu'à la figure. Il existe dans les contes et les traditions de l'Orient, mille récits qui ne sont que des symboles de la domination possible de l'homme sur la nature inférieure. Un voyageur me racontait avoir vu dans un temple de la Perse une riche tenture représentant un maître de maison qui se fait servir par des singes et par d'autres animaux domestiques. Tous ces êtres privés de raison, versent à boire, ferment les portes, couvrent la table, remplissent, en un mot, sur la tenture les diverses fonctions du ménage. L'esclave se trouve ainsi supprimé par le ministère de ces nouveaux serviteurs. Une telle fantaisie charmante n'est-elle pas, comme tant d'autres monumens de l'art, une image exagérée sans doute et comme un pressentiment confus de l'état auquel une éducation suivie

pourrait amener les facultés des animaux ? Qui empêche en effet de croire que ces derniers ne puissent
devenir par la suite, dans certaines limites fixées par
la nature, les vrais domestiques et, pour tout dire,
les familiers de l'homme. — L'antiquité nous révèle
des faits semblables, surtout quand on s'approche
de l'Inde, ce berceau de la civilisation des peuples.
Orphée, Bacchus, avaient, dit-on, adouci les tigres,
au point de les atteler à leurs chars, comme des
animaux domestiques. Bacchus leur servait du vin
dans des coupes ; la musique, le chant, les sons de
la lyre achevaient leur éducation. Faut-il voir
dans ces fables de simples jeux d'imagination poétique, ou l'histoire, plus ou moins ornée, d'essais
très anciens de domesticité, entrepris sur des animaux féroces ? De telles expériences sont à refaire aujourd'hui ; je m'étonne qu'on n'ait encore soumis les tigres et les lions du Jardin des Plantes à
aucun traitement utile ; peut-être existe-t-il, en effet,
dans certaines liqueurs enivrantes, dans les sons
combinés d'une musique tendre et amollie, des vertus
efficaces pour adoucir le naturel farouche des animaux eux-mêmes ? Ce qui a lieu dans certains cas de
délire furieux me le donne à penser. L'action de la
domesticité répandra peut-être, un jour, une sorte
d'ivresse sur les monstres enchantés par elle et soumis.

Mais tenons-nous au présent et à la réalité. L'instinct des animaux domestiques étendu par l'éducation et combiné avec l'art des machines, nous rendrait
d'ici à peu de temps des services que nous ne soup-
çonnons pas encore. Jusqu'ici l'agriculture n'a re-

cueilli du travail des bêtes de somme que des avantages médiocres, comparés à ceux qu'elle aurait pu
tirer du concours de ces animaux perfectionnés. Nous
pouvons en juger par un seul exemple. Croirait-on, en
vérité, que la charrette, cet instrument si imparfait, soit une invention toute moderne, dont l'emploi
ne s'étend pas même encore à un tiers du monde habité? Comment calculer la somme de bien-être que
cette mécanique si simple, en s'adaptant à de nouveaux instincts du cheval, a procuré aux sociétés modernes de notre continent! Substituer la force des
animaux domestiques à celle de l'homme, et mieux
encore, unir la force des machines à celle des animaux, c'est marcher sur les conditions mêmes du
progrès matériel et moral des peuples civilisés. L'é-
conomie politique doit tendre à reposer de plus en
plus les bras des classes industrielles et agricoles, afin
de leur ménager le temps et les moyens d'exercer les
facultés de l'intelligence. L'agriculture, en effet,
comme tous les arts utiles, ne se perfectionne pas
moins par le travail de l'esprit que par le travail des
mains. Plus l'ouvrier des champs sera instruit, et plus
il sera le roi de la terre sur laquelle il exerce ses forces
physiques. Chez les anciens, Apollon présidait en
même temps à l'agriculture et aux arts libéraux.

Résumons-nous : les animanx domestiques soulagent l'homme; les machines soulagent l'homme et
les animaux. — Entrez dans cette usine, dont le four-
neau toujours ardent rougit à l'horizon comme un
œil de Cyclope. Quel travail! Ces machines, comme
elles gémissent! ces dents de fer, comme elles grin-

cent ! La sueur dégoutte le long de ces membres d'a-
cier, qui se soulèvent et retombent avec un bruit
pesant. La vapeur est un soupir ; c'est un cri ! toujours la douleur, mais la douleur physique, la douleur insensible, si l'on ose ainsi dire. L'homme s'a-
vise enfin de rejeter sur les élémens la fatigue et le
poids du travail. Prométhée ne pouvant tuer le vautour éternel a imaginé de mettre une autre victime
à sa place. Il a d'abord mis le règne animal. Maintenant il dit à la vapeur : Ronge ce roc ! mords ce fer !
tourmente cette roue ! — Tandis que la matière se
déchaîne ainsi contre la matière, le règne animal
respire ; l'homme surtout brise peu-à-peu les liens de
la nécessité qui le fixaient au dur rivage, et retire son
flanc meurtri. Une nouvelle ère commence pour les
sociétés et pour la nature.

L'homme a reçu de la nature l'instinct et l'intelligence. Quand on y réfléchit, on trouve que ces deux
conditions étaient nécessaires pour établir son règne
sur les animaux. Si l'homme jouissait uniquement de
l'instinct, n'ayant rien reçu de plus que les autres
créatures, il n'eût jamais pu les soumettre ; d'un autre côté, s'il eût joui seulement de l'intelligence, il
n'aurait compris ni les besoins des êtres inférieurs, ni
leurs penchans, et il aurait manqué des moyens élémentaires pour communiquer avec eux. Il fallait que
l'homme eût ses racines dans l'animalité; il fallait
qu'il fût animal lui-même, pour qu'il existât un lien
primitif de société entre sa nature et celle des autres
êtres vivants. Les derniers travaux de la science em-
bryologique, auxquels se rattachent d'une manière si

éclatante les noms de Geoffroy-Saint-Hilaire et de
M. Serres, donnent à cette vue générale une force de
démonstration nouvelle. L'organisation de l'homme
répète successivement celle de tous les êtres inférieurs : il a passé, durant la vie intra-utérine, par tous
les principaux états de la création, par toutes les
grandes formes de la série animale ; il a non-seulement en lui-même de la bête, comme on l'a dit, mais
de toutes les bêtes, et c'est par là qu'il tient à l'universalité des habitans du globe. Il a de plus l'âme,
— une âme faite à l'image du créateur, et c'est d'elle
qu'il tire sa supériorité.

Après avoir cherché son utilité dans la possession
des animaux domestiques, le maître doit ensuite consulter le bien-être de ses serviteurs. Dieu ne veut pas
que la nature souffre ; Dieu veut que la nature soit
heureuse sous la main de l'homme. Ce sont nos passions égoïstes qui s'opposent aux volontés de l'Éternel. Pour ce spéculateur effréné, pour ce riche avare,
la création n'existe pas, ou elle n'existe que comme
un moyen de fortune. Il affaiblira les races domestiques par le manque de nourriture et par une fécondité débilitante : que lui importe? A la place de ces
êtres, sortis de la main du créateur dans tout le luxe
de l'abondance et de la force, il fait des fantômes, il
fait des monstres. L'obligation du jeûne qu'il ne veut
plus recevoir de la part de l'Église, il l'impose aux
animaux par économie ; il en fait les anachorètes de
sa cupidité. Il est temps que l'opinion publique se
soulève contre ces froids calculs qui enrichissent
quelques individus, mais qui appauvrissent la créa-

tion et la société. Les animaux sont nos convives au grand festin de la nature : place, place pour tous!

La lutte avec les animaux a été nécessaire ; elle ne l'est plus. Le but de la domesticité n'est pas d'entretenir à la surface du globe une conquête violente qui ressemble toujours aux suites d'une guerre ; c'est d'y établir la paix. La présence de l'homme doit communiquer des sentimens plus doux aux animaux eux-mêmes et humaniser en quelque sorte toute la nature. Nous en avons déjà des exemples sous nos yeux dans l'association produite par notre commerce entre des espèces hostiles, qui, dans l'état sauvage, ne se rencontraient que pour se fuir ou pour s'attaquer. L'homme est le lien moral de toute la création ; c'est en lui et par lui que les mille rayons de la vie arriveront un jour à l'unité.

A mesure que l'intelligence s'élève le cœur s'élargit ; l'individu a d'abord limité ses affections à la famille, ensuite à la patrie, et enfin par un dernier effort, à l'humanité. L'économie politique est destinée à étendre non-seulement la charité sur l'espèce humaine, mais encore sur les espèces inférieures. Le maître s'habituera avec le temps à ne plus voir seulement dans les animaux auxiliaires des instrumens, mais des ouvriers. Il y a de merveilleuses jouissances attachées à cette dilatation de nos sentimens. Voici bientôt deux mille ans qu'un poète comique fit réciter sur le théâtre de Rome ce vers fameux, devant lequel la conscience païenne tressaillit, et salua par des applaudissemens l'aurore du christianisme :

Homo sum : nihil humani a me alienum puto.

Le moment est venu d'élargir encore le pressentiment si noble, par lequel le poète affranchi, préludait sans le savoir à une nouvelle ère. L'homme n'est pas fait pour entrer seulement en communion avec les autres hommes; il est fait pour participer en outre à toute la nature. Nous pouvons déjà nous écrier, après Térence : « Je suis créature : rien de ce qui appartient à la création ne m'est étranger ! »

La domesticité des animaux n'est pas uniquement une œuvre économique, c'est une œuvre religieuse. Le culte des animaux et de tous les êtres privés de raison, c'est de se faire connaître à l'homme et de servir par leur entremise à lui faire connaître son auteur. Tant qu'ils demeurent à l'état sauvage, le ministère de ces êtres bruts est encore incomplet. Auteur du perfectionnement de l'état de nature, la domesticité approche sans cesse par l'éducation les êtres inférieurs de l'idéal divin dont ils dérivent ; elle les crée une dernière fois, elle les achève, et dans cette œuvre d'intelligence, qui est en même temps une œuvre de foi, elle seconde la puissance éternelle qui a formé l'univers. L'homme attire à lui toutes les créatures ; Dieu attire l'homme : ainsi va le monde.

MUSÉE D'ANTHROPOLOGIE.

I. — Histoire naturelle de l'homme.

Nous avons au Muséum tout l'univers et toute la création sous nos yeux : les mollusques, les insectes, les crustacés, les reptiles, les oiseaux, les mammifères, s'y montrent avec presque toutes leurs variétés : que manque-t-il donc à cette grande convocation des êtres? Ce qu'il y manque, peu de chose en vérité, l'homme. Cherchez-le dans ces galeries où abondent tous les animaux : il n'y est pas. Faut-il attribuer, avec un savant professeur, cette lacune si grave à l'espèce de terreur que nous inspirent le mystère de notre nature et la connaissance de nous-mêmes? Nous ne le croyons pas. Il y a une autre raison, qui motive au Muséum d'histoire naturelle l'absence physiologique de l'homme. Le génie humain répète, sans le savoir, dans toutes ses créations l'ordre ancien que la nature a suivi dans l'enchaînement de ses œuvres. Le Jardin des Plantes a commencé par donner asile au règne minéral et végétal. La vie ne se montra que beaucoup plus tard dans cet établissement qui était destiné à reproduire, comme malgré lui, la marche des formations du globe, et encore ce fut la vie en image. Des animaux empaillés se hasardèrent d'abord en petit nombre. Les apprêts que l'art avait donnés à leur cadavre rappellent l'ancien travail de la nature pour ravir à la destruction la forme des êtres qui ne sont plus. Grâce à l'établissement de la ménagerie et au perfectionnement des collections, tout le règne animal fut successivement représenté dans ce jardin qui ne s'ouvrait autrefois qu'à la botanique. L'absence unique du dernier né de la création trace aujourd'hui pour le Muséum une situation analogue à celle qui précéda dans l'univers l'avénement de l'homme. C'est par l'apparition de ce nouveau venu dans le temple de la science, que le Jardin des Plantes recevra son achèvement. L'histoire naturelle de l'homme doit couronner un jour l'histoire des animaux.

Un ossuaire anthropologique, plutôt ébauché qu'entrepris, figure tristement dans les salles du musée d'Anatomie comparée. Il sera temps d'y revenir tout-à-l'heure, lorsque nous aurons porté suffisamment notre souvenir et notre intérêt sur un système, qui mérite d'être étudié. Les travaux du docteur Gall ont servi d'assise à la plupart des travaux modernes sur la physiologie du cerveau. Sans rien préjuger sur une doctrine qui ne paraît pas devoir survivre tout entière à son auteur, nous allons d'abord retracer le portrait de l'homme.

II. — Le docteur Gall.

A Mont-Rouge, dans une avenue plantée de tilleuls, connue sous le nom de l'allée du Pot-au-Lait, aujourd'hui fort dévastée et coupée à son milieu par le fossé de l'enceinte continue, au fond d'un grand pensionnat où bourdonne à certaines heures un essaim d'enfans, se cache sous les arbres une petite maison enveloppée de jardins. Par la manie que j'ai de rapporter la forme des lieux au caractère des hommes qui les ont habités, je me mis à chercher quel pouvait avoir été le maître de cette retraite. Le silence qui règne en tout temps dans cet endroit reculé, les masses de feuillage dont ce jardin et cette maison se trouvent protégés en été contre les regards curieux des voisins, je ne sais quelle obscurité douce qui invite tout bas à la méditation, tout me donna l'idée que cette maison avait appartenu à un ami de la science. La tournure rigide du bâtiment, la modeste façade à volets verts, l'ordonnance froide et nue des chambres cénobitiques, me firent croire que l'hôte de ces lieux devait être un de ces solitaires de la pensée qui cherchent dans l'étude une Thébaïde. S'il est vrai, comme je n'en doute pas, que l'homme s'imprime sur la nature, il était difficile de ne point reconnaître un esprit inventeur à la disposition bizarre du terrain, inégal, tourmenté, insolite, occupé

çà et là par des taillis interrompus, distribué en tout
sens avec un certain désordre intelligent, et orné,
pour ainsi dire, d'une grâce systématique. Enfin quelques masques moulés en plâtre dont le hasard m'aida
à découvrir les débris dans un coin du jardin m'in-
diquèrent que l'ancien familier de ces ombrages devait être un de ces sages modernes qui s'exercent à
la science de l'homme. M'étant alors informé auprès
du nouveau propriétaire, j'appris que cette petite
maison de campagne avait servi de retraite dans les
derniers temps de sa vie au docteur Gall.

C'est là que je lus pour la première fois le grand
ouvrage de la *Physiologie du cerveau*. Il y a un
charme particulier à prendre connaissance d'un livre
aux lieux mêmes où son auteur l'a sans doute composé. La nature modifiée autour de vous par cet
homme éteint, dont elle garde encore la trace vivante,
explique et commente silencieusement les passages
obscurs de son œuvre. Il semble qu'il reste un peu
de son souffle dans les branches que le vent agite sur
votre tête. Vous vous conformez naturellement au
sentiment général que les objets extérieurs expriment
devant vos yeux ; il n'y a pas de meilleure disposition
que celle-là pour communier à la pensée de votre
auteur. Nous vécûmes huit jours de la sorte dans la
compagnie occulte du docteur Gall, nous asseyant
sur l'herbe aux mêmes endroits où il s'asseyait, respirant le même air, animés de la même ardeur de la
science, lui mort, moi vivant, tous les deux rapprochés par la nature. Cette présence mystérieuse de
Gall, qui se joignait à la lecture de son ouvrage

pour lui donner le caractère d'une conversation intime, me mit bien vite dans la confidence de l'homme et de son système. Nous devînmes les meilleurs amis du monde, et je ne tardai pas à lui demander l'histoire de sa vie.

L'histoire de Gall n'est guère que l'histoire d'une idée; il n'y faut pas chercher les événemens. Le grand père de notre savant habitait l'Italie, et s'appelait Gallo. Moins Allemand qu'Italien, et selon toute probabilité Français d'origine (*Gallus*) (1), le docteur Gall était né à Tiefenbrunn, village du grand-duché de Bade, où il passa les premières années de son enfance dans la maison paternelle. La Providence, qui a soin de mettre autour du berceau de chaque homme supérieur les élémens nécessaires à son développement moral, avait favorisé le jeune Gall d'une nombreuse société de frères et de sœurs. Ces enfans, unis entre eux par les liens de l'âge et du sang, servirent les premiers de sujets à l'inventeur de la phrénologie. Il les observait à son aise, vivant avec eux sous le même toit, dans tout l'abandon de la familiarité. Ce qui le frappa, ce fut la différence des caractères entre ces enfans, au nombre de dix, élevés ensemble sous l'influence d'une éducation commune. « Chacun de ces individus, dit-il, avait quelque chose de particulier, un talent, un penchant, une faculté qui le distinguait des autres. Cette diversité détermina notre indifférence ou notre

___

(1) Il y aurait lieu à de très curieuses recherches sur les pérégrinations des noms propres ; on remonterait ainsi aux influences des races sur le caractère des hommes célèbres.

affection, et nos aversions réciproques, de même que nos liaisons, notre dédain et notre émulation. » Le jeune Gall remarqua notamment l'un de ses frères qui avait un penchant décidé pour la dévotion : ses jouets étaient des vases d'église qu'il sculptait lui-même, des chasubles et des surplis qu'il faisait avec du papier ; il priait Dieu et disait la messe toute la journée. Cette variété de goûts et d'inclinations dans les membres d'une même famille fit réfléchir Gall, et éveilla tout d'abord son attention adolescente sur des faits qu'il devait féconder par la suite.

Son naissant génie l'entraînait déjà dans les campagnes, dans les forêts, pour faire des observations sur les papillons, les insectes, les oiseaux : avant de savoir qu'il y eût une histoire naturelle, il avait étudié la nature. Gall entra au collége. Dans le cours de ses études, il rencontra parmi ses camarades les mêmes différences de caractères et d'aptitudes que parmi ses frères et sœurs. Quelques-uns apprenaient avec facilité, d'autres manifestaient du talent pour des choses qu'on ne leur enseignait même pas. Gall recueillait en silence toutes ces observations. Il nota chacun de ses condisciples, et lui trouva des qualités ou des défauts qui étaient déterminés. Il suivit ses amis dans leurs jeux, et découvrit que chacun imprimait à ses récréations une allure particulière. Tandis que les uns se livraient à des exercices bruyans, on en voyait d'autres qui se plaisaient à peindre des images, à cultiver un jardin, à parcourir les bois pour y dénicher des merles ou des sansonnets. Aucun de ces détails n'échappait à l'enfant observateur, qui se servit d'abord de ces remarques pour régler sa conduite et ses rapports. « Je n'observai jamais, écrivait-il plus tard en repassant sur les premières années de sa vie, le regard doux et mélancolique de l'homme mûr, que celui qui une année avait été un camarade fourbe et déloyal, devînt, l'année d'après, un ami sûr et fidèle. » Philosophe avant de savoir qu'il y eût une philosophie, le jeune Gall faisait surtout son profit de ces remarques pour s'exercer au jugement. Il offrit dès ses premières années un remarquable exemple du dogme scientifique des dispositions innées, dogme que l'homme fait devait introduire plus tard dans le monde. Cet esprit d'observation l'accompagnait dans le cours de ses études, où il n'était pas si heureusement secondé par la mémoire. Une telle infériorité le mit à même de reconnaître que les concurrens les plus redoutables étaient des enfans de son âge qui apprenaient aisément par cœur. Ainsi mis à profit, les échecs qu'il essuyait dans ses classes le servaient mieux pour l'avenir que n'aurait pu faire un succès.

Quelques années après, Gall changea de séjour, et eut le bonheur de rencontrer encore des condisciples doués d'une grande mémoire qui l'emportaient sur lui dans leurs études. Gall, vaincu, s'en vengea en les observant, et trouva une seconde fois le moyen de changer sa défaite en triomphe. Tous les élèves, remarquables par leur extrême facilité à retenir leurs leçons, avaient de grands yeux saillans. Cette remarque fut pour Gall un trait de lumière. Ces grands yeux saillans ressemblent, pour l'inventeur de la

phrénologie, à la pomme de Newton. L'écolier se dit
à lui-même que s'il y avait un rapport, comme il
commençait à le croire, entre la mémoire et la forme
des yeux, il n'était donc pas impossible de reconnaître
les facultés morales d'un individu par des signes extérieurs. On se demande maintenant si de tels hasards
ont été réellement la cause des découvertes plus ou
moins heureuses qui les ont suivis; nous croyons qu'ils
en ont été tout au plus l'occasion. Bien des pommes
étaient tombées des arbres avant Newton; bien des
lampes suspendues à la voûte des églises avaient suivi,
avant Galilée, leur mouvement oscillatoire; bien des
élèves avaient eu à côté d'eux dans leurs classes des
camarades à gros yeux en saillie; ni les uns ni les autres n'avaient jamais songé à conclure de ces faits la
loi de l'attraction des corps célestes, ni la théorie du
pendule, ni avant Gall, la manifestation de l'homme
moral par la forme du cerveau. Le fondateur de
la phrénologie avait en lui-même l'idée qui a servi
de germe à son système, et le mouvement des circonstances extérieures ne contribua guère qu'à dégager cette idée.

Gall changea encore une fois le théâtre de ses études : il alla à une université d'Allemagne; ces déplacemens le mirent à même de renouveler ses expériences sur des sujets inconnus. Tandis que ses concurrens
étudiaient leurs leçons, Gall les étudiait eux-mêmes;
il se confirma de la sorte dans son sentiment que la
mémoire coïncidait avec le développement et la saillie
des yeux. La répétition du même fait sur des individus séparés avait exclu de sa pensée le soupçon de

hasard. Après y avoir mûrement réfléchi, il imagina que si la mémoire se reconnaissait par des signes visibles, il en pouvait bien être de même des autres facultés intellectuelles. Il continua donc ses recherches. Dès-lors tous les individus qui se distinguaient par un talent quelconque furent l'objet de son attention. Peu-à-peu il se flatta d'avoir trouvé d'autres caractères physiques qui indiquaient d'autres dispositions de l'esprit. A mesure qu'il avançait en âge, Gall avançait silencieusement dans sa théorie. Il ne tarda pas à donner à ses réflexions une base plus large que celle du collége; il la trouva dans le spectacle varié du monde qui se renouvelait sans cesse devant ses yeux. Le fait moral qui semble avoir particulièrement frappé l'inventeur de la nouvelle doctrine sur les fonctions du cerveau, c'est que la plupart des hommes naissent avec des inclinations de nature. Tel enfant est porté au mensonge, tel autre au vol; ces penchans sont souvent indépendans de l'éducation, et se fortifient avec l'âge, malgré le soin qu'on prend de les combattre. Gall eut connaissance de gens du monde qui volaient uniquement pour voler. Quelques-uns prenaient des objets inutiles; d'autres avaient, en les dérobant, l'intention de les rendre. Moritz raconte, dans son *Traité expérimental de l'âme,* l'histoire d'un voleur qui, étant à l'article de la mort, étendit la main pour escamoter la tabatière de son confesseur. Il est probable qu'il n'en voulait pourtant rien faire dans l'autre monde. Un homme de bonne famille, ayant senti une pareille inclination au vol dès son bas âge, espéra intimider cet attrait fatal par la rigueur des lois militaires. Il entra dans l'armée, où il vola et fut condamné à mort. Ayant obtenu sa grâce, et cherchant toujours à détruire cet ennemi intime qui le poussait à dérober, il se fit capucin. Son penchant le suivit dans le cloître. Comme il ne pouvait plus soustraire que des bagatelles, il se livra à son naturel sans s'en inquiéter : il prenait des ciseaux, des chandeliers, des tasses, des gobelets, et les emportait dans sa cellule. Ceci fait, il ne les cachait pas; il déclarait, au contraire, qu'il les avait emportés, et que le propriétaire pouvait se donner la peine de les reprendre. Ces faits et quelques autres dont Gall eut connaissance le préoccupèrent fortement. Si ce mystérieux penchant au vol n'avait pour cause, dans certains cas, aucune des influences qu'on lui assigne d'ordinaire, le mauvais exemple, la dissipation, le besoin, il fallait bien chercher cette cause autre part; Gall fut d'avis qu'on la trouverait dans l'homme.

Il raisonna de même pour les dispositions intellectuelles. Le langage vulgaire devait avoir philosophiquement raison lorsqu'il dit : Tel homme est né poète, tel autre musicien. Gall trouva profond le mot naïf d'un de ses anciens condisciples qui, éprouvant une grande difficulté naturelle pour l'étude des langues, disait à son professeur : « Je ne suis pas conformé pour apprendre le grec. » On était déjà d'accord, de son temps, que les arts demandent de la part de ceux qui les exercent une vocation. Les écrivains, dans le désespoir de trouver au juste la raison de ces facultés naturelles, imaginèrent même quelquefois de les attribuer, par manière de métaphore, à l'influence des astres. On connaît le vers de Boileau :

Si son astre en naissant ne l'a formé poète.

Or qu'était cette explication, sinon l'aveu de l'ignorance où l'on était de la cause véritable qui préside aux dons si variés de l'intelligence? Gall déclara que cette influence secrète imaginée par les poètes, ce feu sacré, comme disaient d'autres, devait avoir son siége dans l'organisation. C'est là qu'il fallait aller chercher, suivant lui, le secret des facultés humaines et non ailleurs. La question qui demeurait encore à résoudre était celle de savoir si ces facultés s'avouent dans l'individu par des signes possibles à reconnaître. Gall, fort de ses observations de jeune homme, se crut en droit de conclure pour l'affirmative. Il était d'ailleurs amené à une telle manière de voir par les forces mêmes de cette impulsion naturelle dont il venait révéler les lois. Il y a des êtres doués en naissant de facultés en quelque sorte divinatoires, pour lesquels le masque humain est plus transparent que pour tout autre; en leur présence les énergies occultes de la nature se déconcertent; et le secret de Dieu, si bien gardé d'ordinaire par l'organisation, se laisse quelquefois surprendre. Gall était un de ces hommes-là.

Au fond, la tentative de Gall n'était pas si nouvelle qu'elle fût précisément téméraire. Long-temps avant lui, on avait cherché dans les signes extérieurs de l'être la manifestation de ses qualités ou de ses défauts naturels. La chiromancie, ou interprétation de l'homme par les lignes de la main, la métoposcopie, ou divination par les lignes du front, la physiognomie, ou connaissance de l'individu par les traits du visage, avaient essayé, depuis plusieurs siècles, de percer le voile derrière lequel la main de Dieu avait caché le secret des destinées humaines. Mais de ces trois sciences, les deux premières étaient alors abandonnées comme complétement arbitraires et paradoxales ; la physiognomie jouissait depuis Lavater d'une meilleure réputation ; toutefois, elle manquait par beaucoup de côtés, et les esprits un peu clairvoyans la déclaraient insuffisante pour rendre compte des mystères de notre nature. Gall crut que le moyen d'approcher de la vérité était d'étudier le cerveau comme le siége de toutes les manifestations intellectuelles et morales de l'homme. Il arriva à l'étude de la médecine avec ces idées faites. Ce fut à Strasbourg qu'il reçut ses premières leçons d'anatomie du célèbre professeur Hermann. Avant d'avoir jamais manié le scalpel, Gall avait pressenti une grande partie des lois que la science avait alors découvertes et de celles qu'elle n'avait pas découvertes encore. Dans les écoles de médecine il avait entendu parler des fonctions du foie, de l'estomac, des reins : mais il se plaignait qu'on ne lui eût rien dit dans les cours, ni dans les ouvrages de médecine, sur les fonctions du cerveau. C'était pourtant, à son avis, le livre où Dieu avait scellé le mystère de la vie humaine. Il en est toujours ainsi du livre des secrets de la nature ; après avoir résisté à tous les efforts des siècles, il s'ouvre tranquillement de lui-même lorsque l'heure de la manifestation est arrivée.

Nous n'entendons pas dire qu'avant Gall on n'eût émis dans le monde aucune de ses idées sur le siége des facultés de l'âme (1); mais autre chose est en science le pressentiment vague d'une découverte, et cette découverte elle-même arrivée à l'état de démonstration. Gall eût perdu plus de temps à réunir les opinions de ses devanciers sur cette matière qu'il n'en mit à les inventer dans son esprit; et encore, vu l'état imparfait de ces données diffuses, n'eût-il guère fait que rassembler des ténèbres. Il prit donc délibérément la seule route qu'il avait à prendre, celle de l'examen et de l'intuition. Son principal soin fut même d'isoler son jugement des lectures qui auraient pu l'influencer. Gall se fit de cette solitude morale une règle de conduite ; il sut ignorer ce qu'on avait dit et fait avant lui, quitte à rechercher plus tard, quand ses forces seraient épuisées, les témoignages des anciens en rapport avec sa doctrine. Jusque-là, le seul ouvrage qu'il eût sans cesse sous les yeux fut le livre

(1) J'ai recueilli et publié ailleurs des extraits d'anciens ouvrages, qui ont prélude de siècle en siècle à la physiologie moderne du cerveau : « L'âme de l'homme, dit Christian Molderanius, étant douée d'un grand nombre de facultés, il fallait lui donner un domicile plus vaste qu'à celle des autres animaux, et qui contînt plus d'instrumens, *idque pluribus contineri instrumentis.* » Goglenius, auteur d'un livre sur la physiognomie, affirme qu'une tête absolument trop petite, comme celle de l'autruche, annonce un être idiot, et étranger à toute conception : « *Caput valde parvum quisquis habuerit , is ab omni erit sensu humanoque captu alienior.* » Le rapport entre les formes du crâne et les diverses facultés de l'esprit avait été de même l'objet de recherches assidues. On peut consulter les rapprochemens que j'ai établis entre ces diverses citations et le système de Gall.

de la nature. Entouré d'animaux privés ou sauvages, il se mit à étudier leurs mœurs en les comparant aux mœurs des hommes. Il rencontra la même différence de penchans, la même variété d'instincts que dans l'espèce humaine. Comme ses nouveaux sujets ne cherchaient point à dissimuler, il put les observer à son aise. Un pigeon était le mari fidèle de sa colombe, tandis qu'un autre (un vrai don Juan de pigeon) se glissait dans tous les colombiers pour séduire et emmener les femelles amoureuses. On ne pouvait alléguer dans ce cas l'influence d'une mauvaise éducation. Un chien était presque de lui-même habile à la chasse, pendant qu'un autre de la même race et de la même portée se refusait à cet exercice ou ne se laissait dresser qu'à grand'peine. Un oiseau écoutait avec beaucoup d'attention l'air qu'on jouait à ses oreilles, et le répétait avec une facilité singulière ; un autre de la même couvée n'apprenait que son chant naturel. Gall observa tous ces faits par lui-même avec une patience d'Allemand ; il passa à la loupe de son imagination lucide et persévérante les détails les plus minutieux. Cette étude des animaux, prise sur le vif, le confirma dans sa foi en l'existence de forces primitives chez l'individu, et souvent même indépendantes des lois de l'espèce.

Gall ne pouvait guère se dissimuler que la science et la philosophie comme on les enseignait de son temps, ne fussent contraires à ses idées ; il crut avoir raison, malgré la science et malgré la philosophie. L'école allemande professait que tous les hommes naissent semblables, et que les différences remarquées entre les individus viennent des différens milieux dans lesquels la société les a plongés. Gall eut le courage de son opinion ; il résista énergiquement à cette théorie reproduite dernièrement par M. de Balzac dans sa préface de *la Comédie humaine*. C'était une volonté toute en ligne droite dans la direction d'une idée fixe. Quand il démontrait plus tard dans ses cours les fonctions du cerveau, il avait coutume de dire en portant sa main sur le sommet de la tête, à l'endroit où il avait placé lui-même l'organe de la fermeté : « Sans ce développement que vous voyez là, il y a long-temps que j'aurais été arrêté dans mes recherches. » Aucun homme en effet n'apporta autant d'efforts que Gall à la conquête d'une vérité ou d'une erreur. Ceux mêmes qui refusent d'admettre son système au rang des découvertes de la science , doivent du moins lui tenir compte de l'opiniâtreté de ses moyens pour forcer la nature à une révélation. Ayant reconnu que les idées des autres ne faisaient qu'embarrasser sa marche dans la recherche des propriétés fondamentales du cerveau, il eut le courage de renoncer à tout ce qu'il avait appris jusque-là. Il se mit hardiment sur les traces de la nature, sans autre guide que le hasard. Gall nous avoue lui-même que lorsqu'il commença ses recherches, il ignorait où il devait aboutir. Ce ne fut pas sans une appré - hension vague qu'il lança le vaisseau flottant de ses conjectures à la découverte d'un nouveau monde physiologique. Bien d'autres que lui avaient échoué sur cette mer orageuse des problèmes où l'âme ne s'aventure qu'à travers les ténèbres. Faire le tour du cerveau de l'homme était une entreprise encore plus vaste que de faire le tour du monde. Gall ne s'effraya point de ce voyage. Il osa parcourir les hautes régions de l'esprit humain, lever le plan de ces pays inconnus de la pensée, où nul n'avait encore pénétré, fixer les degrés de latitude du crâne en rapport avec les degrés de l'intelligence, poser les limites du monde moral et en décrire les circonférences; marquer, en un mot, sur la tète de l'homme comme sur une carte les principales divisions géographiques de l'âme. Une telle tentative n'était pas d'un esprit médiocre, et que Gall ait réussi ou échoué, il n'en restera pas moins comme le représentant d'une grande pensée. L'audace de sa tentative l'alarmait lui-même par instans sous la forme du remords (1). Préjugés de son temps, morale, religion, science, tout s'élevait contre lui, comme le fantôme du vieux monde devant les compagnons de Gama, pour lui dire : Arrête! — Gall n'écouta rien; il passa outre, et s'avança vers ces mers de l'inconnu, où les plus grands n'ont souvent fait, comme La Pérouse, qu'attacher leur nom à un naufrage.

La vie de Gall tout entière présente ce curieux spectacle d'un homme aux prises avec son idée et d'une idée aux prises avec son siècle. A mesure que Gall avançait dans sa découverte, les difficultés se multipliaient au-dedans et au-dehors. Tout lui devint obstacle. A ce choc perpétuel que rencontrait sa pensée en se heurtant contre les idées reçues, venaient

(1) « Combien de fois n'ai-je pas scruté ma conscience pour savoir si un penchant vicieux ne me guidait pas dans mes recherches ! (Gall , *Phys. du Cerveau*).

se joindre par instans le doute et la défiance de lui-même. « Je m'étais trompé si souvent, avoue-t-il avec ingénuité : qui pouvait me répondre que je ne me trompais plus. » Qu'il soit, oui ou non, chimérique de marquer des divisions sur ce terrain entièrement vierge du cerveau, où nul ne songeait alors à chercher des régions différentes pour les diverses facultés de l'âme, on n'en comprendra pas moins quel travail Gall a dû faire pour en arriver là. Il était servi dans ses recherches par de puissans instincts qui lui révélaient aisément les habitudes morales d'un être d'après l'ensemble de ses caractères extérieurs. Mais le tort de ces hommes à invention est précisément d'ériger en système ce qui n'est chez eux que la suite de facultés naturelles. Gall tomba comme les autres dans cette erreur. Dès le commencement, il voulut donner ses observations pour bases à une nouvelle doctrine, et toujours ces bases arbitraires fléchissaient devant des faits imprévus. De là des hésitations, des tâtonnemens sans fin : ses pas en avant n'étaient pour la plupart du temps que des pas en arrière ou à côté de la route; il avançait, et retirait aussitôt le pied de ces terrains trompeurs; il quittait la voie, y revenait de nouveau pour la quitter encore, et au milieu de toutes ces fluctuations morales, il se croyait comme ensorcelé par le génie de la nature dont il tentait les mystères. Ce ne fut qu'après avoir acquis une masse de faits au hasard, qu'il lui fut possible d'aller avec quelque certitude au-devant de faits nouveaux, et de les ranger dans un ordre toujours provisoire, que troublait souvent la moindre circonstance oubliée par ses calculs. Ces luttes du savant avec la nature, de l'inventeur avec les obstacles qui embarrassent sa découverte, inspirent moins d'intérêt à la foule que les batailles de Napoléon avec le monde : elles n'en sont pour cela ni moins grandes, peut-être ni moins profitables à l'humanité. Chaque doute résolu était pour Gall une campagne d'Égypte, chaque objection réfutée valait Austerlitz. Il s'avançait de la sorte pas à pas sur le champ de bataille de la science, gagnant du terrain, en perdant quelquefois, mais réparant ses défaites par une force de volonté irrésistible. Et puis le but de sa conquête était sublime, c'était la connaissance de l'homme.

N'espérant rien des livres, ne trouvant dans les professeurs de l'école que des contradicteurs de ses idées, Gall persista à ne tenir aucun compte des opinions de son temps. L'anatomie elle-même ne lui avait rien appris. Il avait beau interroger le cerveau, le scalpel en main, il ne pouvait en tirer aucune révélation sur le mécanisme de nos idées. Le cerveau sous le crâne ressemblait, pour lui, à ces momies égyptiennes qui, sous leur enveloppe de bois de cèdre, gardent depuis plus de deux mille ans le secret de la tombe. Gall crut qu'il fallait surprendre la nature par d'autres voies détournées; il inventa des moyens d'étude qui lui étaient propres. Un homme avait-il acquis de la célébrité par une puissance d'organisation quelconque, Gall faisait mouler en plâtre la tête de cet homme, et l'emportait dans son cabinet. Ce même individu venait-il à mourir, Gall, qui avait reconnu que la chevelure était un obstacle à bien juger de la conformation de la tête, ne négligeait aucunes démarches pour obtenir le crâne. Le zèle de la science le dévorait et lui conseillait tous les sacrifices imaginables en vue de grossir sa collection. Les médecins avaient l'attention de lui envoyer le crâne des fous et des criminels fameux. Gall recevait tout cela avec reconnaissance. Les fous et les scélérats sont la proie de la science. C'est sur eux qu'elle travaille avec le plus de succès pour découvrir dans les écarts de la nature le secret de ses lois immuables. La prédilection de Gall pour les assassins, les idiots, les aliénés, ressemblait à celle du grand Geoffroy Saint-Hilaire pour les monstres. Il leur donnait le premier rang sur les planches de sa bibliothèque. Il examinait la tête de ces aliénés en comparaison avec la nature de leur folie, et la tête des condamnés à mort relativement à la nature de leur crime. C'est avec de tels élémens qu'il composait dans son esprit l'histoire, d'autres disent le roman de la physiologie de l'homme. Une telle étude était semée d'âpres broussailles qui l'arrêtaient souvent des mois entiers. Figurons-nous ce jeune savant enfermé dans son cabinet et tout possédé par ce démon de la découverte qui le pousse sans relâche vers l'inconnu. Sa table est chargée de crânes humains et de figures en plâtre sur lesquels la lumière accentue tristement des proéminences variées. Gall est attentif à ces accidens légers; il se promène tête basse autour de cette table recouverte d'un tapis vert; il s'arrête et compare l'une à l'autre avec une attention pleine d'anxiété les diverses pièces de sa collection. Voici plus de six semaines qu'il cherche un rapport de con-

formation entre toutes ces têtes réunies par les liens
d'une faculté commune. Il a essayé à des momens
différens, dans des dispositions d'esprit différentes, et
toujours il n'a rencontré que le doute. Le voilà qui
recommence à faire passer entre ses mains ces crânes
et ces plâtres rebelles à tout aveu ; il les place sous des
jours favorables, il élimine les caractères reconnus
pour faux et renonce à ses suppositions de la veille.
Confrontant ces pièces les unes aux autres, il se dit à
demi-voix : « Ce n'est point ceci ; ce n'est point cela ;
ce n'est pas ceci encore. » Mais à mesure qu'il écarte
ces nuages, la lumière commence à poindre. Tout-à-
coup l'œil du savant s'illumine, son front s'inspire, il
s'écrie : J'ai trouvé!

Gall n'attendait pas toujours la science à l'ombre
de son cabinet ; il allait la trouver dans les asiles
mystérieux où elle cache ses secrets sous les infirmités de notre nature, les hospices, les prisons, les salles
de justice. Cet homme était d'une curiosité indomptable ; on le rencontrait dans tous les grands établissemens d'éducation, dans les maisons d'orphelins et
d'enfans trouvés, dans les promenades et les spectacles ; ses regards se portaient toujours à la forme du
crâne, que Dante nomme dans son langage extraordinaire le couvercle de l'homme, *il coperchio*. Les
jours d'exécution, un homme en habit noir se glis-
sait-il parmi la foule sur la place, jusqu'au bas de l'é-
chafaud, c'était Gall qui venait examiner la tête du
condamné à mort. Un malheureux s'était-il suicidé,
Gall se transportait aussitôt sur les lieux et cherchait
sur le crâne du cadavre quelque trace visible de ses

penchans désespérés. Les imbécilles , les hydrocé-phales étaient les objets de ses plus chères études. Il aimait à rapprocher l'organisation des hommes à grands talens de l'organisation des hommes bornés et à faire jaillir la lumière de ces contrastes irritans. Les faits recueillis par lui devenaient chaque jour plus nombreux et fournissaient une ample matière à ses réflexions. Son état de médecin le servit beaucoup pour descendre dans le cœur de l'homme et y surprendre les sentimens les plus cachés. Un médecin est un con-fesseur qui reçoit l'aveu des faiblesses de notre na-ture. Son ministère est comme le sacerdoce de la science. Fort de nos infirmités, il obtient des plus im-pénétrables, à certains momens, une confiance sans bornes. Le médecin suit l'homme depuis le berceau, il le voit à nu dans toute sa vie : qui a jamais songé à se draper devant son médecin? Il le voit surtout luttant contre la mort. C'est autour du lit funèbre que Gall, à demi penché sur l'éternité, aimait à chercher dans les mourans quelques analogies entre leur caractère révélé par un dernier mot, un dernier regard, et la con-formation mystérieuse de leur tête. Gall avait encore recours à d'autres moyens pour faire parler la nature; il conviait chez lui des hommes de la dernière classe, des cochers de fiacres, des commissionnaires , des porte-faix, des charretiers. Une fois à table, il n'avait point de peine à gagner leur confiance en leur don-nant de l'argent et en leur faisant distribuer du vin et de la bière. Ces hommes buvaient avec entraînement; quand Gall les jugeait suffisamment disposés à la fran-chise, il les engageait à lui dire tout ce qu'ils savaient réciproquement des qualités ou des défauts de chacun d'eux. Les anciens faisaient sortir la vérité du fond d'un puits ; peut-être eût-il été plus juste de la faire sortir d'un verre de vin. Ces hommes du peuple, échauffés par la boisson, commençaient à s'accuser les uns les autres avec une bonne foi sans réserve. Gall recueillait toutes ces révélations en silence ; il recherchait ensuite sur la tête de chacun d'eux quelque signe organique en rapport avec les penchans qui lui étaient indiqués. Il renouvelait son expérience plusieurs fois sur les mêmes individus, afin de se convaincre qu'il ne cédait pas à des conjectures précipitées ; il faisait ensuite la contre-épreuve sur des hommes d'un naturel contraire, et lorsque ces diverses expériences confirmaient ses premiers indices, il dessinait au crayon, sur un crâne destiné à cet usage, le siége de la faculté ou de l'instinct qu'il croyait avoir découvert. D'autres fois il confrontait les statues et les bustes antiques aux récits de l'histoire et cherchait à saisir une analogie entre les actions des hommes célèbres et la structure de leur tête. Le résultat de toutes ces recherches fut d'amener Gall à croire que chaque fonction principale de l'âme s'exerçait sur un point limité du cerveau.

La difficulté ne consistait plus qu'à s'orienter sur ce terrain vague. L'expérience étant le seul fil conducteur qui pût diriger ses recherches, Gall continua dès-lors à suivre le chemin qu'elle lui traçait. Il rencontre, un jour, un mendiant jeune et de bonne mine qui fixe son attention par des manières distinguées : notre docteur demande, selon sa coutume, à mouler la tête du mendiant. Il remarque sur le plâtre, avec étonnement, une proéminence saillante qu'il n'avait encore remarquée sur aucune autre tête. Alors Gall de questionner ce jeune homme et de l'engager à dire lui-même son histoire, son caractère, les motifs de sa misère : le mendiant lui avoue que la fierté seule l'a réduit à cet état humiliant et que dans son orgueil extraordinaire il aimait encore mieux demander l'aumône que de travailler. Gall, éveillé par cette confidence, examine alors la tête de tous les hommes superbes ; il y retrouve constamment cette même élévation, et voilà le siége de l'orgueil trouvé.

Ayant reconnu que certains hommes étaient naturellement pieux, tandis que d'autres naissent pour ainsi dire athées, Gall soupçonnait sur la tête de l'homme un organe de la religion. Désireux d'en découvrir la place sur le crâne, il visitait les églises avec inquiétude et s'attachait surtout à observer les têtes de ceux qui priaient avec plus de ferveur. D'abord il crut reconnaître que les hommes religieux étaient généralement chauves. Mais n'ayant su trouver aucun rapport entre la calvitie et l'amour de Dieu, il rejeta ce caractère comme chimérique. Il finit par mouler la tête des individus qui étaient renommés dans le monde par leur sainteté, et, après de nombreux essais, il crut découvrir le siége du sentiment religieux. Ce nouvel organe se rencontra depuis, à la connaissance de Gall, sur le crâne d'un libertin dévot qui payait les femmes publiques en leur donnant des livres de prières. Notre docteur, s'étant procuré, vers le même temps, le dessin de la tête de M. de La-

mennais, y trouva cette élévation à un degré imposant. M. Lamennais venait d'écrire alors son *Essai sur
l'indifférence en matière de Religion*. Il est difficile,
phrénologie à part, de voir le rigide sommet de cette
tête toute en hauteur sans songer à ces montagnes
saintes où la Bible nous raconte que Dieu descendait
pour se communiquer aux hommes.

Gall était encore à l'Université, que déjà son goût
pour l'histoire naturelle l'entraînait, comme nous
l'avons dit, au fond des bois, à tendre des filets et à
découvrir les arbres où les oiseaux venaient de construire leur nid. La connaissance qu'il avait des mœurs
de chaque volatile le servait très heureusement dans
ses recherches. Mais quand au bout de quelques
jours il revenait pour relever ses filets ou pour s'emparer des nids désirés, il ne savait plus reconnaître ni
l'arbre qu'il avait marqué ni les filets qu'il avait tendus. Ceci le forçait d'amener avec lui dans ses courses
un camarade qui, sans le moindre effort d'attention, allait droit à la place où étaient les filets, à l'arbre où était
le nid de l'oiseau. Comme ce jeune homme n'avait sur
tout le reste que des talens très médiocres, Gall s'étonna de son instinct conducteur et lui demanda comment
il faisait pour s'orienter si sûrement. — L'autre répondit à cette question, en demandant à son tour
comment Gall s'y prenait pour s'égarer partout. —
Notre inventeur pressentit dès-lors un sens particulier
chez l'homme pour se diriger dans l'espace. Espérant
acquérir un jour plus de lumière sur cette donnée
provisoire, il moula la tête de son guide. — Dix
ans plus tard, Gall est appelé en qualité de mé-

decin chez une jeune malade qui s'était laissé enlever de la maison de son père par un officier. Le docteur, croyant reconnaître que le chagrin, la honte et le remords de la pauvre fille entraient pour quelque chose dans le secret de sa maladie, l'interroge doucement sur les motifs qui l'ont déterminée à cette fuite scandaleuse. Elle lui confesse alors qu'elle a moins cédé en quittant sa famille à un sentiment d'amour qu'à une irrésistible envie de voyager. Cette pauvre créature, vertueuse encore dans son déshonneur, montre en même temps au médecin, avec sanglots, deux fortes bosses qu'elle avait sur le front et qu'elle prenait pour des signes de la colère céleste. Gall, examine ces proéminences, les rapproche de celles de son guide, et reconnaît en elles, non des marques de la vengeance divine, mais l'*organe des localités.*

Chaque organe trouvé était pour Gall un pays nouveau découvert dans le monde de l'âme. Il espérait, Dieu aidant, s'emparer ainsi de toute la tête de l'homme avec ses facultés. A mesure qu'il faisait des pas dans cette voie empirique, Gall éprouvait en même temps le besoin de retourner à l'étude du cerveau. Ses travaux anatomiques furent dirigés par cette lumière intérieure qui avait déjà éclairé ses recherches dans la route de l'observation. Les inventeurs devinent encore plus qu'ils n'apprennent. Dans les sciences on voit par ce que l'on a pensé : le jugement subordonne les yeux. C'est ainsi que Gall hasarda sur les fonctions du cerveau, revu et commenté par lui-même, à l'aide d'une nouvelle méthode anatomique, plusieurs grandes idées. En revanche, il se fourvoya souvent. Quoi qu'il en soit de la valeur de son système, nous n'en devons pas moins tenir compte au docteur Gall de ses héroïques efforts pour faire arriver l'anatomie aux plus hautes régions de l'intelligence. Le premier il osa porter le scalpel dans ces saintes facultés de l'âme, regardées jusque-là comme indépendantes de toute condition matérielle. Ses travaux en anatomie comparée n'embrassèrent pas une sphère moins vaste. Gall enseigna, un des premiers, que le cerveau de l'homme avait été posé comme couronnement à la création et qu'il devait cet honneur à la perfection organique des diverses parties de sa circonférence.

Après ce que nous venons de dire, la phrénologie était trouvée. Les conférences que Gall avait avec ses amis, sur ces matières neuves et originales, s'élevèrent peu-à-peu à la dignité de leçons publiques. Notre jeune professeur ouvrit un cours à Vienne en 1796. Les premières fois que Gall approcha ses idées du jugement de ses auditeurs décidèrent la destinée de toute sa vie. Il parla, pièces en main, des fonctions merveilleuses du cerveau comme centre de toutes les manifestations intellectuelles et morales de l'homme. Ce que j'admire surtout chez Gall, c'est l'art qu'il avait de rendre la science intéressante. Mêlant d'ailleurs à l'anatomie beaucoup de connaissances étrangères, le docteur annonça la possibilité de reconnaître, par les signes de la tête, plusieurs dispositions de l'âme. A l'appui de cette croyance il cita ses observations personnelles, fit passer sous les yeux de ses auditeurs des crânes où la position de quelques facultés de l'esprit était marquée à l'encre noire, et promit de découvrir plus tard les autres régions douteuses dont la frontière n'était pas encore indiquée. Toutes ces nouveautés furent accueillies avec enthousiasme. G. Spurzheim, étudiant très distingué, manifesta particulièrement le désir de s'associer à la pensée et aux recherches du maître. Ce cours commença entre ces deux hommes une confraternité d'intelligence et de travaux qui dura plusieurs années. Entre Gall et Spurzheim il y a toute la distance du génie au talent; mais l'un et l'autre rendirent des services éminens à la science par la patience de leurs recherches, leur foi inébranlable et la tournure très différente de leur esprit : Gall, intelligence plus vaste, coup-d'œil plus prompt, instinct plus révélateur, Spurzheim, jugement sain, nature lente et appliquée, conviction calme et silencieuse. Plus méthodiste que son maître, Spurzheim attacha son nom à la dernière classification des organes de la tête (1). Il est difficile de ne pas voir dans ces deux navigateurs, dont l'un découvre et dont l'autre baptise, le Christophe Colomb et l'Améric Vespuce du nouveau monde physiologique.

Le premier jour de l'an 1805, Gall, qui professait à Vienne, reçut de son père une lettre contenant ces

---

(1) Le disciple a en effet nommé la science du maître : Gall n'avait pas voulu du mot phrénologie. C'est encore à Spurzheim qu'on doit la terminaison de la plupart des organes en *ité*, comme *amativité, combativité, acquisivité, merveillosité*. Cette phraséologie barbare n'était pas du goût de Gall; elle n'est pas non plus du nôtre. Non content de nommer les organes, Spurzheim en augmenta le nombre. Il traça en outre sur le crâne trois zones distinctes 1° Les instincts; 2° les sentimens; 3° les facultés intellectuelles qui forment la couronne de l'humanité.

mots : « Il est tard et la nuit pourrait n'être pas loin, te reverrai-je encore? » — Le vieillard demeurait toujours à Tiefenbrunn, petit village du grand-duché de Bade. Il ne fallait rien moins que cette voix pour arracher notre savant à ses chers travaux, à la phrénologie, cette fille bien aimée de son intelligence. Cependant il y avait vingt-cinq ans que Gall n'avait vu son père, ses montagnes, le vieux toit où il était né : le cœur de l'enfant prodigue avait besoin de respirer ce bon air de la famille et du village qui vaut encore mieux que l'air de la science. Le docteur se décida à partir; mais, économe du temps qui lui était mesuré à l'aune étroite de la vie, il voulut tourner ce déplacement au profit des conquêtes de son idée. Gall emporta donc avec lui sa collection de crânes et de têtes moulées en plâtre, afin de les présenter comme des preuves sensibles à l'examen de ses auditeurs. Spurzheim le suivit. Ce voyage commença, pour nos deux jeunes missionnaires, une vie aventureuse et nomade qui ne s'arrêta guère qu'à l'extrême vieillesse.

Leur excursion à travers l'Allemagne souleva de toute part une immense curiosité. Les rois, les savans, les artistes, accouraient au-devant des deux révélateurs; les gens du monde ne voyaient et ne voient encore dans la phrénologie qu'une manière de dire la bonne aventure par les bosses de la tête. Ils ignorent que, dans les idées de Gall, le toucher du crâne n'était qu'un accessoire de sa doctrine; mais l'intérêt qui s'attache à la pénétration de l'inconnu est celui qui détermine toujours le plus d'entraînement. Mesmer, Cagliostro, Lavater, avaient mis tout dernièrement, avant Gall, le monde civilisé en émoi; c'est que ces trois hommes, dont l'un n'était qu'un intrigant hors ligne, représentent à eux seuls ce qui manquait précisément au xviii° siècle, le sentiment du merveilleux. Gall continuait ces devanciers célèbres, mais par d'autres voies; les efforts du docteur pour s'emparer des secrets de la nature étaient au moins dirigés par un esprit d'observation. Les sciences les plus positives ouvrent toutefois aux esprits inquiets de sourdes échappées vers le mystère; la chimie n'avait pas plutôt renoncé à la pierre philosophale, qu'elle cherchait le moyen de faire le diamant à la place de l'or. Cette curiosité est dans la nature. Gall et Spurzheim ont marqué sur la tête de l'homme le siége de l'organe de la *merveillosité*; c'est à cet organe que répondent le magnétisme et la phrénologie. Les phrénologues et les magnétiseurs continuent les sciences occultes du moyen âge, non qu'ils rapportent avec Paracelse ou Jérôme Cardan les effets visibles de la nature à des causes surnaturelles, mais ils cherchent comme eux à soulever le voile obscur sous lequel l'auteur de la création a caché les lois de son œuvre; c'est par ce côté-là que la science de Gall fut regardée long-temps comme magique.

Ce qui étonna dans le fondateur de la phrénologie, ce fut moins encore la nouveauté de son système que la clairvoyance électrique avec laquelle Gall devinait tout de suite le caractère des individus dont il touchait la tête. Toute l'Allemagne retentit alors d'une visite que fit le docteur Gall dans les prisons de Berlin. Notre savant parcourut ces établissemens, accom-

pagné d'un grand nombre de partisans et de détracteurs. Il rencontra dans les salles de travail deux cents
détenus qu'on lui laissa examiner, sans lui rien dire
de la nature de leurs fautes. Gall leur trouva à un degré considérable l'organe du vol. On répondra à cela
qu'il ne faut pas être sorcier pour deviner des voleurs
dans une prison ; mais notre philosophe détermina
en outre ce qui est plus difficile, les motifs qui les
avaient poussés à commettre ces vols. Il y avait aussi
d'autres détenus arrêtés pour d'autres causes ; il les
distingua aussitôt. « Vous ne devriez pas être ici, » témoigna Gall en s'adressant à une honnête femme
qu'on avait confondue par mégarde ou avec intention
parmi les voleuses. Ayant manié la tête d'un jeune
homme nommé Kunow, le docteur s'écria avec émotion : « Le malheureux ! c'est sa nuque qui l'a perdu ! »
Kunow avait été condamné pour débauche infâme.
Gall donna beaucoup d'autres signes d'une lucidité
presque effrayante qui intimidait les défauts cachés
jusque dans l'antre le plus ténébreux du cœur humain. Une jeune Allemande d'une bonne famille et
d'une figure agréable, se trouvant ce soir-là dans une
société où Gall continuait ses expériences, refusa de
soumettre sa tête au toucher du docteur. Cette répugnance étonna, car tout le monde au contraire montrait le plus vif empressement à défier les lumières du
savant. Quoique cette jeune personne eût été parfaitement élevée, Gall soupçonna chez elle quelque défaut
occulte. Ayant réussi à se procurer sur elle par fraude
l'empreinte de certains contours cérébraux qu'une
abondante chevelure couvrait, comme à dessein, de

son voile complaisant, le docteur prononça sans crainte que la place d'une pareille tète était dans l'établissement qu'il venait de visiter. On se récria beaucoup contre ce jugement extraordinaire. Deux ans plus tard, le hasard fit découvrir dans cette jeune fille riche et charmante un affreux penchant au vol, que ni la sévérité de son père, ni la honte attachée à ce vice dégradant, ni un séjour réitéré de plusieurs mois dans une maison de santé, convertie pour elle en maison de correction, ne purent jamais dompter entièrement. Gall, dans ses voyages, emportait avec lui comme un trophée de la science les débris en plâtre de ce crâne révélateur (1).

Le docteur passait à Torgau avec quelques disciples. Un aveugle se rencontra sur la route. Le maître s'arrêta, et communiqua tout bas à ceux qui l'accompagnaient son jugement sur cet inconnu. Contre l'ordinaire, un sourire d'incrédulité gagna toute la bande. Gall prétendait avoir découvert dans cet aveugle l'organe de la mémoire des lieux, le sentiment de l'espace et du mirage, qui font les grands voyageurs. Un aveugle paysagiste ! On refusait de croire que la nature pût jamais se permettre une telle ironie. Gall, pour toute réponse, pria ses disciples d'être attentifs à la conversation qu'il allait avoir avec cet homme. — Aveugle, quels sont tes

____

(1) Ce fait nous a été raconté, comme la plupart de ceux que nous citons, par des témoins graves. Il est inutile de dire qu'en rapportant ici le pour et le contre, nous n'entendons nullement engager notre croyance à la doctrine de Gall. Des faits même confirmatifs ne prouvent rien en faveur d'une doctrine, tant que le raisonnement n'a pas décidé.

goûts? Dis-nous ton occupation favorite?—L'aveugle de naissance avoua qu'il n'aimait rien tant au monde que d'entendre parler des contrées lointaines et de voyager par les yeux des autres. Il n'était guère jaloux, dans toute la nature, que des hirondelles ; encore n'étaient-ce pas leurs yeux qu'il enviait, mais leurs longues ailes rapides, qui font mille lieues dans un jour.

Ces faits et beaucoup d'autres semblables dont Gall semait son passage le faisaient suivre dans toute l'Allemagne à la trace lumineuse de sa doctrine. Une prompte réaction succéda à ce premier mouvement d'enthousiasme. Les gouvernemens du nord proscrivirent la nouvelle science comme dangereuse et comme conduisant au matérialisme. Les idées de Gall ne rencontrèrent nulle part tant d'opposition que parmi ses confrères. Ses voyages avaient éveillé autour du docteur une admiration excessive ; ils éveillèrent en même temps l'envie. Gall admira la manière dont ces savans régentaient la nature. Il remarqua que les rivalités de systèmes cachaient presque toujours des rivalités d'amour propre. Sa doctrine avait, aux yeux de certains hommes graves, le grand tort de ne pas avoir été découverte par eux-mêmes. La plupart la rejetaient sans examen, par cela seul que c'était une étrangeté et qu'on ne saurait trop se défendre d'innovation. Quoique le docteur Gall eût beaucoup à souffrir de ce fanatisme du doute, le pire de tous les fanatismes, il ne se découragea point. L'avenir, cette espérance de tout homme qui lutte, était invoqué par notre nouveau

Galilée comme une éclatante réparation du présent.
Gall se consolait dans cette idée, que jusqu'ici toutes
les résistances ont eu tort contre la vérité. Cela dit,
il continuait tranquillement sa route. Le hardi novateur ne savait même pas si, dans l'intérêt de la science,
il ne devait pas se féliciter de cette persécution !
« Une découverte, se disait-il à lui-même, resterait
très imparfaite si elle obtenait trop promptement
un succès sans réserve ; c'est l'orage qui fertilise le
champ des idées. »

Cependant quelque chose manquait encore à la
doctrine de Gall, c'était l'assentiment de la France.
Toute idée nouvelle n'arrive à être cosmopolite qu'à
la condition de venir se faire contrôler à Paris. Ce
grand centre de la civilisation impériale attira Gall
et son système. Quelques feuilles publiques insi-
nuaient charitablement que Gall n'oserait point venir
en France, ce pays qui démasque si bien les intri-
gans, cette terre classique de la raillerie et de la malice : il y vint. C'est en 1807 que le célèbre Allemand
apporta tout-à-coup ses pensées aux lumières d'un
nouvel auditoire. Il y eut foule pour l'entendre ; la
curiosité était immense ; mais le docteur Gall rencontra à Paris les mêmes obstacles qu'à Vienne ; il en
rencontra un surtout qui dominait tous les autres. Le
fondateur de la phrénologie arrivait avec une réputation acquise, avec de grands travaux, avec des idées
originales, avec une tournure d'esprit toute française,
avec une facilité de langage merveilleusement claire
et propre à séduire, avec cette figure intelligente
que Cicéron exigeait chez l'orateur, et qui le fait

tout d'abord bien venir d'une assemblée, avec les connaissances variées du médecin et de l'homme du monde : mais qu'était tout cela contre Napoléon ? Or, Napoléon se déclara l'ennemi de Gall. Quelques-uns ont dit que c'était par haine des *rêveries allemandes ;* d'autres ont insinué que c'était par jalousie. Napoléon jaloux ! le fait serait au moins curieux.

Au point où en était arrivé cet homme, il ne pouvait plus guère en vérité se montrer importuné d'autre lumière que du soleil de la science. Qu'on suppose à la phrénologie le degré de certitude qui lui manque encore, et le savant investi de cette puissance mystérieuse vaudrait bien la peine d'être jalousé par les rois, même par les rois de génie. Les fantastiques créations de Merlin et de Faust ne dépassent guère l'idéal que nous pouvons nous faire maintenant d'un docteur introduit par la science dans le secret de chaque individualité. L'exercice complet de la phrénologie demanderait d'ailleurs pour additionner sûrement toutes les causes intérieures et extérieures qui régissent les actions humaines un ensemble de vastes facultés capables de gouverner le monde. Les individus, avec leurs moyens naturels, leurs passions, leurs instincts, leurs penchans, leurs mouvemens aveugles, ne seraient plus sous les doigts tout puissans d'un tel homme que les touches variées d'un immense clavecin dont il tirerait, en les accordant les unes avec les autres, une harmonie conforme à ses volontés. Ce terrible joueur de ressorts occultes serait le maître de l'univers sans le paraître, et dirigerait les événemens sans qu'on vît au juste par quel côté il y mettrait la main. On conçoit qu'on puisse être envieux de cette incalculable force, même quand on se nomme Napoléon, et quand ce rêve exorbitant de la science n'est encore qu'une chimère.

Quoi qu'il en soit du motif, l'empereur combattit le savant, non de front et à visage découvert, comme il convenait au maître absolu, mais par derrière, à demi-mot et avec l'arme sournoise de la raillerie. Napoléon riait de Gall; ce rire était répété par toute la ville. Les petits journaux de Paris étaient noircis de plaisanteries grossières sur l'étranger et sur son système. On s'amusa beaucoup dans le monde de la sensibilité du docteur Gall, faisant passer par les mains du docteur Spurzheim le crâne de ses anciens amis sous les yeux de son auditoire, en témoignage de certaines qualités ou de certains défauts qui leur étaient particuliers. Gall ne s'affligeait pas de cette lutte; il en était fier. Il y avait, en effet, quelque grandeur à avoir pour ennemi celui qui était l'ennemi de vingt rois; seulement cette résistance placée si haut lui attira le mauvais vouloir de cette tourbe servile qui mesure son assentiment à une idée sur la protection que le pouvoir lui accorde. Les académies et les corps savans gênèrent la marche de la nouvelle science; son fondateur se trouva en butte à mille attaques; mais cet homme était invulnérable, car il croyait (1). Quoique maniant avec beaucoup d'a-

____

(1) Ce qu'on a mis le plus en doute dans ces derniers temps, c'est précisément la bonne foi de Gall. Je repousse de tèls soupçons injurieux, qui d'ailleurs ne me semblent pas fondés. Qu'en anatomie surtout, Gall ait quelquefois présumé

dresse l'arme de la raillerie et rompu à la discussion, Gall répondait à ses adversaires moqueurs, par des argumens presque toujours sérieux. Encore moins se donnait-il la peine de battre en brèche les systèmes de ses voisins ; sa raison était qu'il ne tenait pas à jeter les fondemens de sa doctrine dans des ruines. Quand on lui parlait de la résistance de Napoléon à ses idées, il répondait sans s'émouvoir : « Le génie le plus élevé a toujours au-dessus de lui la vérité, comme l'aigle qui vole dans le ciel a au-dessus de lui la lumière. »

Cette résistance fut longue et tenace ; elle domina toute la destinée de Gall dans la science, comme celle de N. Lemercier dans les lettres. En vain Corvisart et Larrey essayèrent de faire revenir l'empereur sur le compte du savant : Napoléon se montra inflexible. Ses raisons, car il prit la peine d'en donner, étaient celles que l'on retrouve dans la bouche de tous les détracteurs de la phrénologie. Au milieu de ce grand duel moral que le docteur Gall eut à soutenir contre son ennemi anonyme, revenait sans cesse le reproche de matérialisme et de fatalisme. La vérité est que, comme tous les hommes qui voient juste et loin, l'empereur avait aperçu une philosophie derrière la découverte du médecin. En morale, en politique, en législation, la nouvelle science entraînait à ses yeux un monde nouveau. Au fond, l'empereur croyait lui-

de ses forces, qu'il ait donné pour certains des résultats douteux, cela est possible : mais je ne crois pas chez lui à un dessein réfléchi de tromper. L'erreur en physiologie est une fille qui se retourne tôt ou tard contre son père : qu'eût-il donc gagné à l'adopter sciemment ?

même à la destinée, mais il voulait avoir le monopole de son étoile. La limite tracée par le savant aux manifestations de l'intelligence humaine irritait le génie de Napoléon, et il y avait de l'orgueil révolté dans le fait de sa résistance. Les réformes que Gall laissait entrevoir pour l'avenir au bout de sa doctrine déplaisaient à l'empereur ; il entendait que le monde se réformât sur le modèle de ses idées et à la pointe de son glaive. Cet homme, qui avait mis la nation dans un camp et la politique dans la guerre, n'aimait pas les utopistes ni les novateurs. Il l'a bien montré envers madame de Staël et envers Benjamin Constant. Napoléon ne voyait guère de meilleur œil un système qui fixait à chaque individu une sphère d'activité particulière, circonscrite d'avance par la nature. Ce conquérant aimait les poètes, les philosophes èt les savans, mais pour en faire des soldats. Lui, ce magnifique argument en faveur du système de Gall, cet homme né grand, auquel il avait été donné de réaliser au-dehors la royauté qui était pour ainsi dire dans ses organes, Napoléon niait justement la prédestination chez les autres. On ne saurait du moins trop s'étonner de la prodigieuse activité de ce belliqueux qui, à travers ses batailles contre tous les peuples du Nord et du Midi, trouvait encore le temps de faire ténébreusement la guerre à un pauvre savant, démonstrateur de crânes. Cette haine de Gall et de son système tint aussi long-temps que l'empire. Elle suivit même l'empereur à Sainte-Hélène. « J'ai beaucoup contribué à perdre Gall, » s'écriait le détrôné dans son exil. Napoléon se vantait : aucun homme, si grand

qu'il soit, n'a puissance sur une idée. Toute découverte a ses destins en elle-même, selon la part d'erreur ou de vérité qui lui a été faite. La sourde persécution de l'empereur contre le système de Gall s'est
arrêtée à l'homme. Elle a fait souffrir un modeste
chercheur de vérités, un rêveur, si l'on veut, un de
ces docteurs inquiets dont l'esprit étouffe dans les
anciennes limites de la science et fait tout au monde
pour les reculer. Nous ne voyons pas là un si beau
sujet de se montrer fier, surtout quand on est soi-
même un grand homme et qu'on a eu la couronne du
monde sur la tête.

Le caractère de Gall est comme sa vie tout entière
dans la science qu'il a fondée. Son système de l'influence de l'organisation sur nos qualités et nos défauts l'avait amené à une grande tolérance morale ;
comme il s'était beaucoup approché par état des infirmités de l'âme et du corps, il en avait gardé au fond du
cœur une certaine mélancolie compatissante pour les
maux de l'humanité. Gall avait passé une grande moitié de sa vie, dans les prisons et dans les bagnes, à
interroger les mystères affligeans de notre nature. Il
avait confessé, en prêtre de la science, plusieurs condamnés à mort. Il avait touché le crâne et sondé la
conscience de tous les criminels fameux. Il n'y avait
guère de plaie morale dans laquelle ce médecin n'eût
mis le doigt, de voile intime qu'il n'eût déchiré. L'a-
bîme du cœur humain n'avait plus pour ce savant ni
ténèbres ni épouvante. Il lui était arrivé plus d'une
fois, en visitant les prisonniers, de s'attendrir sur le
sort de ces natures fatales, de ces demi-hommes qui

n'avaient rencontré en eux, ni autour d'eux, aucun moyen de résistance au mal. Eh bien! par une inconséquence inouïe, ce doux Gall, si plein d'indulgence et de bonhomie, était pour le maintien de la peine de mort, et même (on hésite à dire cela) pour la peine de mort aggravée. Que conclure de là? sinon ce que le fondateur du nouveau système pénitentiaire concluait lui-même de Napoléon : « Tel qui à certains égards devance de beaucoup ses contemporains se trouve sous d'autres rapports arriéré de plusieurs siècles. » Il est rare que, dans l'ordre moral, l'homme marche des deux pieds.

On a beaucoup parlé des tendances matérialistes de la phrénologie, et l'on se demande encore si Gall avait une religion. Nous n'hésitons pas à le croire. Seulement Gall était médecin, et comme ses confrères, il penchait à confondre la cause avec l'instrument. Il lui arrivait, par exemple, de s'écrier dans son enthousiasme d'anatomiste : « Dieu et cerveau, rien que Dieu et cerveau ! » Et l'âme? — Gall s'était fait un devoir de n'en parler jamais, et de borner ses recherches aux *conditions matérielles à l'aide desquelles elle manifeste ses facultés.* A plus forte raison avait-il soin d'écarter toute discussion qui aurait pu intéresser une forme quelconque de croyance. Comme savant, son culte s'arrêtait à la nature. Il ne voyait point d'impiété à suivre le mouvement de la science vers l'innovation et la conquête du mystère : être avec le progrès, c'était pour le docteur Gall être avec Dieu. Notre novateur se montrait du reste bien éloigné de nier l'existence d'une *loi suprême de toutes les lois, d'une intelligence de toutes les intelligences, d'un ordonnateur de tous les ordres.* La phrénologie lui semblait au contraire une excellente réfutation de l'athéisme. Le cerveau, ce merveilleux laboratoire de la pensée, était à ses yeux une preuve manifeste de l'intelligence supérieure qui s'y révélait à l'homme. Gall avait beau faire, il ne pouvait amoindrir son jugement au cercle des observations matérielles, et comme toutes les grandes natures, il était religieux par instinct. Sa reconnaissance était sans bornes envers ce divin architecte des choses dont l'anatomie lui avait démontré toute la sagesse. Gall adorait avec une vénération profonde la trace empreinte à la tête de l'homme par cette invisible main. Mais ce qui le pénétrait davantage du sentiment de notre faiblesse et de la grandeur divine, c'était *le peu d'étoffe employé par le Créateur et transformé dans le cerveau en instrumens de puissance si nombreux et si sublimes.* Le sang-froid de l'anatomiste ne tenait pas devant ce grand spectacle; il ne savait comment dire son admiration et son étonnement à ce mystérieux auteur de la nature qui avait su resserrer toutes les conditions matérielles de nos connaissances avec leur objet, le monde terrestre que les géographes évaluent à neuf mille lieues de tour, et le monde idéal qui ne se mesure pas, dans une circonférence de tout au plus vingt-deux pouces!

Il y aurait eu de l'inconvenance à traiter légèrement un physiologiste que les Corvisart, les Larrey, les Broussais, et tant d'autres ont regardé comme un génie novateur. Nous avons dit la vie du savant : un mot à présent sur l'homme. Différent en cela de la plupart des inventeurs et des utopistes, Gall entendait assez bien la raillerie sur ses doctrines. Il aimait l'esprit, même à ses dépens. Sa philosophie eut comme celle de Socrate l'honneur d'être représentée sur la scène et d'exciter la bonne humeur du parterre (1). Ce ne fut pas (sans parler de sa tête) le seul trait de ressemblance que Gall eût dans sa vie avec le philosophe grec. Etant à Strasbourg, Gall fit une très grave maladie, à laquelle il manqua de succomber, Une jeune femme, attachée à la maison où il était, lui prodigua les soins d'une complaisance infinie. Entraîné par son bon cœur, il en devint amoureux, et, de retour à la santé, il l'épousa. Notre philosophe ne fut pas heureux dans cette union. Sa femme était une seconde Xantippe, pour le caractère emporté, violent : elle manquait aussi d'éducation. Il paraît que dans les commencemens, notre sage essuyait les bourrasques de sa disgracieuse compagne, avec la bonhomie et le sang-froid de Socrate, quand il reçut le pot d'eau sale sur la tête. S'il la quitta ensuite, c'est que la place n'était plus tenable. Ne pouvant trouver de repos dans cet intérieur si tempétueux, Gall assura une pension viagère à sa mauvaise femme, et s'en alla vivre ailleurs.

Je serai indiscret, pour Gall, comme il l'était lui-

(1) « Gall, dit le docteur Fossati, avait vécu quelque temps, à Berlin, avec le célèbre Kotzbue. Le poète profita de l'occasion pour apprendre de Gall les mots techniques de la doctrine, et pour connaître les idées et les principes qui prêtaient le plus au ridicule. Il composa la pièce la *Crânomanie,* qui fut immédiatement jouée sur le théâtre de Berlin. Gall assista à la première représentation, et se mit à rire comme les autres. »

même envers ses amis défunts, dont il faisait, crâne en main , la confession générale. Notre philosophe avait, selon son langage, le penchant à la génération, ou, comme aurait dit Spurzheim , l'instinct de l'amativité très développé. Le spirituel docteur Koreff, qui l'a beaucoup connu, nous disait à ce propos : « Il fallait qu'il eût toujours les pieds dans les pantoufles d'une maîtresse. » Si l'on tient compte de la réputation dont Gall était entouré dans sa jeunesse, on se fera aisément une idée de ses bonnes fortunes dans ce genre de succès. Il entraîna dans sa vie errante la folle Orlandini, belle et romanesque voyageuse , dont il ferma plus tard les yeux pour les rêves de la mort. Nous avons eu la confidence d'un autre amour, cette fois, tout platonique. Il s'agit d'une femme du monde, dont Gall devint amoureux en lui touchant la tête. On voit que chez lui le physiologiste ne cédait jamais ses droits. Cette tête était si bien le livre de toutes les perfections, les plans du crâne admirablement modelés, devaient recouvrir des facultés si attirantes, et se montraient si justement en harmonie avec la conformation du crâne de Gall, qu'il crut avoir trouvé dans cette femme son idéal, ou pour parler le langage des savans, son *analogue*. Il se prit pour elle d'une inclination violente et concentrée. La science, cette autre amante, eut quelque temps à se plaindre des infidélités du docteur. Malheureusement la femme que Gall aimait, était mariée. Il paraît qu'elle devina le docteur et qu'il y avait entre eux sympathie, mais, retenue aux liens du devoir et de la société, elle ne consola son amant que par des regrets. Cet amour

orageux et stérile traversa la vie de Gall comme un
météore. Elle tomba de son côté en langueur et mourut. N'ayant pu avoir la femme, le docteur voulut du
moins avoir sa tête. Gall obtint en effet pour unique
et dernière faveur de mouler les perfections de sa
maîtresse. C'était pour l'homme un soin pénible; mais
c'était une bonne fortune pour le savant, qu'une telle
trouvaille. Ce crâne, siége de si belles facultés,
semblait formé exprès pour être mis sous les yeux de
la science : il prit place dans la collection phrénologique, parmi les autres souvenirs de Gall, qui conserva
aussi dans son cœur l'empreinte de cette tête si chère.

On voit que Gall n'était pas un de ces savans égoïstes et secs qui n'ont d'affection que pour une idée.
Pendant son séjour à Paris, il fit la connaissance d'une
femme charmante qui méritait de fixer sa destinée.
La rencontre eut lieu, un peu par hasard, comme
toutes les rencontres. Gall tenait en lesse un chien;
une jeune et jolie personne, qui passait ce jour-là dans
la rue, en avait un autre, toujours par hasard. Les
deux animaux s'accostent, se donnent le bonjour et
deviennent bientôt les meilleurs amis du monde. Le
maître et la maîtresse en firent autant. — « Le joli
chien que vous avez là, mademoiselle. — Cela voulait
dire : les beaux yeux que vous avez, la jolie taille.» On
comprit, on rougit, on s'aima. Cet attachement fut
sérieux. Douze ans après, Gall étant devenu veuf
(Xantippe était morte), il épousa celle qui lui avait
tenu jusque-là fidèle compagnie. C'était une personne
aussi distinguée d'esprit que de figure. Les femmes du
monde remarquaient, elles remarquent tout, que ma-

dame Gall se coiffait le front très découvert, sans doute pour plaire à son mari, qui aimait qu'on fît paraître ce miroir des facultés de l'âme. Une dernière anecdote ; c'est dans de semblables traits qu'on surprend mieux la révélation du caractère de l'homme. Gall allait faire à une dame de la société des visites fréquentes et secrètes, qui déplaisaient à sa femme. Le sachant sujet à caution, elle lui défendit d'y retourner. Gall promit, et les soupçons s'évanouirent. Un jour pourtant madame Gall, qui avait pris ombrage de nouveau, se mit en devoir de suivre son mari. Il allait ; peu-à-peu elle le voit prendre le chemin de la rue et de la maison interdites ; il monte. Notre grave docteur avançait la main pour saisir le cordon de la sonnette, quand tout-à-coup il se retourne au bruit d'un pied alerte qui montait l'escalier, et reconnaît, qui ? sa femme. Egarée par l'emportement de la jalousie, elle lui donne, de la plus jolie main du monde, un soufflet. O dépit ! La bonne et large figure de Gall ne répondit à cette offense que par un éclat de rire.

Malgré sa vie aventureuse, Gall recherchait fort le calme et le demi-jour d'un intérieur hanté par quelques amis. A Vienne il avait une maison avec jardin. A Montrouge, près Paris, il se livrait lui-même avec ardeur aux soins de l'horticulture, et savait élever les plus beaux arbres à fruit qu'on puisse voir. Plus orgueilleux que vain, il mit un empressement médiocre à briguer les honneurs publics. Sa place, comme celle de tous les hommes excentriques, était d'ailleurs marquée hors du monde parmi les philosophes qui portent tout en eux-mêmes. Gall concourut, en 1821, pour une place à l'Académie des sciences, il n'obtint qu'une voix, celle de Geoffroy Saint-Hilaire, son ami, qui l'avait décidé à se présenter : il est vrai que cette seule voix en valait plusieurs.

Nous avons vu que le cœur de cet amant de la science n'était pas de glace à des séductions plus tendres. Les intrigues des femmes qu'il voyait contribuèrent plus que le désaccord des opinions à le brouiller avec Spurzheim. Le désordre des mœurs, toujours condamnable, résultait, du moins chez lui, d'un fond de bienveillance excessive. A moins que certains signes extérieurs ne l'eussent rendu défiant, il était facile à se lier. Ayant beaucoup vécu et beaucoup voyagé, il avait eu un assez grand nombre d'amis. Le savant conservait, nous l'avons dit, ses affections sous la forme de crânes, comme les anciens peuples d'Égypte embaumaient les animaux de leur connaissance et les membres de leur famille dans les hypogées : les voyant tous les jours, les touchant, les rangeant et les dérangeant sans cesse sur les rayons de son cabinet, il défendait avec soin ces chers souvenirs, de la poussière et de l'oubli. Ayant lui-même succombé le 22 août 1828, après une longue maladie, il demanda à être réuni aux images en plâtre et aux crânes de ceux qu'il avait aimés.

Il avait manqué au docteur Gall de naître en France, non pour sa gloire, mais pour la nôtre. Ce novateur était, au reste, depuis assez long-temps naturalisé Français par l'intelligence et par des lettres officielles, lorsqu'il mourut dans sa patrie d'adoption, pauvre, négligé, refusé par les sociétés savantes, inquiet de l'avenir de sa découverte, abreuvé de jours et d'ennuis amers, dégoûté, seul. Le docteur Spurzheim s'était séparé de son maître sur quelques difficultés délicates. Il en est des amitiés scientifiques comme des amitiés littéraires, tous ces mariages d'intelligence finissent presque toujours par un divorce. Gall éprouva de cette séparation plus de tristesse réelle que dans son orgueil de savant il ne voulut en laisser paraître. Il drapa sa douleur sous le dédain et le silence. A peine lui échappait-il de temps en temps, sur son ancien ami, quelques reproches : « Hélas ! disait-il sur un ton de mélancolie hautaine, et lui aussi, il m'a abandonné ! » Mais cette mésintelligence était sans remède, car elle prenait sa source plus haut même que l'amour-propre, dans une différence de point de vue. Il y eut pourtant entre eux un dernier retour à l'attachement de leurs premières années. Un rapprochement fut essayé entre Gall et Spurzheim. Sur le bord de l'autre vie, Gall voulut dire adieu à son ancien élève : Spurzheim vint pour se jeter dans les bras de son maître. Il était trop tard : les médecins qui veillaient autour de l'auguste malade craignirent pour lui l'effet d'une émotion trop pénétrante. Spurzheim attristé se retira. Si la réconciliation ne fut pas un fait accompli matériellement, elle eut du moins lieu dans le cœur des deux anciens amis.

Le plus attaché de ses disciples, et un des plus remarquables, le docteur Fossati, lui ferma les yeux pour l'éternel sommeil. Gall était mort à Montrouge dans sa maison de campagne. Sa femme, et quelques amis avaient consolé les derniers momens du vieillard. On ne saurait juger la figure du savant sur ce masque uniforme et triste que lui a donné la mort. La tête de Gall, quoique ses traits ne fussent pas réguliers, était belle et expansive ; on y lisait un mélange de finesse et de bon sens, de méditation et de volupté, de bonhomie et de malice, d'indocilité aux croyances établies et presque de superstition pour les idées personnelles. Ceux qui ont traité Gall de visionnaire, ceux qui l'ont traité de charlatan, ne l'ont point lu ou n'ont pas su le définir. Il avait, au contraire, une antipathie trop exclusive pour les esprits à rêveries nébuleuses, Spinosa, Mallebranche, Locke, Kant ; familier de la nature, il recherchait peu, disait-il lui-même, les bonnes grâces de la métaphysique allemande. Sincère, je crois qu'il le fut, du moins dans l'ensemble de sa doctrine. S'il s'est trompé, si la science donne plus tard un démenti cruel à ses idées, c'est un malheur. L'histoire de la philosophie n'est-elle pas celle des pérégrinations de l'esprit humain à la recherche de la vérité ? Le docteur Gall était lui-même très éloigné de partager la confiance aveugle et bornée de ses successeurs sur le sort du système qu'il avait fondé avec tant de peine. Son esprit rencontrait parfois des doutes devant lesquels il s'arrêtait effrayé. Il y avait des momens où, dans ce ténébreux voyage et sur ces vastes mers de l'inconnu, la boussole même de son intelligence ne marquait plus. Tout cela contribua à entourer d'ombres la fin de cette vie laborieuse, et à aigrir la vieillesse de ce savant, dont la destinée longtemps inquiète, militante et insolite, ne se repose

même pas dans la tombe. La mémoire de Gall est restée en effet attachée à la phrénologie, qui, toujours
flottante et agitée dans le vide, n'a pas encore rencontré
jusqu'ici autour d'elle ce centre de certitude et ce mouvement régulier qui font en science les étoiles fixes.

Voilà l'histoire de Gall, comme nous l'ont racontée
dans la petite maison de l'allée du Pot-au-Lait les livres,
quelques anciens amis du docteur, et l'asile modeste
dans lequel le savant, las des hommes et du monde, était
venu reposer son cœur blessé, sur la nature, au milieu des amandiers et des lilas. Les arbustes y sont encore, mais l'homme n'y est plus : celui qui fut Gall
n'est maintenant qu'un tombeau au cimetière de l'Est
et une figure en plâtre dans le musée d'anatomie du
Jardin-des-Plantes. Le plâtre, joint aux crânes et aux
autres bustes recueillis par le savant, complète avec
celui de Spurzheim, mort à Boston en 1838, ce qu'on
nomme froidement le cabinet du docteur Gall.

III. — Le cabinet du docteur Gall.

Derrière le gros marronnier du Jardin des Plantes,
à côté des pièces de verdure, entourées de treillages,
où parquent en demi-liberté les cerfs, les daims et
les chèvres apprivoisées, s'élève un bâtiment qu'on
nomme le *Musée d'anatomie*. Entrez : dès vos premiers pas dans ces galeries froides et silencieuses,
vous vous trouvez au milieu d'ossemens dépareillés
qui viennent de grandes races aquatiques. Ces anciens

habitans des mers, contemporains pour la plupart d'un monde où l'homme était encore inconnu, ressemblent dans leur grandeur et leur désordre, aux ruines d'une création bouleversée. Montez : vous voici à la hauteur du déluge, les premiers mammifères étalent autour de vous les débris de leurs mâchoires gigantesques, leurs puissantes vertèbres, leurs dents monumentales, comme autant de traces indestructibles de leur lourd passage sur le globe. Ce sont les ancêtres de notre univers : saluez ! Ce monde sec, ces espèces éteintes, ces vestiges incohérens d'une nature immense et disparue, font bientôt place à une autre nature et à d'autres débris. A mesure que vous avancez, la force créatrice s'apaise et se modère : l'animalité s'élève et s'ennoblit. — Enfin nous voici arrivés à l'homme ! — De longues armoires grises, fermées de treillis en fil d'archal, servent tristement de cages à des squelettes suspendus en l'air. Les uns sont les restes de pauvres étrangers morts à l'hôpital de la Pitié dans les salles de M. Serres : comme nul ne réclamait leurs os, la science s'en est emparée. D'autres ont été ramenés de loin par des voyageurs à titre de pièces curieuses. Voici le squellette d'une femme *Ganche*, ancien peuple, aujourd'hui éteint, de l'île de Ténériffe; la ruine d'une ruine ! D'autres fois une chronique de sang s'attache à ces restes méconnaissables. Au-dessus d'un de ces sujets de la science on lit sur un écriteau : *Soliman-El-Haleby, jeune Syrien instruit, mais très fanatique, assassin de Kléber en Égypte, donné par Larrey.* Avant de lui faire subir le dernier supplice, on brûla à Soliman-

El-Haleby la main droite pour la punir de ce qu'elle avait fait. Cette main est restée noire. — Plus loin, vous rencontrez un bel enfant de cire endormi dans une cage de verre. Prenez garde, le serpent est sous la fleur; la mort est sous ce sommeil. Cet enfant se démonte pièce à pièce et laisse voir intérieurement tout le travail anatomique du cadavre. Ces lieux sont pleins de notre néant. Partout la destruction et la forme équivoque de ce qui n'est plus. C'est au bout de ces longues galeries, faiblement éclairées, jonchées sur tous leurs murs de débris d'hommes et d'animaux, vaste ossuaire de la nature, que l'on arrive à une dernière salle où sous des armoires vitrées se montre la *collection cranologique* du docteur Gall.

Cette collection, riche d'un grand nombre de bustes en plâtre, de masques moulés sur nature, de crânes curieux, a été achetée, moyennant une très modique pension viagère, à la veuve de Gall : c'est le seul héritage qu'elle ait recueilli du savant célèbre. Gall est là tout entier. Le fondateur de la phrénologie a laissé sur les rayons de ces armoires le résultat de ses études, ses voyages, ses amitiés, ses liaisons : il a fini par s'y laisser lui-même. Dans le commencement Gall avait essayé sa doctrine à des portraits historiques. Les adversaires de la phrénologie lui ont fait un crime de ses expériences sur les bustes de Moïse, d'Homère, de Socrate et d'autres personnages célèbres de l'antiquité. On peut répondre à ces attaques par des raisons de sentiment. Tout grand homme a deux figures, l'une réelle, que le temps efface et dont la perte n'est pas toujours très regrettable ; l'autre idéale, qui se forme au contraire, après sa mort dans l'imagination des autres hommes, et que l'artiste dégage. C'est celle-là qui reste; j'oserais même dire c'est celle-là qui ressemble. — Gall n'attribuait d'ailleurs à ce genre de preuves qu'une valeur très secondaire; il entendait seulement démontrer par là que la manière dont les artistes se représentaient la tête de tel ou tel grand génie de l'antiquité était favorable à sa doctrine. Il reconnut bientôt lui-même l'inconvénient de cette méthode. Quand les peintres rencontrent sur la tête d'un homme éminent des formes insolites, qui effraient l'œil, ils ont la manie de les adoucir. Il eut donc recours au moulage pour obtenir l'empreinte fidèle des contours de la tête sur tous les individus qu'il se proposait d'étudier. Ce procédé, le moins inexact de tous, n'est pas encore très parfait. Nous n'avons jamais vu que les masques moulés sur nature ressemblassent tout-à-fait à leurs modèles. Le plâtre, en recevant les saillies que le créateur avait confiées à la tête de l'homme, les altère toujours un peu. Aussi toutes les fois que Gall en trouva le moyen, s'empara-t-il du crâne, comme de la meilleure pièce à conviction. Notre médecin inventa même une méthode pour préparer ces tristes images de ce qui a été. Il admirait à son point de vue le dessein de la nature, qui, tout en faisant des restes de l'homme, après la mort, un je ne sais quoi indéfinissable, a pris la peine de garantir la forme de la tête, contre cette entière et commune dissolution, par la solidité de la matière.

Se promener dans le cabinet du docteur Gall, c'est passer en revue une partie de l'histoire de ces dernières années, écrites en caractères indélébiles sur le crâne des hommes qui en ont composé les principaux événemens. Une telle collection sera précieuse pour l'avenir. Nos descendans ne verront pas sans intérêt ces débris humains, immortalisés dans la mort. Gall a pris vis-à-vis des personnages de son temps moulés en plâtre le même soin qu'a pris la nature vis-à-vis des animaux antédiluviens, en conservant leur empreinte durcie sur la glaise molle. Quelque Cuvier à venir pourra, à l'aide de ces fossiles historiques, reconstruire l'image vivante de notre société, avec ses monstres et ses prodiges, ses révolutions et ses cataclysmes. Le cabinet crânologique du Jardin des Plantes n'est d'ailleurs pas le seul qui existe à Paris. La tête de tout grand homme vivant est retenue d'avance par les successeurs de Gall. Chaque jour ces catacombes de notre histoire contemporaine se meublent des ruines que fait la mort en brisant l'existence de plusieurs. Tous les individus qui ont joué un rôle y figurent. — Ainsi, courez la terre, conquérans ! orateurs, réformez le monde par la tribune ! grands hommes, faites savoir votre nom aux extrémités de l'univers ! si le sort vous favorise, vous aurez un jour votre place sur les rayons poudreux d'une armoire; et un vieux professeur, montrant l'image de votre crâne à quelques écoliers ébahis, leur dira : ceci fut Napoléon ; ceci fut le général Foy ; ceci fut Châteaubriand : admirez quelles bosses !

Le crâne était aux yeux de Gall une page solide sur laquelle la nature avait tracé en traits reconnaissables le caractère et le génie de chaque homme. Il prétendait donc qu'on pouvait reconstruire l'histoire d'un individu éteint, d'après les seules indications de la tête. La vérité est même qu'il donna des preuves extraordinaires d'une telle clairvoyance. S'étant rendu, un jour, chez le docteur Caille qui possédait un cabinet d'ostéologie assez curieux, Gall examina une à une, avec entraînement, toutes les têtes rangées dans les armoires. Notre savant avait la monomanie du toucher. Tout-à-coup il ne peut contenir les mouvemens d'une joie exagérée et se met à bondir au milieu de la chambre. Caille, inquiet pour l'état mental de son confrère, lui demande ce qu'il vient de trouver. « J'ai trouvé un parricide, répond Gall enchanté de sa découverte. » En disant ces mots, le savant montre avec le doigt un des crânes anonymes de la collection. « Je veux que vous me le vendiez, ajoute Gall transporté ; je vous le couvrirai d'or, s'il le faut, comme un tableau de Raphaël. » Caille ne partageait pas l'enthousiasme de son ami pour la science phrénologique. Il lui répondit très froidement que ce crâne ne valait pas tant d'honneur ; qu'il le donnerait volontiers si ce présent pouvait lui être agréable, mais que Gall était le jouet d'une erreur de son imagination : ce crâne avait appartenu à un émigré. C'est tout ce que Caille en savait. Gall persistait et affirmait : « C'est impossible ; vous vous trompez ; je vous dis que cet homme-là doit avoir assassiné son père ou sa mère : j'en suis sûr. » Le moyen de se mettre d'accord était d'aller aux renseignemens. Nos deux amis y allèrent. Voici ce qu'ils apprirent : ce crâne était effectivement celui d'un émigré français qui avait été exécuté pendant la révolution. Monté sur l'échafaud, cet homme en cheveux blancs s'était avancé vers le peuple, et il avait dit : « Je meurs innocent du crime que vous m'imputez ; je n'ai pu violer le territoire français où je suis né et où je suis rentré pour obéir à l'amour invincible de la patrie ; mais je n'en reconnais pas moins en tout ceci le doigt de Dieu. Il y a dix ans, j'ai fait mourir mon père, et son sang retombe sur ma tête. C'est justice. » Jugez du triomphe de Gall (1) !

La collection du fondateur de la science phrénologique a été conservée telle que Gall l'a laissée en mourant. Les numéros et quelques-unes des annotations qui accompagnent les pièces diverses sont tracées de la main même du maître. Si le docteur Gall descendait des cases de son armoire avec la parole sur les lèvres, il pourrait recommencer son cours et nous expliquer les figures de son cabinet. Nous allons suppléer à son silence. Le père de cette collection commençait par montrer de quelle manière l'ensemble de la tête se présentait chez les hommes d'élite. Il faisait observer, notamment sur le buste de Voltaire, que le volume du crâne était considérable, relativement surtout au visage qui était petit. Il racontait à ce propos que Napoléon, n'étant encore qu'officier d'artillerie, entra, un jour, dans la boutique d'un chapelier et essaya plusieurs chapeaux sans en trouver un seul à la mesure de sa tête. « Qu'est-ce qu'il faudrait donc pour vous coiffer ? » demanda le boutiquier interdit. Il fallait une couronne (2).

(1) Nous tenons ce fait d'une personne qui l'a entendu raconter au docteur Caille lui-même.

(2) Cette anecdote que Gall avait eu tort d'accueillir est évidemment con-

Ce serait toutefois aller contre les idées de Gall que de juger du volume de l'intelligence uniquement par la grosseur de la tête. Le docteur était d'avis qu'aucune faculté de l'âme ne se prononce par la forme générale du crâne, mais par des divisions dont il s'efforça de marquer la limite. Gall croyait avoir à-peu-près fixé le nombre d'organes qui dessinent au moral les principaux traits de notre nature. La tête humaine était à ses yeux un clavier de vingt-sept notes. En accentuant ces notes à différens degrés d'intensité, et en les combinant entre elles diversement, le créateur produit l'innombrable variété des talens et des caractères. Quoique la configuration du cerveau change autant de fois qu'il y a d'individus, elle peut être ramenée dans les cas ordinaires à deux états principaux. Tantôt la tête accuse à un degré médiocre différentes doses d'aptitudes dont pas une n'envahit précisément les autres; tantôt, au contraire, plusieurs facultés utiles manquent presque entièrement, tandis que d'autres non moins essentielles, sont en grande puissance. Ces dernières organisations, quoique incomplètes, vont souvent plus loin que les autres, à cause de l'angle caractérisé qu'elles marquent sur leurs ouvrages. L'idéal d'une tête bien conformée serait néanmoins celle qui à un développement convenable de toutes les parties du cerveau joindrait une ou deux facultés dominantes pour préciser une vocation. On peut voir un bel exemple de ce type remarquable sur le buste de Gœthe.

Nous apportons notre caractère à tout ce que nous

---

trouvée La tête de Napo'éon, moulée à Sainte-Hélène, ne présente pas une circonférence extraordinaire (20 pouces).

faisons. De là, sans aucun doute, la possibilité de reconnaître les principaux traits de la manière d'être
d'un individu par ses habits, par la physionomie de
son écriture, par la forme de son habitation, et en général par toutes les traces qu'il laisse de lui-même
sur ses ouvrages. Ce penchant à se reproduire au-
dehors n'éclate nulle part si visiblement que dans la
forme de nos pensées. Le style est l'empreinte idéale
de l'homme. En littérature, surtout, l'écrivain opère
sur la langue avec la masse de ses qualités et de ses
défauts. Les facultés qui doivent concourir particulièrement à l'éclat du style, sont celles de l'*individualité* qui isole les objets, qui les détermine, de la
configuration qui les dessine, du *coloris* qui les peint
et du *sens des mots* qui les exprime dans une langue
convenue. Le buste de Buffon présente cette combinaison à un degré particulier. Quand à ces forces qui
communiquent avec le monde extérieur viennent se
joindre des capacités d'un ordre plus élevé encore,
comme le sens du beau incréé, l'esprit et la recherche
des causes, alors le style est complet ; il embrasse à-
la-fois, dans ses transformations, la sphère des faits
et celle des idées. Si en outre, les instincts bilieux et
colères sont soutenus chez un homme par de grandes
facultés intellectuelles et par le sentiment de la justice, il en résultera chez lui, à la vue du mal, cette
noble indignation qui fait les écrivains satiriques. Le
docteur Gall montrait cette dernière condition exprimée sur la tête de Jean-Jacques Rousseau.

Gall plaçait à la base du front, autour de l'arcade
sourcilière, les organes qui limitent l'horizon des

facultés chez les natures artistes. Il faisait voir sur le buste des peintres, des statuaires et des musiciens, que la force d'exercice de chacun de ces organes était en raison directe de leur développement. MM. Horace Vernet, Lémot et Foyatier, dont la tête avait été moulée par Gall lui-même, servaient à démontrer la place du sens des arts, de l'imitation et du dessin. La musique est représentée par Mme Barilli, cantatrice du théâtre des Italiens, le violoniste Lafond, Grétry, Gluck et quelques autres. Newkom, chez lequel la faculté musicale était soutenue et pour ainsi dire attirée en haut par l'organe de la vénération ou du sentiment de Dieu, ne composa, durant toute sa vie, que de la musique religieuse. Gall cherchait l'organe de la poésie sur la tête de l'abbé Delille, de Legouvé et de M. Dupaty, *auteur,* dit la note, d'*un grand nombre de compositions dramatiques;* il le trouvait sur le buste du Tasse. On a reproché à la science de Gall d'expliquer les hommes après qu'ils sont connus, et de ressembler en cela à certains oracles qui prédisent très juste les événemens accomplis. Notre inventeur voulut sans doute aller au-devant de cette objection en moulant dans sa collection la tête d'enfans inconnus dont il détermina le caractère et le genre de talent. De ce nombre est le masque d'une petite fille de six ans sur lequel le docteur faisait remarquer de belles facultés précoces unies à une grande vanité. Cette petite fille est aujourd'hui une femme du monde très célèbre. Gall prétendait que la forme future de la tête était empreinte à celle de l'enfant dès le plus bas âge. Il donna encore des gages de cette prévision de la

science sur deux masques adolescens qui figurent
dans son cabinet. L'un est celui du jeune Flandrin,
auquel le docteur avait reconnu la bosse du dessin ;
le second est celui de Franz Listz : on lit au bas ces
mots écrits de la main même de Gall : *Organe de la
musique remarquablement développé ; organes de
l'imitation, de la poésie et de l'éducabilité bien exprimés.* Par éducabilité, Gall entendait le sens du progrès chez l'homme. Il existe un troisième adolescent
dont la science pronostiqua la gloire. Ce dernier
n'avait encore que quinze ans, quand à son aspect,
Gall poussa une exclamation significative : *Tu Mar-
cellus eris !* Ce futur grand homme était Champollion,
le lecteur d'hiéroglyphes.

En attachant à l'exercice répété de chaque organe
du cerveau un attrait qui lui est propre, la nature a
voulu que chaque homme fût continuellement actif
dans la sphère de ses facultés. Ceci explique comment
certains individus ont persisté obscurément dans leur
goût pour un art, malgré toutes sortes d'obstacles,
par la seule satisfaction qu'ils trouvaient à se mouvoir
autour du cercle que Dieu même leur avait tracé. Gall
montrait à ce propos le buste d'un cordonnier,
nommé François, chez lequel les soucis et les travaux
de son état n'avaient pu étouffer un talent naturel
pour la poésie. François était auteur d'une tragédie
que Gall trouvait remarquable. Notre docteur ajoutait
avoir vu des cas où une ou deux facultés dominantes
comprimées par les circonstances ou par une volonté
forte, s'étaient vengées de leur pénible inaction en
troublant toutes les autres puissances de l'individu.

La mélancolie est la suite d'un penchant naturel en souffrance ; la tristesse est une privation. Gall attribuait volontiers au manque d'exercice libre et illimité d'une aptitude dominante la cause de la plupart des suicides. C'est également le cas de Gilbert, d'Imbert Gallois, d'Hégésippe Moreau, de Louis Bertrand et de tous ceux qui, dans ces dernières années, sont morts de poésie. Gall avait vu un de ses amis, né poëte, chez lequel la résistance à cette disposition naturelle avait amené la folie ; l'organe émancipé reprenait son rôle dans les accès de délire, durant lesquels cet aliéné ne parlait jamais autrement qu'en vers. Suivant le docteur Gall, les principaux traits de l'organisation d'un individu impriment leur caractère à tous les états excentriques de sa vie, à la folie, à l'ivresse, au sommeil ; les rêves habituels d'un homme sont dans le sentiment général de sa nature.

L'esprit philosophique résulte, d'après les exemples que nous avons sous les yeux, du sens des phénomènes qui fournit les matériaux, de celui de la comparaison qui les confronte entre eux, et de la faculté qui en recherche les causes. Toutefois, cet ensemble est modifié selon chaque nature. Gall professait une grande vénération pour la tête de Socrate. L'artiste avait su, disait-il, donner à ce buste les organes qui disposent aux sentimens religieux, combinés avec ceux d'une vaste capacité intellectuelle. Gall, pas plus que les autres physiologistes, ne me paraît d'ailleurs avoir saisi le vrai caractère de cette tête qui est tout un événement. Ce qui me frappe, ce que j'admire sur ce buste, c'est l'apparition de la tête moderne dans celle du fondateur de la philosophie. On ne retrouve rien de semblable dans les autres types conservés par le ciseau grec. Faut-il en conclure que celui-ci n'existait pas, ou qu'il appartenait alors à des races dites barbares, dont la main des artistes dédaignait de reproduire les traits! Quoi qu'il en soit de la destinée d'un tel masque, il n'en est pas moins curieux de retrouver, chez le précurseur du christianisme, le modèle de la tête du peuple dans nos sociétés contemporaines. Quelles belles études il reste à faire sur l'origine et sur la filiation des types!

La tête de Burdach offrait à Gall un bel exemple de l'organisation qui constitue les profonds penseurs et les esprits méditatifs. Celle d'Isaac Newton joint à de hautes facultés réflectives le sens des rapports de l'espace et des nombres. Les mathématiques ont, en outre, leurs représentans dans le masque d'un religieux nommé David, qui avait la passion des chiffres, et dans celui du jeune Américain Zérah Colborn. Dès l'âge de huit ans, ce petit prodige avait montré une aptitude extraordinaire pour résoudre de tête des problèmes arithmétiques très compliqués. L'esprit de saillie dont Gall indiquait la marque sur le front du jeune Colborn donnait du piquant à cette prédominance pour le calcul improvisé. Une femme du monde, s'étant divertie à lui demander combien font trois zéros multipliés par trois zéros : « Précisément ce que vous dites, répliqua l'enfant : rien du tout. »

Quelques mécaniciens distingués posent dans les armoires pour le talent à construire. On remarque l'horloger Bréguet et le baron de Drais, auteur de petites voitures auxquelles il a attaché son nom, et d'autres inventions curieuses. On riait beaucoup de ce que le professeur montrait la présence du même organe sur le crâne d'une modiste de Vienne. Mais Gall, toujours sérieux quand il s'agissait de la science, répondait sans s'émouvoir : Si vous enlevez de la tête de l'homme tous les organes de sa supériorité, et que vous réduisiez cette tête à l'organe de la mécanique, alors le même penchant qui, combiné avec la réflexion et le sentiment de l'idéal, eût dicté d'admirables inventions, peut-être eût produit la machine de Marly, les églises de Michel-Ange ou les statues du Puget ; ce même organe, dis-je, ne fera plus naître, comme chez les animaux, qu'un penchant aveugle, soit à bâtir un nid, soit à creuser un terrier. Placez maintenant cet organe, toujours le même, sur la tête d'une femme : à l'absence des facultés supérieures joignez l'amour-propre vain et frivole (son doigt indiquait en même temps le siége de ce sentiment sur le crâne de la modiste allemande), et vous aurez un talent pour construire des petites choses, des colifichets, des chapeaux, des fleurs, des nœuds de rubans. C'est ainsi, ajoutait le maître, qu'il faut considérer l'influence des facultés les unes sur les autres, ou leur absence, dans le jugement qu'on porte d'un individu: la tête de l'homme est une, et ses puissances sont calculées dans un but unique.

Un masque anonyme termine cette série d'hommes à vocations spéciales. On lit au bas ces mots, toujours tracés de la main du père de la science : *Médecin na-*

turaliste, qui a fait un voyage autour du monde. Ce médecin est M. Gaimard. Le docteur Gall avait rencontré ce même instinct voyageur chez certains oiseaux. Un coucou mis en cage avait subi durant trois mois sa captivité avec assez d'insouciance ; mais, l'époque de la migration venue, il s'agita dans sa prison avec angoisse, et donna les marques du plus sombre malaise. L'oiseau finit par refuser toute nourriture et par mourir de chagrin. Les anciens avaient déjà remarqué cette voix intérieure qui appelle les animaux deux fois par an vers de nouveaux climats. Gall constata que le même sens voyageur rend certains hommes d'humeur inquiète, vague et errante. On retrouve chez de tels individus, dans leurs accès de migration, cette mélancolie de l'espace qui atteint les oiseaux en automne. Un de ces voyageurs-nés, revenu de faire le tour de l'Afrique, nous disait un jour : « Chaque fois que je voyais, étant enfant, le palmier, le dattier, le magnolia et les autres arbres exotiques, mon cœur remuait comme si j'avais vu des arbres de mon pays. » Il disait juste : la patrie pour les hommes ainsi organisés est partout où ils ne sont pas. Le docteur Broussais affirmait avoir trouvé l'instinct des lieux très fort et celui de l'habitation très faible sur la tête de tous les vagabonds. Certaines provinces de France imprimeraient, selon lui, la susdite conformation à leurs enfans, l'Auvergne, par exemple, d'où nous viennent en hiver ces jeunes hirondelles de cheminées, connues sous le nom de ramoneurs, tandis que la Bretagne marquerait la disposition contraire. On sait que la plupart des conscrits bretons sont pris au régiment du mal du pays, et meurent souvent au bout de quelques mois.

A côté des hommes à talens, on a rangé dans les armoires les bustes d'hommes à caractères. Voici Constantin Faucher, mis à mort avec son frère César, en 1815, pour crime politique. Gall racheta leur tête au bourreau. Plus loin gît le crâne du statuaire italien Ceracchi, exécuté pour tentative d'assassinat sur la personne du premier consul. Gall avait remarqué deux conformations bien différentes qui produisent les esprits révolutionnaires. Les uns sont poussés à l'insurrection par le sentiment de la justice, et les autres par le mobile de l'orgueil. Presque tous les hommes de 89, dont Gall aimait à considérer les figures, présentent sur leurs bustes ou leurs portraits un exemple de ces caractères fermes et justes qui ne peuvent voir les droits d'autrui violés sans en ressentir une offense personnelle. Ceracchi est un conspirateur d'une autre nuance; son crâne indique toutes les qualités qui font les natures indépendantes. De tels individus ont le sentiment de la dignité humaine porté à un point intraitable. Leur vie tout entière est une énergique et véhémente protestation du *moi*. Ceracchi était d'un caractère noble et très estimé de ses confrères. Il n'avait d'autre motif de haine contre Bonaparte que son amour pour la liberté, contre laquelle il accusait le premier consul de conspirer. Gall faisait remarquer que le dévoûment est, pour ainsi dire, naturel à de telles organisations. Elles jouissent même en se sacrifiant pour leur cause. Le docteur admirait à ce propos la sagesse et la libéralité de la nature, qui avait donné ce penchant aux hommes et aux peuples pour les affranchir de l'esclavage que d'autres organes tendent à faire peser sur eux.

Quelquefois le sentiment de l'orgueil s'associe à l'organe destructeur et à d'autres propensions farouches. Il en résulte ce qu'on nomme dans la langue des partis un homme d'action. Agir en pareil cas, c'est tuer. Le masque du fameux George Cadoudal offre un exemple de cette brutale combinaison. On lit au bas : « *Les organes de l'instinct carnassier, de la rixe, de la ruse, de l'amour physique et des rapports de l'espace, sont très développés.* » On sait que la vie de ce Vendéen est le tableau animé de tous ces penchans mis en action. George était fils d'un meunier. La guerre civile lui offrit l'occasion de dessiner son caractère. Il devint le seul général en chef de l'armée royaliste qui ne fût pas gentilhomme. Depuis long-temps il s'était fait connaître, dans la chouannerie, par sa force et son courage. Son aptitude à calculer les distances et à se reconnaître dans les pays perdus tenait du prodige. C'était une de ces natures remuantes et belliqueuses qui s'obstinent à rejeter la paix. Quand la Vendée fut soumise, George se glissa de la guerre civile dans les complots. Il était depuis quelques semaines à Paris, où il préparait une attaque à main armée contre la vie de l'empereur. Traqué par la police comme une bête fauve, il allait de retraite en retraite. Enfin, voyant que son dernier asile était découvert, il essaya de prendre la fuite en cabriolet. Son cheval fut arrêté près du Luxembourg. C'était le moment de déployer tout son caractère. George décharge alors ses pistolets sur deux agens de la police qui tombent à ses pieds; en même temps, il cherche encore à s'évader, mais des émissaires ont jeté l'alarme. Cet homme d'une force physique extraordinaire est enfin arrêté dans la foule par un boucher, qui lui jette un nœud de corde autour du cou. On le conduit ensuite à la préfecture de police. George fut exécuté. La tête de ce terrible conspirateur annonce une sorte de puissance sauvage et indomptable; c'est un beau monument pour la science de Gall.

L'orgueil, au point de vue de la phrénologie, n'est pas un des sept vieux péchés capitaux. Contenu dans de justes bornes, ce sentiment devient le mobile des grandes actions. Gall rapportait à cet organe l'émulation, le désir de l'autorité et du commandement, l'estime de soi, le sentiment de sa propre valeur. C'est en vertu de ce penchant que l'on s'affirme et que l'on s'impose au monde. Tous les hommes d'Etat qui se croient nés pour gouverner les autres hommes ont le derrière de la tête élevé. M. Thiers présente, dit-on, cette conformation à un degré remarquable. On la retrouve encore plus accusée sur la tête des conquérans. C'est à cet organe incitateur que Gall attribuait l'ambition insatiable et la direction personnelle que certains grands hommes ont donnée aux événemens. Deux ou trois lignes de moins d'élévation à cet endroit de la tête sur le crâne de Cromwell ou de Bonaparte, et, selon la phrénologie, le monde n'eût pas été remué par eux comme le monde l'a été; les deux révolutions de France et d'Angleterre auraient bien pu aboutir à un autre dénoûment, et rien de ce qui nous étonne encore à cette heure n'aurait été vu. On a accusé une telle doctrine de conduire au fatalisme historique. Il est pourtant juste d'ajouter que ce petit organe, cause de si grandes perturbations, n'a pas été mis à l'insu ni malgré la volonté de Dieu.

Quand l'orgueil se trouve combiné avec de hautes facultés intellectuelles, il en résulte, chez certains hommes éminens dans la science ou dans la poésie, ce sentiment de concentration en soi-même que l'on pourrait qualifier d'égoïsme du génie. De tels êtres peuplent l'univers de leur individualité et de leur solitude. Ils sont graves, dignes et froids. On peut voir cette disposition indiquée sur le buste de George Cuvier. Quand l'orgueil s'allie, au contraire, à des moyens médiocres et à la misère, il produit ces mendians superbes qui s'admirent dans leurs haillons. Broussais avait constaté la saillie énorme de cet organe sur la tête de Chodruc Duclos. Le docteur Gall avait également fait des remarques sur la configuration du crâne chez les différens peuples ; il avait trouvé que les Espagnols ont le siége de l'orgueil plus élevé que les Anglais, et les Anglais que les Français. Il attribuait à cette circonstance le sentiment exagéré de nationalité qui rend ces deux premiers peuples injustes pour leurs voisins. Il rencontra également cet organe très développé sur la tête de fous qui se croyaient rois ; l'organe paraissait même s'élever, chez ces malheureux insensés, avec le but de leur ambition. Un aliéné se croyait Dieu : c'est celui qui avait le sommet de la tête le plus en hauteur. Notre presque homonyme, M. Esquirol, quoique peu favorable à la doctrine de Gall, montrait le crâne de ce Dieu, qui mourut pour avoir voulu s'affranchir, en sa qualité de pur esprit, du vulgaire et grossier usage de la nourriture.

Le buste de Casimir Périer représentait à Gall le modèle de la fermeté. Cette disposition, dont le docteur montrait le siége sur la partie dominante de cette forte tête, donne à l'homme une empreinte individuelle qu'on nomme le caractère. De pareilles organisations ont une volonté. On sait que Casimir Périer mit long-temps la sienne comme un mur entre la France et le gouvernement de Charles X. Plus tard, il appliqua cette énergie naturelle à consolider pour la dynastie des d'Orléans les suites d'une révolution, et il y parvint, tout en mourant à l'œuvre. Cette conformation se montre également sur la tête de tous les fondateurs de systèmes, Gall, Fourier, Saint-Simon, Broussais. En italien, le même mot signifie talent et volonté. Cette faculté n'est pas étrangère aux œuvres d'art ; on la rencontre principalement sur la tête des chefs d'école. Celle de M. Ingres si le système est vrai, doit prononcer fortement le siége de cet organe. La résolution morale donne aux peintres ce qu'on nomme en argot d'atelier une manière, un parti pris. Elle influe également, en poésie, sur le style pour en arrêter le caractère.

En face des natures hautaines et décidées, Gall aimait à placer des exemples de bienveillance ; il en trouvait un sur le masque de l'abbé Gautier. Dans la langue des phrénologues la bienveillance est, comme la définissait Broussais, une jouissance intellectuelle à faire le bien. Les hommes chez lesquels cet attrait est fort éprouvent instinctivement une sorte de charité universelle qui s'étend même à toute la nature. L'empereur Joseph II, que Gall préconisait comme un modèle de sympathie pour les classes laborieuses, unissait à cet organe celui de la musique. On voit à côté de son buste le buste de Kreibig, son maître de violon et son ami. La musique s'allie volontiers aux sentimens affectueux : la fable d'Orphée est un mythe du pouvoir qu'exerce l'harmonie sur les instincts animaux. L'ancien directeur de la Porte-Saint-Martin , M. Harel, répondait un jour à l'auteur de *Lucrèce Borgia* qui se plaignait de la longueur des violons pendant les entr'actes : — Monsieur Hugo, vous avez tort, la musique adoucit le cœur de l'homme.

Gall en esquissant, au moyen des organes, les principaux traits de chaque caractère, avait coutume d'ajouter que ces organes dominans étaient les derniers à s'éteindre chez l'individu, *ultimum moriens*. Ils survivaient, pour ainsi dire, de quelques instans à la décomposition générale. Le maître en citait plusieurs exemples. Il assistait un jour, en qualité de médecin, les derniers momens d'une vieille femme chez laquelle le sentiment de l'ordre était très prononcé. La moribonde, insensible à tout le reste, interrompit le râle de l'agonie pour indiquer à la garde embarrassée le tiroir d'une commode où elle serrait son linge. Le mathématicien Lagny, au lit de mort, ne reconnaissait déjà plus personne, lorsque Maupertuis lui demanda : — Quel est le carré de douze? — 144, répondit Lagny sans hésiter. Un assassin , tourmenté par le bourreau et à moitié rompu vif, se mit à éclater de rire. L'exécuteur, stupéfait, lui demanda le motif de cet accès de gaîté.— Je songeais, répond l'homme, à la grimace d'un fondeur de cuillers auquel j'ai versé de l'étain liquide dans la bouche avant de le faire mourir.

L'armoire que nous allons visiter dans le cabinet de Gall contient des masques de voleurs et de meurtriers. La voûte surbaissée de ces crânes n'appartient presque plus à des êtres humains. Cette disposition faible et bornée, jointe à la masse puissante des instincts qui se traduisent sur le derrière de la tête, a dû, selon Gall, entraîner la volonté. Selon les adversaires de cette physiologie du cerveau, une telle doctrine conduit tout droit à la négation de la liberté morale. Gall s'en défendait en disant que cette force de l'organisation n'était point irrésistible. Il convenait seulement que le manque d'éducation, en livrant de pareilles natures à leur propre mouvement, les livrait presque infailliblement au mal. Nous avons été à même de vérifier les observations de Gall sur des détenus, et nous les avons quelquefois trouvées justes. Le crâne de ces malfaiteurs présente, dans certains cas, une ressemblance indubitable avec le crâne des animaux dont ils partagent les instincts bas, rapaces ou féroces. Nous avons été également frappé de la différence qui existe entre eux. Les voleurs reconnaissent au premier coup-d'œil les confrères qui ont l'esprit du métier et ceux qui ne l'ont pas. Ces derniers jouissent de peu de considération. Ils leur reprochent de manquer de *trugg*. On nous a amené sur les

cours un célèbre voleur à la main, connu dans le
royaume d'argot sous le nom de *fourlineur*. Cet individu, d'une grande adresse, avait décroché avec la
main, à la sortie de l'Opéra, une épingle d'or et de
diamans engagée dans la chevelure de la reine des
Belges. Il racontait ce fait et un grand nombre d'autres exploits aussi audacieux avec une satisfaction de
vanité extraordinaire. Cet homme aimait son état ;
non pas seulement, comme il disait, à cause des profits,
mais à cause des émotions que ce métier lui procurait.
Il décrivait avec un enthousiasme lyrique l'air dé-
concerté du *pantre* (l'homme volé) au moment où,
s'apercevant de l'absence de sa montre ou de son argent, il fouille son habit, son gilet, ses bottes, se
fouille lui-même, cherchant des poches partout, se
tourne et se retourne en tous sens, regarde autour de
lui avec une angoisse risible, revient sur ses pas,
cherche à ses pieds, cherche en l'air, recherche encore, interroge en silence les yeux des passans et ne
peut croire à sa déroute. — Notre voleur aurait, disait-il, donné de l'argent au lieu d'en prendre pour
jouir de cette scène comique.

Le docteur Gall avait coutume de montrer un assez fort développement de l'organe du vol sur la tête
de Henri IV. Il rapportait à ce penchant naturel, toujours renaissant, ce mot du Béarnais conservé dans
les chroniques de son règne : — « Si je n'eusse été
roi de France, j'aurais été pendu. » L'impulsion de
cet organe n'entraîne pas seulement à dérober ; il
tend en général à acquérir. On le retrouve, selon Gall,
chez tous les grands conquérans, qu'on peut nom-

mer en un sens des voleurs de provinces. Cet organe fait aussi naître dans le cœur de l'homme l'instinct légitime de la propriété, le sentiment du *mien*. De tels caractères ne se laissent pas déposséder aisément; ils reviennent à la charge jusqu'à ce qu'ils aient repris leur bien sur leurs ennemis. Gall faisait observer que ce penchant n'avait pas dû rester étranger à la longue et pénible guerre soutenue par Henri IV, à dessein de recouvrer son royaume. Le professeur aimait en outre à rapprocher ce masque de celui de Cartouche et des autres voleurs de profession, chez lesquels l'exercice d'un tel organe n'était point soutenu, comme chez le roi de France, par des sentimens de bienveillance et de justice. Cartouche ne manquait pas d'intelligence, sa tête l'annonce. Mais cette intelligence, dominée par la ruse, par le sens des convoitises, par une circonspection outrée, n'a contribué qu'à servir et qu'à mettre en œuvre tous les penchans dangereux. Enfin, descendant de degré en degré l'échelle de l'organisation humaine, Gall arrivait à montrer des têtes de voleurs sur lesquelles cet instinct de rapines dominait seul, tandis que le devant de la tête, basse et découronnée, manquait presque entièrement des organes de réaction. Le crâne numéroté 200 appartient à un voleur de quinze ans, mort dans les prisons de Prusse. Le vol était déjà passé chez lui à l'état chronique. Ses récidives furent si nombreuses que les autorités du pays se décidèrent à l'enfermer pour le reste de ses jours. Dans la prison il continuait à voler ses camarades. Gall le visita et le déclara incurable. L'opinion de ce médecin était que les individus chez lesquels un extrême développement de certaines inclinations vicieuses coïncide avec une grande faiblesse des facultés supérieures, doivent être regardés, surtout dans les classes ignorantes, comme très peu capables de liberté morale. Il y a même des cas où le vol semble pour certains individus (on hésite à dire cela) une nécessité de leur nature· Ce sont toujours des êtres mal conformés, des demi-hommes, comme les appelait Gall. Voici, par exemple, le crâne d'un jeune Kalmouck que le comte de Stahremberg, ambassadeur d'Autriche à Pétersbourg, avait amené avec lui à sa résidence de Vienne. Au bout de quelque temps ce pauvre diable tomba dans une grande mélancolie. On ne manqua pas d'attribuer cette tristesse à la privation du ciel sous lequel il était né. Le confesseur qui l'instruisait dans la religion et la morale, homme d'esprit, devina mieux la cause de ce malaise. Il jugea que son élève souffrait de la défense qu'il lui avait faite, au nom de l'Évangile, de ne plus voler. Il retira donc cette défense, à condition que son élève rendrait ce qu'il déroberait. Le jeune Kalmouck profita de la permission : il escamota la montre de son confesseur tandis que celui-ci disait la messe, et au moment même de la consécration. La messe dite, il lui rendit l'objet soustrait, en faisant un saut de joie. Ce jeune homme n'avait pas le mal du pays, mais le mal du vol.

Une résistance subite à un penchant naturel très fort produit de la sorte dans toute l'organisation un repos violent dont l'effet trop prolongé serait d'amener inévitablement la mort ou la folie : — Mais, ajoutait Gall avec tristesse, l'hygiène morale est presque encore tout entière à créer. Le professeur hasardait en même temps, sur le crâne de ces voleurs-nés, une foule de considérations très ingénieuses. Il peut se faire, résumait-il, que des natures mal conformées ne se livrent point à leurs penchans pour le vol, si le hasard leur a ménagé dans la société une part d'aisance convenable. L'organe réprimé par la volonté, si faible qu'elle soit, par les usages du monde et par la crainte du déshonneur, pourra malgré sa tendance, ne commettre aucun acte infamant. Mais qu'au lieu de cela le besoin pousse, que l'occasion naisse, et voilà que l'attrait naturel, abandonné à toute sa violence, provoqué même, se satisfera avidement au mépris de toutes les lois. Le penchant au vol s'associe quelquefois à l'aisance et à de hautes facultés intellectuelles; mais dans ce cas-là l'individu, ne dérobant qu'avec l'intention de rendre, se laisse entrainer sans crainte à sa nature. Un grand musicien de notre temps est sujet à commettre de ces larcins insignifians que l'indulgent Spurzheim nomme chez les personnes riches et de bonnes mœurs des *distractions*. Otez maintenant à cet homme ses facultés, sa fortune, ses sentimens moraux, et vous aurez un des obscurs malfaiteurs qui viennent s'asseoir tous les jours sur les bancs de la cour d'assises.

A côté, ou pêle-mêle avec les voleurs, se détachent dans les armoires les pâles figures d'assassins. Voici Boutiller, nature grossière et brutale, tête construite en forme de toit, instinct carnassier très prédominant, intelligence nulle. On sait que Boutiller, après avoir frappé sa mère de vingt-sept coups de couteau, passa la nuit près de son cadavre, puis se rendit au matin à la Courtille, où il dépensa la journée du lendemain en débauches. Il est impossible, quand même on n'accorderait pas une confiance servile au système de Gall, de ne point reconnaître sur ce front rampant et sur la masse saillante du derrière de la tête, l'empreinte des convoitises les plus bestiales. Le professeur, tout en montrant sur le masque de Boutiller l'organe du meurtre en relief, ne manquait pas de faire remarquer, chez Boutiller comme chez tous les assassins, l'absence des organes qui concourent aux sentimens élevés. Il ne faut jamais perdre de vue, disait le maître, que ces êtres durs et sanguinaires auraient pu ne pas se livrer à leurs goûts de destruction s'ils en avaient été distraits par d'autres facultés plus nobles. Le crime résulte moins d'un penchant isolé que du caractère général d'un individu ; celui de Boutiller n'était formé dans son ensemble que des plus mauvais instincts sans aucun contrepoids moral. Le docteur ne voyait de remèdes à de pareilles maladies du crime, surtout en l'absence de toute éducation, que dans un système de répression très forte qui verrouillât, dans la cage osseuse du crâne, les bêtes fauves de ces dangereuses natures.

Poursuivons notre voyage dans ces sombres régions du mal. Sous chacun de ces crânes a couvé la pensée d'un forfait qui étonne la nature. Lisons les inscriptions attachées à ces voûtes basses qui ont servi de cavernes à des âmes plus basses encore. Sur l'une, on voit ces mots tracés : *Homme affligé de mélancolie, et qui, après avoir commis un inceste, a tué la personne qui fut l'objet de sa brutalité.* La masse dégoûtante du cervelet, siége, selon Gall, de l'amour physique, coïncide sur ce crâne avec un développement funeste de l'organe carnassier. Cet autre crâne anonyme est celui de Voirin. Tourmenté par le démon de l'homicide, Voirin avait plus d'une fois essayé de tourner contre lui-même les forces de destruction qu'il sentait fatalement dans sa nature. On lui arracha plusieurs fois le couteau des mains; c'est un mauvais service qu'on lui rendit. Comme il fallait que Voirin tuât quelqu'un à toute force, s'étant manqué lui-même il n'en manqua pas un autre, un de ses parens, dont il mordit le cadavre. Ce qui nous reste de ce misérable, d'accord avec le témoignage de ses camarades, annonce fort peu de tête. Il se grisait très aisément, et l'ivresse se changeait tout de suite chez lui en férocité. Le vin tournait au sang. On s'arrête effrayé devant ces énigmes et ces épouvantables mystères de notre nature, dont Gall croyait avoir écrit le mot à un endroit du crâne : *Instinct du meurtre.*

On se souvient de Léger, qui, à vingt-huit ans, poussé par la mélancolie sauvage de sa nature, s'était retiré sous un rocher, du côté de la Ferté-sous-Jouarre, au milieu des bois. Là, seul et farouche, il vivait au hasard du gibier dont il s'emparait à la course et qu'il dévorait tout sanglant. Un jour, il s'élança sur une jeune fille qui suivait gaîment son chemin, le long d'une haie. Léger lui passa un nœud autour du cou et l'emporta au fond des bois, à demi morte. Après l'avoir violée, il mangea ses restes. Cette bête humaine dormit trois nuits à côté du cadavre. Les cris des corbeaux qui lui disputaient sa proie le chassèrent de ces lieux dégoûtans. C'est alors qu'il s'enfuit et tomba entre les mains de la justice. Il ne témoigna aucun remords, rien qui fût de l'homme. Quand on lui demanda pourquoi il avait dévoré cette jeune fille, Léger répondit avec une naïveté féroce : « Si j'ai bu son sang, c'est que j'en avais soif. » C'était l'instinct meurtrier qui parlait. Le crâne de Léger offre le modèle de ces organisations affreuses qui du sein des sociétés civilisées retournent fatalement à la sauvagerie et au cannibalisme. On n'est pourtant pas d'accord sur l'impression que cette tête causa au docteur Gall. Les uns prétendent qu'il vit uniquement dans l'action de Léger le fait d'un délire monstrueux, d'autres racontent que, l'exécution ayant eu lieu à Versailles, le crâne de Léger fut déposé le soir même sur la table de Gall par ses élèves. — *Oh! la vilaine tête!* — se serait écrié le professeur, nullement prévenu des antécédens et du nom de l'homme auquel cette tête avait appartenu. Puis il aurait raconté l'histoire de Léger, son caractère sombre, son appétit aveugle aux voluptés animales, son peu d'intelligence, ses goûts de destruction, exaltés par la solitude, tout cela sur la seule vue et sur le toucher du crâne.

Plus loin vous apercevez le buste anonyme de Papavoine. Ici la science avoue elle-même ses ténèbres. Gall, ne trouvant pas sur cette tête l'organisation qui constitue d'ordinaire les assassins, fut obligé de rapporter le meurtre des deux enfans tués par Papavoine dans le bois de Vincennes à un état de dérangement mental. Au fond, cette explication n'est qu'un aveu d'impuissance. Le travail de nos novateurs consiste peut-être trop souvent à changer les notions de l'inconnu et à déplacer l'abîme. Mettre sur le compte de la folie un crime dont on ne trouve pas la trace sur les organes du cerveau, c'est éluder un mystère par un mystère. Mieux vaudrait avouer que l'homme rencontre à chaque instant dans sa nature même la limite éternelle de son intelligence finie. Au-delà, il a beau questionner le ciel et la terre, rien ne répond : c'est comme s'il interrogeait le silence.

La tête de Lacenaire, dont Gall n'a pu avoir connaissance, a eu l'honneur malheureux de servir de champ de bataille aux disciples et aux détracteurs du maître. Suivant les phrénologistes, le terrain est demeuré, bien entendu, à la phrénologie. Il est constant qu'à côté de certaines facultés intellectuelles médiocres, dont Lacenaire a fourni de son vivant la preuve manifeste, le crâne de cet assassin célèbre, que j'ai vu, traduit d'assez mauvais penchans ; les besoins physiques l'ont emporté. Mais ce qui domine sur cette tête, c'est un amour-propre excessif. On sait que Lacenaire se glorifiait de ses crimes, et croyait les relever aux yeux du monde en les nommant des protestations. Béranger racontait un jour, devant nous, un trait de cet orgueil singulier. L'illustre chansonnier, étant à la Force, avait reçu des vers d'un voleur-poète détenu sur les cours. Lacenaire préludait, dans ce temps-là, obscurément et par de modestes délits à ses exploits futurs. Une lettre veut une réponse. Béranger répondit ; mais il lut mal la signature des vers et estropia, sur l'adresse de son billet, le nom de Lacenaire. Ce nom n'avait pas alors la honte d'être célèbre. Notre voleur piqué réclama. Il écrivit une seconde lettre à Béranger, et l'obligea à rétablir exactement l'orthographe de son nom. Nous pourrions citer d'autres faits de cet amour-propre ridicule, si la mémoire de Lacenaire n'était restée comme la personnification la plus hardie de l'héroïsme d'échafaud. Broussais, dans ses cours publics, revenait souvent à cette tête formidablement curieuse. Il montrait, pièces en main, qu'entre la masse des facultés réflectives et celle des instincts aveugles la balance était à-peu-près égale sur le crâne de Lacenaire; mais que le manque de conscience et la force des penchans égoïstes avaient dû entraîner le plateau du côté du mal. La société, ajoutait-il, avait fait le reste. Nous ne savons trop comment la morale s'arrange de pareilles démonstrations. Une telle doctrine demanderait de nouvelles bases sociales. C'est sur elle, en effet, qu'édifient depuis cinquante ans tous les systèmes qui veulent introduire un ordre nouveau dans nos institutions. La phrénologie et le magnétisme, ces deux sciences nouvelles, apparues douteusement à l'aurore du XIXᵉ siècle, semblent toutes deux incompatibles avec la société qui les a vues naître. L'avenir donnera-t-il raison à la société contre la science, ou à la science contre la société? ou, mieux encore, trouvera-t-il le moyen de réunir par des côtés imprévus ce qui nous paraît maintenant inconciliable? C'est le secret de Dieu, et nous n'essaierons pas encore de le pénétrer.

Le docteur Gall prétendait que le caractère de l'assassin, visible sur le crâne, imprimait ses traits à l'exécution même du crime. Les organes de la ruse et du meurtre combinés avec l'absence de courage produisent les empoisonneurs. Il y en a plusieurs exemples sur les bustes d'assassins qui figurent dans cette galerie. L'instinct à cacher, l'esprit d'intrigue et de dissimulation a son siége marqué par la main de Gall. Cet organe est très fort sur la tête de certaines femmes. Il porte à ourdir des trames secrètes, à agir ténébreusement et sourdement, à ruser même avec sa propre conscience. Quand ce penchant se trouve uni à la destruction et à des facultés intellectuelles [bien ouvertes, il produit certaines natures très puissantes pour le mal. Cette combinaison est, assure-t-on, frappante sur la tête de madame Lafarge.

Gall mettait encore sur le compte de l'organe destructeur toutes les professions qui exigent, comme celle du boucher, l'intervention de la force brutale et du carnage. Il trouvait aussi à cet endroit du cerveau le *fiat lux* de la puissance divine, que M. de Maistre déclarait nécessaire pour inventer cet homme-miracle, le bourreau. Combinée avec le sentiment religieux, la destruction produit les fanatiques sanguinaires. Gall montrait cette coïncidence sur le buste de Cromwell. Associé à de hautes facultés intellectuelles, ce même instinct carnassier donne au génie une direction sombre et tragique. William Shakspeare en est un exemple. Il ne faut d'ailleurs pas oublier que Shakspeare était fils d'un boucher et que les formes caractéristiques de la tête se transmettent souvent dans les familles. Quel rapport entre un poète dramatique et un boucher? Lorsqu'on se récriait contre cette assimilation bizarre, Gall avait coutume de répondre : Tel qui avec le même organe solitaire aurait fait un assassin, un boucher ou un bourreau, peut devenir un grand poète dramatique, lorsque le sentiment de l'idéal et la passion du beau transportent ses instincts dans l'imagination.

Les autres crânes qui nous restent à visiter, ont appartenu à des amis ou à des maîtresses du docteur. L'explication de leurs organes donnait lieu à de petites silhouettes de caractères où l'esprit fin et observateur de Gall se montrait dans toute sa netteté. Voici comment notre interprète a traduit le langage de la nature sur le crâne de la comtesse Oro : « Jalouse, altière, ambitieuse, active, infatigable, persévérante, encline à la querelle, et sans cesse prête à frapper son amant ou ses domestiques. Elle se livrait à l'amour et au jeu avec ardeur. Elle avait beaucoup de pénétration, de cette sagacité qui distingue les femmes et qui ressemble à un instinct particulier. » La comtesse Oro, malgré ses défauts, et peut-être à cause de ses défauts, était une femme tout-à-fait dans l'idéal du docteur. Ce maître de la science enseignait que chaque sexe était lié à un ordre de pensées et de sentimens infranchissables. « Ce n'est pas l'éducation, disait-il dans ses cours, mais la nature, qui, moyennant une organisation variée, a assigné à chaque sexe sa sphère particulière d'activité morale et intellectuelle. » Pour mieux faire comprendre son idée, il montrait la tête d'une petite fille de six ans qui était très tendre et très soigneuse envers son jeune frère encore au berceau. Gall comparait cette tête à celle d'un garçon du même âge, et montrait combien, à cette époque de la vie, l'organe de l'amour des enfans est plus développé chez les filles que chez les garçons. L'âge prononce encore beaucoup d'autres différences. En général, le groupe des organes qui disposent à l'attachement, à la famille, au mariage, est plus fort chez la femme que chez l'homme. Quand le docteur Gall ne rencontrait pas sur la tête des jeunes personnes le siége de l'amour maternel bien exprimé, il augurait mal de leur caractère. Suivant ce médecin, la principale destination de telles créatures était manquée. Spurzheim était d'avis que le défaut de cet instinct devait être considéré dans le crime d'infanticide. Sur trente femmes qui avaient fait mourir leurs enfans, il en reconnut vingt-six sur la tête desquelles l'organe de la maternité était en défaut ; les quatre autres avaient été entraînées par la violence des circonstances particulières. « Lorsque je ne vois pas cet organe très prononcé chez les jeunes femmes, nous disait Broussais dans son cours, et que je leur en fais faire l'observation, elles ne manquent pas de me dire, pour s'excuser, que les cris, les caprices, la saleté des enfans les dégoûtent. Messieurs, quand l'attrait est fort et que la nature parle, rien ne dégoûte les femmes. » Les auteurs de la phrénologie rapportent encore à ce penchant le goût des petites filles pour les poupées. Elles préludent, selon eux, par les amusemens aux devoirs de mère ; car elles soignent et caressent, pour ainsi dire, dans ces poupées leurs enfans à venir.

La tête de la femme a généralement moins de volume que celle de l'homme, et les os, selon Gall, en
sont plus minces. La nature semble avoir pris sa main
la plus délicate pour construire cet ouvrage frêle et
admirable. Les facultés intellectuelles qui siégent sur
le devant de la tête paraissent avoir perdu en développement ce que la masse des sentimens a gagné.
Aussi, le crâne des femmes est-il ordinairement attiré
en arrière. La coiffure grecque qui noue les cheveux
sur le fond de la tête exprime très bien cette forme
naturelle. Nous venons d'esquisser la configuration la
plus générale. Quand des individus, hommes ou femmes, sortent des conditions et des limites prescri-
tes par le sexe, ils changent dans la même mesure les
caractères de leur organisation. Catherine II de Russie et madame de Staël ont avancé la direction des lignes droites du front sur la lisière des deux sexes. Le
front de George Sand est homme et femme. La même
incertitude de sexe qui se fait remarquer dans le talent du romancier célèbre se prononce avec autant de
fermeté sur la forme générale de son crâne. Nous
avons au contraire, sous les yeux, dans la collection de
Gall, le buste de l'abbé Gautier, connu par son
amour pour l'enfance, et auteur d'un grand nombre de
livres d'éducation, chez lequel le derrière de la tête
présente des plans arrondis et des dimensions fémi-
nines. Cet homme était né mère.

Une remarque non moins curieuse faite par Gall
et par son ami Spurzheim, c'est que les liaisons entre
les individus des deux sexes sont presque toujours
fondées sur une identité de conformation du crâne.

Les frères et sœurs qui dans les familles se plaisent à être ensemble, qui partagent les mêmes goûts et se conviennent mutuellement, autant que le permet la différence de l'âge et du sexe, présentent toujours dans la forme de leur tête des rapports de ressemblance très marqués. On a étendu la même observation aux hommes et aux femmes, unis ensemble par les liens de l'amour; et lorsque ce sentiment est réel, lorsqu'il dure surtout depuis plusieurs années, on a cru reconnaître qu'il prenait naissance dans une conformité d'inclinations traduite en caractères équivalens sur la boîte osseuse du cerveau. Quand des hommes et des femmes ainsi associés par l'organisation se rencontrent, il est difficile qu'il ne se déclare pas entre eux un attachement indissoluble. Le crâne d'Héloïse, provenant du musée des Augustins, et conservé dans la collection de Gall, présente avec le crâne d'Abeilard, appartenant au cabinet de M. Dumoutier, ces traits d'analogie qu'on pourrait définir la fraternité de l'amour. On avait cru, avant Gall, que l'amour naissait des contrastes; mais le docteur faisait observer que la différence du sexe suffisait dans la plupart des cas à imprimer aux formes légèrement semblables de la tête toutes les variations nécessaires pour exclure la monotonie.

On a appliqué la même remarque aux individus du même sexe. Spurzheim découvrit deux jumeaux qu'il était difficile de distinguer l'un de l'autre, et qui offraient une ressemblance frappante dans leurs inclinations et leurs facultés intellectuelles. Il compara soigneusement les différentes parties de leur tête et les reconnut conformes dans tous les traits qui avaient rapport à l'analogie de leur caractère. Je rencontrai moi-même, un jour, dans le bateau à vapeur qui remonte la Seine jusqu'à Corbeil, un homme dont la tête offrait une grande similitude avec celle d'un autre homme de ma connaissance qui joint à un grand amour de la bonne chère une suffisance excessive. Cet inconnu fixa à ce titre toute mon attention. Je fis le sacrifice du soleil qui miroitait dans l'eau avec des étincelles, et je suivis mon sujet dans l'intérieur du bateau, où il ne tarda guère à descendre. C'était une sorte de tabagie ambulante où l'on respirait une âpre odeur de vin et de cuisine. Notre homme se mit à table. Puis il commanda un déjeuner confortable qui dura toute la route. C'était plaisir de le voir. Ni les regards observateurs que je tenais arrêtés sur lui, ni le bruit des conversations entassées à fond de cale, ni les mouvemens du bateau ne purent le faire sortir un seul instant de son assiette. Il mangeait gravement et amplement. On voyait, du reste, qu'il y mettait de l'amour-propre. Quand le bateau eut touché terre, il s'essuya fièrement la bouche, demanda *la carte* d'une voix emphatique, et sortit fort content de lui-même, en jetant sur les autres voyageurs à jeun un regard d'arrogante pitié. C'était bien l'homme que j'avais deviné (1).

(1) Je ne connais pas de meilleure étude pour contrôler les idées de Gall et de Lavater que de rapprocher mentalement les têtes et les figures qui présentent entre elles des liens de famille. Me promenant au jardin du Luxembourg, je rencontrai plusieurs jours de suite, deux femmes, dont l'une était la mère, l'autre la fille, et qui me frappèrent par la disposition semblable de leurs

Souvent les indiscrétions de Gall portaient sur les mœurs de ses anciens amis. Il montrait le masque d'un maître de langue, qu'il avait connu, comme un exemple de tempérament lubrique. Le docteur avait coutume de comparer ce masque par opposition au crâne d'un médecin nommé Hett, qu'il avait connu également, et qui présentait la conformation toute contraire. Il accusait chez Hett le trop faible développement du cervelet, siége du penchant érotique, d'être la cause de l'antipathie excessive que son ancien ami manifestait pour les femmes. Cette répugnance était si forte que Gall le vit un jour changer de couleur et presque se trouver mal, parce qu'une femme du monde avait voulu l'embrasser ; et cette dame était jolie ! Combinée avec l'étroitesse du front et l'organe de la circonspection que Hett avait très développé, cette faiblesse du penchant générateur imprimait à toute la personne de ce médecin une manière d'être particulière. Il vivait habituellement seul ou dans des maisons habitées par des vieillards, parlait peu et bas, et ne pouvait souffrir d'entendre du bruit à ses oreilles.

traits. La mère, âgée d'environ quarante-cinq ans, était d'un embonpoint remarquable : sa tête présentait des caractères que je fus curieux d'analyser. Le front était court, effacé, flétri, toute la vie était attirée chez elle vers le bas du visage. La bouche, extrêmement dilatée et florissante, était, pour ainsi dire, le foyer autour duquel convergeaient les principales lignes de la face. J'observai attentivement la fille, qui, jeune, fraîche et assez jolie, indiquait néanmoins une tendance au même type de figure basse et bourgeoise. Cette disposition se dessina en effet avec le temps ; car, ayant rencontré, quelques années après ces deux personnes, je fus étonné de leur trouver cette fois le bas de la figure ignoble et le même front dégradé. Ces observations ne persuadent jamais que ceux qui les pratiquent ; nous engageons donc le lecteur à les répéter.

Gall attribuait à une conformation semblable les traits de continence et de chasteté qu'on lit dans la vie des saints. « Est-il étonnant, concluait-il avec une bonhomie fine et malicieuse, que saint Thomas A Kempis, dans le portrait duquel je reconnais les mêmes caractères, se soit armé d'un tison pour repousser loin de lui une jeune fille remplie d'attraits ! » Le maître avait coutume de nommer de pareils individus des êtres *sortis eunuques du ventre de leur mère.* L'absence de l'amour physique se rencontre de même sur le crâne d'une femme. Et de quelle femme! une prostituée. On y lit ces mots : « *Les organes les plus développés sur cette tête sont ceux d'où résulte le caractère vain et cupide, deux sentimens qui entraînent les femmes sans éducation dans de grands écarts de conduite.* » Le docteur Broussais, ce grand maître de la science après Gall, nous faisait un jour remarquer que toutes les femmes, dont l'habitude est d'attacher un prix à leurs faveurs, ont l'organe du penchant libidineux très faible. Quand la sœur de Lélia lui conseille de se faire courtisane, et que Lélia répond : « Je n'ai pas de sens, » Lélia dit tout le contraire de ce qu'elle devrait dire. L'absence de tempérament sensuel (c'est toujours Broussais qui parle) est la première condition qui fait les courtisanes.

La conformation du crâne de Hett, légèrement modifiée, se retrouve encore sur le crâne d'un émigré français nommé l'abbé Laclôture, qu'on remarquait à Vienne pour sa galanterie. Il n'y a pas de jolis soins dont cet abbé ne s'acquittât auprès des femmes du monde. Gall, qui l'avait connu, le donnait pour le modèle des *petits maîtres* français. L'abbé Laclôture se plaisait même aux ouvrages d'aiguille, dans lesquels il montrait une adresse surprenante. Sa tête présente des traits de ressemblance avec la tête d'un individu de l'autre sexe. L'absence de l'instinct amoureux répond en même temps à un énorme développement de la vanité. Aussi l'abbé Laclôture avouait-il qu'il se contentait de faire la cour aux femmes, de leur plaire et d'en être applaudi, sans jamais songer à leur demander autre chose. Quand cette combinaison se rencontre par hasard sur le crâne de jeunes beautés circonspectes et rusées, elle produit le sentiment de la coquetterie. Gall faisait, au contraire, voir le siége de l'amour physique très indiqué sur les portraits de Piron et de Mirabeau. Le docteur attribuait un rôle à cet organe dans toutes les compositions érotiques. M. Dumoutier possède le crâne du marquis de Sade, sur lequel on remarque, dit M. Thoré, un développement extraordinaire de la destructivité, de l'amour physique et des facultés réflectives. Singulier assemblage qui devait enfanter un livre monstrueux!

Gall retrouvait ce même organe combiné avec le sens du merveilleux et de l'imitation mimique sur la tête d'une tireuse de cartes, nommée Eva Cattel, qui fut long-temps célèbre à Vienne. Toutes les femmes du beau monde venaient chez elle se faire dire la bonne aventure. L'habileté de cette Mlle Lenormand aux arts divinatoires se compliquait d'un penchant très décidé à la galanterie. Elle avait plusieurs amans avec lesquels elle partageait les bénéfices de son don de prophétie. Le sens du merveilleux, dont Gall avait né-

gligé le siége, indiqué plus tard par Spurzheim, est
l'esprit qui inspire les mystiques, les illuminés, les vi-
sionnaires, quand ils croient avoir commerce avec les
êtres d'un monde surnaturel. On fait observer que cet
organe se trouve plutôt chez les Allemands que chez
les Français. C'est lui qui conduisait le crayon d'Al-
bert Dürer. C'est encore lui qui dirigeait la pensée
de Swedenborg, d'Hoffmann, de Jean Paul Richter.
Cette disposition influe sur le style pour lui donner
une tournure étrange et mystérieuse. Associé avec le
sens des nombres, ce penchant au merveilleux se
tourne chez les savans vers les sciences occultes ou
les calculs aléatoires. Gall comparait ensemble deux
têtes de sa collection, ayant appartenu, l'une à un
homme crédule et visionnaire, l'autre à un très habile mathématicien qui cherchait dans des combinaisons cabalistiques le moyen de gagner à la loterie. Ils
sont morts l'un et l'autre dans une espérance folle.
Cet organe est celui des fantômes, et la fortune pour
les joueurs n'est guère que l'apparence d'une ombre.

Le sens de l'imitation mimique est indiqué par Gall
sur le crâne d'un bateleur qui faisait des parades en
plein vent. Quand la même faculté s'allie à d'autres
facultés sombres et puissantes, elle produit les grands
tragédiens et les grandes tragédiennes. Cette disposition est remarquable sur le beau front de mademoiselle Rachel. Le docteur Gall avait trouvé la mimique
combinée avec le sentiment religieux sur le crâne d'un
prédicateur qui se faisait remarquer par ses gestes et
par son débit oratoire. Il montrait encore l'organe
du sentiment religieux uni à celui de la rixe et de la

violence sur la tête d'un prédicateur tonnant, sans cesse armé en chaire de la vengeance céleste. Un autre, qui avait le sens de la comparaison très décidé, ne parlait à ses ouailles qu'en paraboles. Tout ceci faisait dire au professeur, que nous voyons Dieu à travers nos organes comme à travers des lunettes. En religion, en poésie, en art, nous donnons à connaître notre caractère par la manière dont nous nous représentons les objets et les idées. Le maître de cette science allait même jusqu'à assigner un langage particulier à chaque organe. Les écrivains qui ont le siége de l'orgueil très développé aiment à mettre toujours leur personnalité en avant. Ils disent *moi*, sans cesse *moi*. Ceux chez lesquels règne la vanité recherchent les coquetteries et les afféteries de mots. Le docteur Gall distinguait soigneusement l'orgueil de la vanité. L'orgueil est le désir de plaire à soi-même, la vanité le besoin de plaire aux autres. Quand ce dernier sentiment prédomine, il conduit souvent à des formes maniérées. On l'accuse en outre de produire les courtisans et les courtisanes. L'amour-propre très absolu enfante d'autres excès non moins funestes. Voici comment Broussais me définissait un jour dans le tête-à-tête un des hommes d'État de ce temps-ci : « La fermeté s'associe chez lui à une estime de soi révoltante, la vanité est en même temps fort déprimée : il en résulte un de ces caractères raides, inflexibles et durs, qui bravent hautement l'opinion qu'on peut avoir d'eux. Le meilleur correctif de cette combinaison fâcheuse serait un développement convenable du besoin d'obtenir l'approbation des autres.

De tels hommes sont dangereux au pouvoir, soit parce qu'ils tendent sans cesse à la domination, soit parce qu'ils compromettent l'autorité dans des luttes personnelles dont l'issue est toujours douteuse. » L'orgueil et la vanité réunies sur une même tête produisent ces caractères servilement ambitieux qui s'élèvent en rampant comme le lierre.

Il ne nous reste plus à visiter que l'armoire des crétins et des fous. La science reconnaît des crétins et des demi-crétins. Il y a des êtres incomplets dans tout, même dans l'idiotisme. Vous avez là, devant vous, de beaux types de dégradation humaine. Ce crâne étroit, comprimé vers le haut, d'une forme conique, vient d'une fille de quatorze ans que Spurzheim découvrit à Cork, en Irlande. Elle avait l'usage de ses sens extérieurs, reconnaissait les personnes qu'elle voyait ordinairement, caressait ceux qui avaient soin d'elle, craignait les coups, mais ne savait pas parler. La plupart de ses facultés étaient dans un état d'enfance. Voici encore d'autres pauvres êtres humains, moralement avortés, qui ne montraient que le commencement de la vie animale. On peut comparer leur crâne à celui d'un Bacon, d'un Descartes, d'un Gœthe, d'un Burdach : c'est ici le triomphe de la science! Tandis que toutes les lignes du front suivent étroitement et timidement, chez ces malheureux idiots, un plan incliné, on voit, au contraire, le front de tous ces grands hommes s'élever et s'élargir avec une sorte de fierté sublime. On rencontre bien, parmi les êtres privés d'intelligence renfermés dans cette armoire, quelques crânes enflés outre mesure ; ce sont ceux d'individus hydrocéphales. De tels crânes ne contiennent que beaucoup d'eau. Belles têtes! mais de cervelle point. On remarque sur ces mêmes rayons des têtes d'aliénés chez lesquels un organe dominant avait tracé une direction à la folie. Témoin cette jeune fille qui berçait dans ses bras des morceaux de bois auxquels elle voulait faire partager sa chétive nourriture. On la voyait alors pleurer, car ces mauvais nourrissons s'obstinaient à refuser le pain de leur mère. Elle était désignée, à la Salpétrière, sous le nom de la fille aux enfans. Une autre avait la monomanie de se croire reine de France et de se parer, par manière de dignité, de tous les haillons qu'elle rencontrait sous sa main. Le crâne de ces deux femmes dévoile le caractère de leur folie; chez la première le sentiment de l'amour maternel, et chez la seconde la vanité. Le docteur Gall prétendait que l'organe de la poésie, combiné avec celui du merveilleux, imprimait son style à la démence du Tasse; c'est dans ses accès de délire que l'auteur de la *Jérusalem délivrée* composait, dit-on, ses plus beaux vers, et qu'il croyait communiquer avec les esprits. Le maître ajoutait que, le cerveau étant double dans tous ses organes, un homme peut être aliéné d'un côté et libre de l'autre, au point d'observer lui-même sa folie. Il en citait pour exemple Blaise Pascal. Notre docteur avait donné ses soins à un malade qui, pendant trois ans, entendait constamment du côté gauche des injures qu'on lui adressait, et il regardait toujours dans cette direction. Du côté droit il jugeait parfaitement que cet état provenait d'une altération de son esprit. Il suit de là qu'un hémisphère de la tête peut être endommagé ou même entièrement détruit sans que l'homme discontinue ses fonctions intellectuelles. L'auteur de *l'Atlantiade*, d'*Agamemnon*, de *Pinto*, de *la Panhypocrisiade*, a composé ces grandes œuvres avec une moitié de cerveau.

Un ami, une ancienne et fidèle connaissance, manque, nous ne savons trop comment, à cette collection crânologique du docteur Gall. C'est une grave lacune, une omission fort regrettable. Nous voulons parler du chien que ce savant avait élevé. Un médecin allemand, le docteur Koreff, qui a vu Gall dans l'intimité, nous le définissait ainsi : « Gall était l'homme qui connaissait le mieux les animaux et que les animaux connaissaient le mieux. » Vous allez juger s'il avait donné une bonne éducation à son chien. Gall racontait dans ses cours publics avec un grand sérieux les marques d'intelligence que cet animal modèle avait données. Son maître lui attribuait surtout l'organe de la mémoire des mots. Fox ne parlait point, mais ce n'était pas une raison pour lui refuser le don des langues. « J'ai fait à ce sujet, racontait le docteur Gall, les observations les plus suivies. J'ai parlé souvent avec intention d'objets qui pouvaient intéresser mon chien, en évitant de le nommer lui-même, et sans laisser échapper aucun geste qui pût réveiller son attention. Il n'en témoigna pas moins du plaisir ou du chagrin, suivant l'occasion; il manifestait ensuite par sa conduite qu'il avait très bien compris quand la conversation le concernait. » Fox était très instruit, mais il n'était pas polyglotte. Jugez de la déconvenue de ce bon et brave Allemand, lorsque Gall l'eut amené de Vienne à Paris. Au lieu de sa chère langue germanique qui était, pour ainsi dire, sa langue naturelle, l'animal contristé n'entendit plus retentir à ses oreilles qu'un idiome barbare, indéchiffrable. Mais en peu de temps notre élève, grâce à sa bosse de la mémoire des mots, apprit le français aussi bien que l'allemand « Je m'en suis assuré, affirmait Gall, en disant devant lui des périodes dans l'une et l'autre langue. » Fox mourut ; c'est la loi commune ; mais si son crâne ne figure pas ici, son nom vivra dans les fastes de la science phrénologique. Ce que c'est pourtant que la gloire !

Comme couronnement à cette riche collection, on a posé le buste de Spurzheim et celui de Gall. Nous vîmes le docteur Spurzheim, quelque temps avant son départ pour l'Amérique, dont il ne revint pas. C'était une forte et large tête d'Allemand, bien sérieuse, bien patiente, bien morale; un peu le type du bœuf, comme l'histoire nous représente qu'était la tête de saint Thomas d'Aquin, ce grand bœuf de Sicile dont le beuglement emplit l'univers durant deux siècles. Le front était surtout d'une bienveillance infinie. Il eut l'obligeance de nous toucher la tête avant son départ. Nous l'entendîmes alors nous prédire une destinée de voyageur. L'oracle s'est bien peu réalisé, car nous n'avons guère perdu de vue jusqu'ici l'horizon des deux tours de Notre-Dame. Il est vrai d'ajouter que ce n'est pas l'envie qui nous a manqué, et que notre plus grand plaisir est de voyager dans les livres des navigateurs. La tête de Gall, dont il existe deux

épreuves à deux âges différens, est une magnifique
confirmation de sa doctrine. Quelques traits de ressemblance avec la tête de Socrate achèvent de lui donner le caractère propre aux initiateurs. Tous les organes d'où dérivent, selon le maître, l'esprit d'analyse
et une merveilleuse finesse d'observation, sont fortement prononcés sur ce vaste front de génie. On y lit
en même temps les deux dispositions qui font dans la
science les esprits aventureux, un profond mépris
pour les livres, et un profond respect pour la nature.
Le dernier buste de Gall a été pris sur la tête du mort.
Les tempes sont horriblement rentrées; tous les signes
la souffrance physique et de l'angoisse morale, appa-
raissent sur cette tête ravagée, mais sans obscurcir le
dernier reflet d'une grande intelligence. Le docteur
avait émis lui-même, en mourant, le vœu suprême
que son masque et celui de Spurzheim fussent réunis
aux autres figures de sa collection. Au milieu de ces
savans célèbres, de ces inventeurs fameux, de ces
grands hommes éteints dont il ne reste plus que le
souvenir et l'image, Gall, avec cette morne figure de
plâtre que la mort lui a faite, est plus que jamais dans
ces lieux en pays de connaissances.

IV. — Le musée de Gall.

Ce musée, c'est le monde. Le docteur Gall ne bornait pas sa science à remuer des crânes vides et des

ossemens secs. Il étudiait particulièrement la manière dont les formes de la tète se présentent dans l'état de vie. La société qu'il avait devant les yeux était pour Gall une galerie de portraits animés dont il cherchait à déterminer le caractère. Notre savant a connu l'organisation de la plupart des hommes remarquables qui composent en quelque sorte dans ce moment-ci le sénat intellectuel de la France. Il nous a laissé sur presque tous des jugemens inédits qu'il est possible de recueillir de la bouche de ses amis. Quant à ceux qu'il n'a ni connus, ni appréciés, nous trouvons dans sa méthode les moyens de suppléer par nous-mêmes à la sagacité du maître. Nous allons donc chercher ce que Gall a pensé ou ce qu'il aurait pensé de quelques hommes du jour. Mais il est nécessaire pour cela de se faire une idée juste de son système et des bases sur lesquelles s'exerçait cette merveilleuse finesse d'observation, qui semblait chez le docteur Gall un sens particulier.

Avant Gall, une certaine école avait placé dans la sensation, autrement dit dans le système nerveux périphérique, le siége de toutes nos connaissances. Le médecin allemand soumit cette opinion à son examen et la convainquit d'erreur. Il reconnut tout d'abord que, chez plusieurs hommes doués de talens considérables, les sens extérieurs étaient dans un grand état de faiblesse. Les plus hautes facultés du peintre et du musicien sont quelquefois associées à une vue courte et à une oreille obtuse. Beethoven était sourd, il n'en aimait pas moins dans sa vieillesse à se mettre au piano; les sons qu'il tirait de l'instrument ne pou-

vaient parvenir à son oreille fermée; il lui arrivait
même quelquefois de ne faire parler aucune note,
quand il jouait : le bruit était en lui-même. Un
M. Devoyer, qui passait du temps de Gall pour un
connaisseur en peinture, avait la vue si courte qu'il
jugeait l'effet des tableaux à travers une lorgnette.
Notre savant eut en outre connaissance d'un libraire
d'Augsbourg, né aveugle, qui, au moyen d'un sens
interne, avait quelques notions précises des couleurs
et en déterminait l'harmonie avec exactitude. A Du-
blin, Spurzheim rencontra un homme qui aimait les
arts mécaniques et le dessin, surtout celui du paysa-
ge, mais qui fut obligé de renoncer à la peinture
parce qu'il ne pouvait pas reconnaître le rouge d'avec
le vert. Il aurait peint sans le savoir des arbres rouges :
jugez du bel effet! Nous avons devant nous, au nu-
méro 73 de la collection de Gall, le masque anonyme
d'un très fort mathématicien qui confondait toutes les
nuances des couleurs. Les gammes que parcourt la
lumière en montant ou en descendant d'un ton à un
autre étaient pour lui insaisissables : aussi ne conce-
vait-il pas qu'on pût trouver de l'harmonie dans la
peinture. Cependant ces deux hommes avaient les
yeux parfaitement sains. De tels faits, plusieurs fois
renouvelés, convainquirent Gall et Spurzheim que la
sphère d'activité immédiate de l'ouïe ou de la vue était
de transmettre au cerveau les sons et les couleurs,
mais nullement d'en apprécier les rapports. Ils se refu-
saient de même à placer le talent pour un art dans
l'adresse manuelle de l'artiste exécuteur. Lessing avant
eux n'avait pas craint d'avancer que Raphaël eût été le

plus grand peintre, quand même il serait né sans mains. De très bons dessinateurs sont fort maladroits, et la plupart ont une mauvaise écriture. La musique ne réside pas davantage dans l'instrument vocal que la nature a donné à l'homme. Beaucoup de très grands compositeurs chantent faux. La faculté de saisir les harmonies des sons est si indépendante de la voix, que les amateurs se plaisent à lire dans le silence les idées de la musique. Une preuve encore que le talent n'est pas dans la main qui exécute, c'est que, les doigts manquant, l'individu invente au besoin d'autres membres supplémentaires. On connaît de nos jours cet artiste né sans mains, qui se sert de son pied pour peindre. Un maître de l'école française, paralysé de la main droite, exécuta de la main gauche l'un de ses meilleurs tableaux, qu'on peut voir dans le chœur de Notre-Dame. Le cabinet du Jardin du Roi possède le masque d'un soldat musicien, qui, après l'amputation d'un bras, imagina une mécanique au moyen de laquelle il se servit de sa flûte comme au temps où il jouissait de ses deux bras. Tous ces faits amenèrent le docteur Gall à la conclusion suivante : l'homme n'est pas né peintre ou musicien parce qu'il a des mains ou de la voix, mais la nature lui a donné des mains et de la voix pour le mettre en état de manifester au-dehors ses facultés intérieures.

Selon la doctrine que Gall venit de trouver en défaut, l'homme était tributaire, par les sens, du monde extérieur : il en recevait le germe de toutes ses facultés. Le docteur, pour combattre cette seconde erreur, eut recours de nouveau à l'expérience. Il s'adressa d'a-

bord aux animaux, ces naïfs enfans de la bonne nature, qui n'ont aucun intérêt à tromper. Que vit-il?
Des oiseaux chanteurs, élevés à dessein dans un nid
d'oiseaux muets, isolés avec soin de toute éducation
musicale quelconque, se prenaient, un beau jour, à
faire des roulades fort longues, dès que l'âge avait
développé les forces vocales de leur gosier. Ces petits
êtres avaient donc la musique en eux-mêmes. Gall
remonta des animaux aux hommes. Même cause,
mêmes résultats. Plusieurs musiciens de son temps
avaient deviné, comme les oiseaux chanteurs, des accords que leurs oreilles n'avaient jamais entendus.
A peine Haendel eut-il commencé à parler, qu'il essaya de composer des airs. Son père éloigna de la
maison tous les instrumens de musique, mais l'enfant
trouva moyen de s'exercer à cet art sans maître et
sans instrumens. De tels exemples ne sont pas rares.
On nous racontait dernièrement l'histoire d'un enfant champenois qui, tourmenté par l'instinct de la
musique, et n'ayant autour de lui aucune occasion
de le satisfaire, imagina tout seul d'improviser un
instrument avec son sabot sur l'ouverture duquel il
tendit des cordes sonores. L'enfant s'apprit de la sorte
à jouer du violon sans autre maître que la nature, et
devint un ménétrier fort renommé dans le pays.
— Les autres arts se révèlent de même par une
sorte de seconde vue. Nous avons connu un enfant
d'ouvrier qui, avant de savoir marcher, figurait des
bons hommes sur une table avec son doigt mouillé
de salive. Cette disposition grandit avec l'âge : sans
avoir jamais fréquenté aucune école, il inventa de lui-

même successivement le dessin, le coloris et la peinture. Vous pouvez voir, dans le cabinet de Gall, le masque d'un autre enfant de six ans doué d'un talent remarquable. Il faisait des caricatures fort ingénieuses avec des feuilles de papier qu'il découpait aussi vite que si le dessin de ces figures eût été tracé d'avance. Le docteur Gall rencontra de même la faculté poétique chez de jeunes pâtres allemands qui ne savaient pas lire. Voltaire composait des vers à sept ans. Béranger, privé de toute éducation classique, chantait au hasard ses immortelles chansons sans trop savoir ce qu'il faisait. Tout le monde est d'avis d'ailleurs que la réflexion ne suffit pas à découvrir les lois d'un art. L'étude ne supplée guère davantage aux moyens innés, même pour ce qui est de la science. La plupart des savans et des mathématiciens fameux ont été entraînés à de belles découvertes par le seul courant de leur nature. Herschell avait l'inquiétude de ce qui se passait au-dessus de sa tête dans le ciel étoilé, long-temps avant d'avoir eu commerce avec aucun livre d'astronomie. Plus tard, reconnaissant l'insuffisance de ses yeux pour suivre les mouvemens de ces grands corps imperceptibles, et trop pauvre pour acheter un télescope, il inventa lui-même ces merveilleuses lunettes et ces machines qui ont tant contribué à sa gloire. Que dire de la sœur de ce grand astronome qui, sans avoir étudié, inventa l'art de prédire l'arrivée des comètes? A peine le jeune Vaucanson a-t-il regardé le mouvement d'une pendule à travers la fente de son étui, qu'il fait une pendule en bois sans autre outil qu'un mauvais couteau. A douze ans, Pascal avait recommencé de lui-même, sans aucun livre, une partie des mathématiques.

Gall accepta ces faits en les expliquant par son système. Le chant est, suivant l'inventeur de la phrénologie, le son naturel que rend un être organisé pour la musique, comme la poésie et la peinture sont le mouvement instinctif de l'âme en rapport avec le sens de l'idéal ou du coloris. Une telle manière de voir réduit considérablement l'influence du milieu extérieur sur les ouvrages des maîtres. Le peintre, le poète, le musicien, sont bien plus portés, selon le docteur allemand, à transformer l'univers dans leur individualité qu'à reproduire exactement l'image des choses. Chaque artiste réalise avec l'ensemble de ses facultés un monde différent du monde sensible, puisqu'il y ajoute sa pensée, sa volonté, son génie. Le docteur Gall trouvait dans cette force créatrice, interne, la raison des mille variétés infinies qui distinguent les ouvrages d'art. Tel peintre voit clair, tel autre sombre. Comparez entre eux les tableaux des maîtres qui ont eu la prétention d'imiter la nature, et vous trouverez que la nature chez eux est de toutes les couleurs. Pour M. Ingres, la lumière ne se lève pas la même que pour M. Eugène Delacroix. La raison de cela ? c'est que si ces deux artistes sont pourvus de sens de relation à-peu-près semblables, chacun d'eux a en soi-même une faculté spéciale, une seconde vision pour ainsi dire, qui réagit sur les yeux pour atténuer ou pour exagérer la couleur des objets présens. En vain chercherait-on dans les influences géographiques la raison de cette forme charnue et plantureuse, dont Rubens nous a laissé le modèle dans ses tableaux : le maître néerlandais avait vécu fort long-temps en Italie, il avait eu sous les yeux le même ciel et les mêmes femmes que Raphaël. C'est donc toujours par l'organisation intime du peintre, qu'il faut s'expliquer cette force indomptable, dont l'effet est de modifier la nature et de l'accommoder au caractère de l'homme.

Le docteur Spurzheim avait rencontré de son côté un curieux exemple de l'indépendance de nos facultés, sur un jeune Écossais, nommé Jacques Mitchel. Cet individu était né sourd-muet et aveugle. Privé des deux principaux sens de relation, un tel être se trouvait infiniment peu en commerce avec le monde extérieur. D'après les idées de Condillac, on l'eût préjugé idiot. Il n'en était rien. Jacques Mitchel donnait, au contraire, des signes nombreux d'intelligence. Cet aveugle-né avait le sens de la construction ; on le vit plus d'une fois bâtir, en manière de jeu, des cabanes avec des morceaux de tourbe dans lesquels il laissait des ouvertures pour imiter des fenêtres. Toutes ses actions indiquaient du raisonnement et des connaissances naturelles. Un jour il rencontre, sur la route, un homme à cheval. Mitchel s'arrête ; après un moment de réflexion, il touche le cheval, paraît l'avoir reconnu et à l'instant fait signe au cavalier de descendre. Celui-ci obéit étonné. Mitchel conduit le cheval à l'écurie, lui ôte la selle et la bride, lui donne de l'avoine à manger, se retire, ferme la porte, et met la clé dans sa poche. Ce cheval avait été acheté à la mère du jeune Mitchel, quelques semaines aupara-

vant, par un étranger. Notre pauvre infirme, pour
lequel la vie n'était que nuit et silence, semblait néanmoins tenir à la conserver. Ayant remarqué qu'on en-
sevelissait les morts avant de les mettre en terre, il
refusait de coucher dans des draps quand il était
malade, et s'inquiétait quand on chauffait des linges
blancs à ses côtés. La première fois qu'il eut le sentiment de notre destruction fut le jour qu'il toucha un
homme mort (c'était son père) ; il se retira effrayé et
avec précipitation. Depuis lors, le signe dont il se servait pour exprimer notre fin suprême était de descendre lentement sa main vers la terre.

L'action des sens extérieurs une fois exclue comme
cause dominante de nos facultés, le docteur Gall crut
découvrir dans le cerveau le principe et le siége de
toutes les manifestations intellectuelles de l'homme.
Sans nier les influences que l'âme reçoit du dehors
par les sensations, il soutenait que la communication
de l'individu avec l'univers était surtout limitée par ses
organes encéphaliques. Le monde commence pour
chaque être, où le cerveau commence, et finit où le
cerveau finit. Ce grand physiologiste était d'avis que
nos actions, nos pensées, nos sentimens, notre manière
de voir et de juger, sont enchaînés aux lois immuables
de notre nature. Le soleil sortirait plutôt de son orbite,
que l'homme ne sortirait du cercle tracé par son organisation. L'éducation développe avec le temps les puissances contenues dans le cerveau ; mais pour les créer,
jamais. Cette doctrine donne un démenti formel au
système de l'égalité des intelligences. Si, d'un côté,
tous les hommes sont égaux devant la science, en

tant qu'hommes, ils sont tous différens par les moyens d'action qui leur ont été départis. L'ensemble des facultés est circonscrit d'avance dans chaque individu, au point juste où Dieu a voulu l'arrêter. Gall ajoutait, au grand scandale du monde savant, que cette destination particulière à chacun était inscrite en caractères visibles sur la boîte osseuse du cerveau. Le crâne était, aux yeux du docteur allemand, un blason sur lequel la nature a marqué de sa main puissante les quartiers de noblesse de tous ses enfans. Cette noblesse-là est indélébile, car elle vient de Dieu et elle va à la société qui ne pourrait jamais subsister sans elle. C'est la variété nécessaire à l'unité de la race humaine.

Avant le docteur Gall, on avait coutume d'appliquer aux hommes connus par des œuvres d'art les termes vagues de talent et de génie. Notre novateur enseigna que le talent et le génie se modifiaient eux-mêmes selon la nature des impressions. Tel homme est né artiste : mais l'absence entière des facultés réflectives le condamne à n'exprimer, durant toute sa vie, que la forme extérieure des objets ; tel autre est né penseur, mais l'extrême faiblesse des organes de relation le rend incapable de revêtir ses idées avec les images du monde sensible ; ce sera un de ces esprits obscurs, arides et nus dont le style refuse toujours de condescendre à l'imagination de ses lecteurs. Les dispositions de l'esprit les plus heureuses peuvent être comme suspendues dans leur activité par les moindres lacunes du système cérébral. Celui-ci semble né en même temps poète par les sens et poète par l'esprit ; il pourrait fournir une individualité forte ; mais il manque de ce que les phrénologues ont nommé l'organe de *l'estime de soi* : or, faute de croire suffisamment en lui-même, il s'appuiera sans cesse aux autres et retombera, quoi qu'il fasse, sous le joug de l'imitation. Ce n'est encore, l'originalité lui manquant, qu'un esprit de second ordre. On voit que le talent et le génie ne peuvent avoir de place marquée sur la tête de l'homme; ils résultent l'un et l'autre de la combinaison de nos facultés. Ce système de la différence des caractères et des talens, fondée sur la différence infinie des constitutions, avait amené la critique de Gall à une grande tolérance morale. Notre docteur se tenait dans le sentiment de chaque fécondité; on ne le voyait pas adresser au figuier le reproche de ne donner que des figues et exhorter la rose à passer aux odeurs du lis. Le premier dogme de sa religion scientifique était que l'horizon intellectuel et moral de chaque homme se trouvant circonscrit par ses organes, il faut expliquer le talent d'un poète, d'un musicien ou d'un peintre par les caractères de sa nature, l'y ramener sans cesse tout en stimulant chez lui les facultés supérieures et en les exhortant à prendre la direction des facultés inférieures : telle était la critique dont Gall voulait substituer l'usage à l'ancienne manière étroite et puérile des écoles.

A la fin de ses cours, le professeur avait coutume de faire entrevoir les conséquences de sa découverte dans l'avenir. L'aptitude de chaque homme, s'écriait-il dans son enthousiasme, étant distinctement connue, on pourra sans crainte l'employer aux charges qui lui sont destinées d'avance par la nature. Le travail, dépouillé de toute contrainte, cessera dès-lors d'être une gêne et un fardeau pour devenir l'exercice normal de facultés innées auxquelles le repos, au contraire, est une fatigue. Les gouvernemens se serviront de la révélation de l'homme moral, de plus en plus transparent, pour ouvrir aux natures excentriques la sphère d'activité que réclame leur inquiétude. Les chefs d'institution, au moyen des signes de la tête, développeront chacun de leurs élèves dans le sentiment particulier de sa nature. Les généraux d'armée, avec cette connaissance, régleront leur ordre de bataille sur le caractère de leurs soldats. Les jurés trouveront dans le crâne de l'homme mis en cause des renseignemens pour établir l'aveu ou le désaveu de sa faute. Les accusés exerceront à leur tour les récusations sur le plus ou moins de capacité de leurs juges, rendue visible par les formes de la tête.—La nouvelle science n'entraînait rien moins, on le voit, qu'une société nouvelle. Si la phrénologie avait acquis le degré de certitude qui lui manque encore, nul doute que ce moyen d'action sur le monde ne fût incalculable; mais, comme tous les inventeurs, Gall s'exagérait à lui-même la portée morale de sa découverte. Les lois qui régissent la nature humaine ont-elles la régularité périodique des lois qui régissent le mouvement des corps célestes? Sera-t-il permis à la science de prédire les événemens historiques avec cette exactitude acquise qui annonce d'avance l'arrivée des éclipses et l'apparition des comètes? Nous ne le croyons guère. Il y aura toujours, au jugement porté sur les individus et à la prévision de leurs destinées plus ou moins libres, des obstacles que la science de Gall ni celle de tout autre, ne pourra vaincre. Les hommes deviennent grands par divers côtés imprévus; quelques-uns se font remarquer dans les arts par des défauts naturels élevés à une certaine puissance. La santé chez plusieurs, la maladie chez d'autres, détermine la condition physique de leur supériorité. Henri Heine nous a raconté l'histoire d'un célèbre Allemand valétudinaire que les médecins et les voyages avaient guéri jusqu'à le rendre bête. Mirabeau malade n'eût plus été que la moitié de Mirabeau. Pascal, sain et bien portant, n'aurait sans doute pas jeté une à une ces sublimes pensées où l'on retrouve à chaque ligne la trace d'un esprit alarmé sous la main fébrile de l'angoisse. M. de Lamennais, dont la vie entière n'a guère été qu'une longue souffrance nerveuse, doit beaucoup, comme écrivain, à ce martyre intérieur. Il ne faut pas oublier que la perle fine, la perle d'Orient, se forme au fond de la mer dans l'écaille de l'huître par suite d'une maladie de ce mollusque. Tout le monde sait, en outre, que l'esprit d'un homme est jusqu'à un certain point tributaire du milieu dans lequel il s'exerce. La nature fournit l'organisation, la société en détermine l'emploi, d'où il arrive que souvent des dispositions très énergiques sont demeurées stériles faute d'avoir rencontré dans le monde le centre de leur activité. On a beau être doué de grands moyens et s'arranger pour les faire paraître, si les circonstances n'arrivent point, ces moyens agissent sur le vide, et voilà le grand homme manqué.

Il serait impossible de calculer en détail les mille et une conditions qui modifient la tendance naturelle de chaque homme. Nous savons tous que l'esprit d'un auteur dépend à certains jours de la pluie ou du soleil et de toute autre circonstance aussi mesquine. Le bourdonnement d'une mouche empêchait Pascal de réfléchir. Il est donc évident que le rôle intellectuel de chaque individu ne saurait se reconnaître toujours, d'une manière absolue, par les signes de la tête et encore moins par la forme empreinte au cerveau de l'enfant. La méthode qui consiste à rapprocher le crâne des hommes vivans du crâne des hommes célèbres qui ont vécu, pour y trouver des points de comparaison et en tirer des conjectures, est encore plus vicieuse. D'abord il n'y a pas deux cerveaux conformés exactement de la même manière, et les moindres différences sur quelques organes retentissent, en vertu d'une grande loi de solidarité, sur tout l'ensemble de l'organisation. Ensuite, il faut tenir compte de ce fait important, que ces hommes-là ont vécu dans un autre siècle que le nôtre et sous d'autres formes sociales. Qui peut fixer au juste où s'arrête l'influence de son temps sur le génie d'un poète, d'un orateur, d'un philosophe ? Qui peut dire ce que seraient de nos jours Corneille, Bossuet, Descartes ? Il est hors de doute que des époques différentes donneraient aux mêmes facultés des impulsions tout-à-fait imprévues. Sans absorber précisément la nature de l'individu mort, le mouvement de la société, qui varie et se renouvelle de siècle en siècle, lui imprimerait à coup sûr, si cet individu-là pouvait renaître, des changemens qui le rendraient presque méconnaissable. Tout homme porte sur ses facultés le poids de son siècle. Il faut donc toujours avoir en vue dans le jugement qu'on prononce sur un individu célèbre les forces primitives fournies par la nature, et les influences extérieures par lesquelles ces forces ont été infléchies, modifiées. De toutes ces causes d'action si diverses et si compliquées, dont l'ensemble paraît défier le jugement du phrénologue, s'ensuit-il en définitive que ce jugement soit impossible? Nous ne disons pas cela ; la science fait éclater successivement les cercles arbitraires dans lesquels l'obstination étroite de quelques hommes avait voulu l'emprisonner. L'impossible est un mot qui ne tient pas devant les progrès de l'humanité. Il restera bien toujours un certain voile sur les desseins de la nature et sur ceux de la Providence; mais que ce voile soit destiné à s'éclaircir d'âge en âge, à mesure que l'homme se montrera plus digne de telles révélations, c'est ce que rien ne contredit et ce que nous voulons espérer.

Pour le présent, la science de Gall n'est encore qu'une vaste tentative arrivée à un certain succès. Le système de la localisation des organes, qui sert de base à toute la phrénologie, ne repose pas jusqu'ici, il s'en faut de beaucoup, sur une certitude inébranlable. Nous avons déjà rapporté de nombreuses observations en sa faveur : on pourrait citer aussi bien d'autres faits qui le combattent. Vrai ou faux il n'en contient pas moins une analyse délicate des talens qui font les artistes.

Ce système explique assez bien chez certaines natures déterminées la présence d'une ou deux facultés solitaires. Un grand paysagiste de ce temps-ci, médiocre sur tout le reste, ayant approché sa tête d'un oracle de la science, en reçut cette réponse : « Toi, tu es un mirage incarné. » Tous les artistes connus par une spécialité forte ont-ils confirmé dans ces dernières années les remarques de Gall sur la position et la saillie des organes autour de l'arcade sourcilière? Le front de Paganini présentait, dit-on, un tel développement à l'endroit où le docteur allemand avait placé le siége de la musique, que les enfans eux-mêmes en étaient étonnés et lui demandaient naïvement s'il ne s'était pas fait en tombant cette bosse-là. MM. Eugène Delacroix et Decamps ont l'organe du *coloris* très accusé ; M. Ingres prononce, au contraire, celui de la *configuration*, qui produit, comme on sait, les grands dessinateurs. Le docteur Gall avait rencontré, de son vivant, le sens de l'espace fortement indiqué sur la tête de Meyer, auteur du roman de *Diana Sore*. Tantôt cet homme allait d'une maison de campagne à l'autre, tantôt il s'attachait à quelque homme riche pour faire des voyages de long cours. La vie sédentaire et fixe lui était insupportable. Dans ses accès d'humeur vagabonde, il lui arrivait même quelquefois de partir soudainement, poussé qu'il était dans l'espace par le démon de sa nature. Il rapportait, à son retour, un souvenir extraordinaire des lieux qu'il avait vus.—Ce Meyer revit, dans notre charmant voyageur, Gérard de Nerval. Le talent de quelques jeunes écrivains s'explique très bien par la forme de leur tête. M. Théophile Gautier est remarquablement organisé pour recevoir et pour traduire les impressions du monde extérieur. La faiblesse du sens auquel cette disposition s'adresse pour se mettre en rapport avec les objets, contribue encore à en modifier le caractère. L'organe de la *mémoire des lieux et des choses*, en grande puissance, coïncide chez lui avec une vue faible et troublée. Il en résulte que les objets sensibles prennent au fond de son cerveau certaines formes exagérées et fantastiques dont l'effet passe ensuite dans le style. Le siége du *coloris*, très indiqué sur l'arc du sourcil, achève de donner à sa manière une tournure originale qui tient autant du peintre que de l'écrivain ; et comme l'organe de la *configuration* est fort, autant du statuaire que du peintre. La mémoire, ou pour mieux dire, le sens des mots, a déterminé, par un développement considérable, sa vocation du côté de la littérature. Il est curieux de comparer un front de poète au front beaucoup plus pauvre des vaudevillistes et des auteurs dramatiques. Ces derniers prononcent, plus ou moins, à notre connaissance le siége d'un instinct que Spurzheim nommait dans son néologisme barbare *sécrétivité*. Cet organe, dont la fonction est le penchant à cacher, à combiner des moyens ténébreux, est particulièrement utile au théâtre pour nouer et pour dénouer cet écheveau d'intrigues qu'on nomme une action dramatique. M. Soulé accuse un assez grand développement de cet organe. Il se retrouve, mais uni cette fois à des facultés ardentes sur la tête de M. Alexandre Dumas. Le tempérament nerveux du mulâtre coïncide chez lui avec une imagination chaude, un esprit de saillie remarquable, et le sens de l'espace ; c'est sans doute à cette disposition mêlée que nous devons les *impressions de voyage*. La force et la santé physiques ne sont pas non plus indifférentes, chez un auteur, à la nature gaie ou triste de son talent. « Ce que je fais est amusant, disait un jour devant nous l'auteur de *Monte-Christo*, cela tient à ce que je me porte bien. »—Nous avons souvent entendu louer ou blâmer l'esprit d'analyse qui règne dans les romans de M. de Balzac. Qualité ou défaut, il n'est pas au pouvoir de cet écrivain de changer de manière ; c'est sa constitution qui le veut ainsi. Le front de M. de Balzac, sur lequel siége une grande puissance morale, détache en vigueur une faculté diversement nommée et mal définie dans les livres de Gall, mais dont la force primitive est de disséquer les impressions du monde extérieur et du monde psychologique. Si nous quittons la sphère de l'imagination pour les régions plus sévères de l'histoire, nous trouverons sur le front de M. Augustin Thierry le sens de la *mémoire des faits* et celui du *temps*, qui mettent l'homme en rapport avec le passé et le font vivre, pour ainsi dire, en arrière dans des époques mortes.

Il ne faut pas chanter trop haut les résultats flatteurs de cette première statistique de nos célébrités, on ne saurait disconvenir que la phrénologie ne rencontre, malgré tout, des objections graves. Lorsque l'on en vient à lever l'écorce osseuse qui recouvre le cerveau de l'homme, on ne trouve plus sous le crâne qu'une masse à-peu-près homogène, renflée çà et là

de circonvolutions vagues dans lesquelles on ne saurait reconnaître aucune trace d'organes particuliers.
Les travaux entrepris depuis la mort de Broussais en
anatomie semblent amener la science vers cette conclusion fatale aux découvertes de Gall : le cerveau est
un comme l'homme est un. La topographie de nos
facultés, dont le docteur allemand avait fait le fondement de son système, reposerait, à ce nouveau point
de vue, sur des bases superficielles. La phrénologie
ne serait encore qu'une science conjecturale, une
science de sentiment : fondée dès-lors tout entière sur
des observations empiriques, elle n'aurait d'autre valeur, jusqu'ici du moins, que celle d'un fait occulte,
mystérieux, qu'il est impossible de ramener à sa véritable cause. Les exemples nombreux et irrécusables
de force divinatoire donnés par Gall et par ses disciples seraient plutôt attribués à un instinct particulier
qu'à la valeur des procédés de l'école ; comme ces
musiciens nés qui arrivent avec une mauvaise méthode à produire des sons justes et convenables. Le
sort de telles connaissances, auxquelles manque une
base positive, est de se voir admises ou rejetées sans
examen, suivant que les adversaires ou les partisans
de la doctrine ont plus ou moins le sens intime des
choses révélées. Le toucher du crâne demande particulièrement chez celui qui l'exerce un sens phrénologique. Il y a des yeux et des mains incapables, malgré plusieurs années d'exercice, de suivre exactement
les ondulations fugitives que présente la tête de
l'homme. Il y a des esprits qui ne savent jamais
ramener les variétés infinies d'un caractère à quelques

forces primitives. La phrénologie pourrait donc bien être destinée à demeurer une science individuelle : il existe des phrénologues lucides, comme il y a des somnambules lucides. C'est un don de grâce, une seconde vue. Ceux qui en sont privés augurent au moyen des lumières que leur fournit l'étude des têtes de plâtre, mais cette divination factice ne supplée jamais à l'instinct naturel. La science de Gall exige, comme celle de Mesmer, une véritable foi chez ceux qui l'embrassent. Cette foi n'est elle-même que la faculté dévolue à certains, refusée à d'autres, de saisir les rapports entre les formes de la tête et les caractères qu'elles expriment.

Parmi les détracteurs intéressés du système de Gall, outre l'absence du sens phrénologique, plusieurs n'ont d'autre motif d'incrédulité que leur propre ignorance et leur maladresse. On en trouve encore qui se déclarent dans le monde les adversaires aveugles et inflexibles de la phrénologie par des raisons secrètes d'amour-propre. On a dit que Gall avait inventé son système des facultés organiques, parce qu'il avait la tête vaste et haute : il serait non moins juste de dire que d'autres combattent ce système, parce qu'ils ont la tête étroite et basse. Un homme du monde, très pauvrement organisé, célèbre par d'anciennes bonnes fortunes, maître déjà émérite aux jeux de l'amour et du hasard, affichait, un jour, la prétention d'étudier le système de Gall. Il avait entendu parler à un de ses amis de faits extraordinaires. Notre papillon éventé, qui grillait d'apporter sa tête vide à la lumière de la science, n'attendait plus que cette épreuve, nous disait-il, pour se ranger au nombre des disciples de Gall. Un médecin phrénologue, homme de mérite, devait lui toucher le crâne et tirer l'horoscope de ses facultés. Nous pensâmes que si l'on ne flattait pas le portrait moral de notre individu, le système de Gall et de Spurzheim courait grand risque d'avoir tort à ses yeux. Ce que nous avions pensé arriva. L'ayant rencontré plus tard dans le monde, nous lui demandâmes des nouvelles de la phrénologie : « Chimère, nous répondit-il ; charlatanisme ! mensonge ! Je ne comprends pas comment on peut croire à ces rêveries-là. » La phrénologie avait vu trop clair.

Le mouvement de la science, qui la renouvelle sans cesse, imprimera sans doute à la découverte de Gall de nombreuses modifications ; peut-être même la transformera-t-il tout entière ; mais, quoi qu'il arrive, son principe, restera. Ceux qui soutiennent que l'intelligence n'a aucune marque visible dans la conformation de la tête manquent à coup sûr du sens observateur. Dieu n'a pas jeté dans le même moule le cerveau de l'homme de génie et celui de l'idiot. Pour peu qu'on regarde autour de soi, on est frappé de la différence des crânes humains, aussi dissemblables entre eux que le sont les feuilles des bois. Or la nature, économe de ses peines, quoique si riche en créations innombrables, ne produit guère de formes spéciales sans y attacher une fonction particulière. Elle emploie bien à la construction de la tête chez tous les individus les mêmes matériaux ; mais sa féconde main les arrange selon des variétés inépuisables. C'est dans cette perpétuelle métamorphose que réside le secret des divers degrés de l'intelligence chez l'homme et chez les animaux. Que le cerveau soit un organe unique, comme la science incline de nos jours à le penser, ou une réunion d'organes composés entre eux, comme le croyait Gall, la localisation inventée par lui, vraie ou fausse, n'en aura pas moins rendu quelques services à la science de l'homme, en contribuant à déterminer les formes de la tête qui sont en rapport avec certaines dispositions de l'esprit.

Le docteur Gall faisait remarquer sur la tête de l'Apollon du Belvédère, regardée de son temps comme le type de la beauté antique, que le front était trop bas et trop étroit pour loger une âme divine. L'artiste, ajoutait-il, aurait dû donner au dieu de la poésie une capacité cérébrale où l'intelligence fût au moins possible. Il pensait de même de la Vénus de Médicis. Aucune femme, si elle est sage, n'enviera cette figure charmante, terminée par une petite tête incompatible avec les dons sévères de l'esprit. Tout ce qu'il y a à dire, c'est que ces formes de tête sont en rapport avec l'idéal sensuel et borné que les païens se faisaient de la beauté même chez les dieux. Tous les poètes anciens parlent de la petitesse du front comme d'une perfection singulière chez leurs maîtresses. L'abbé Winckelmann, qui voulait appliquer les principes de l'antiquité à l'art moderne, reprochait aux peintres et aux statuaires de son temps de donner trop de front à leurs figures (1). Or, ces artistes ne faisaient que

(1) Front est ici le mot le plus français et le plus usité, mais le plus impropre ; il faudrait dire les lobes antérieurs du cerveau : nous verrons, en

suivre en cela la nature qu'ils avaient sous les yeux.
Le front paraît s'être élevé avec le spiritualisme chrétien. Gall avait coutume de comparer cette tête de
l'Apollon grec aux images de la beauté nouvelle, et
notamment à la tête de Jésus-Christ, dont la tradition
semble avoir conservé le caractère. Il faisait voir sur
les portraits du Sauveur des hommes, l'élévation prodigieuse des régions affectées à la justice, au sentiment religieux, et à la croyance d'un monde surnaturel. Le front du Christ, tel que nous le retrouvons
sur les plus anciennes peintures et tel que la tradition nous l'a conservé d'âge en âge, depuis saint Luc,
est d'une forme ogivale qui convient admirablement
au type de beauté évangélique. Ce modèle, inconnu de
l'antiquité, passa peu-à-peu dans l'art. Le docteur Gall
aurait pu dire que l'idéal et la nature avaient changé
depuis tantôt deux mille ans; le Christ a imprimé la
forme de sa tête à l'humanité. L'ampleur et l'élévation
des contours du crâne, loin de sembler maintenant
une difformité, sont devenues chez l'homme et même
chez la femme le signe visible de l'intelligence, sans laquelle il n'existera jamais de beauté parfaite.

La tête de tous les hommes remarquables, à notre
connaissance, est jetée sur de grandes proportions. Dans tous les portraits de MM. Villemain,
Arago, David (d'Angers), Quinet, Michelet, Thiers,
Cousin, de Rémusat, où la ressemblance a été con-

effet, tout à l'heure que la base plus ou moins découverte de cheveux ne donne
ni l'élévation, ni l'ampleur, ni la forme générale de la partie antérieure de
la tête.

servée, le crâne présente un volume considérable·
Quelques artistes, entraînés à voir par les idées de
Gall, ont, il est vrai, exagéré dans ces derniers temps les
formes raisonnables et possibles de la nature. Le front
qu'on donne à M. Victor Hugo, non-seulement sur ses
charges, mais même sur ses portraits sérieux, ne serait
pas devant la science le front d'un grand homme, mais
celui d'un hydrocéphale. Un cerveau enflé à ce point ne
contiendrait pas du génie, mais de l'eau (1). Le poète,
Dieu merci! n'a pas la tête construite sur ces dimensions extravagantes et maladives. Son front d'un beau
style, bien ouvert, haut, sans excès, décrit une légère
inclinaison en arrière qui est surtout visible de profil. En science, le front n'est d'ailleurs pas cette partie
découverte de cheveux qui surmonte la figure; de
beaux développemens des lobes antérieurs du cerveau s'étendent quelquefois sous la végétation qui les
couvre. Qui ne devine chez M. Léon Gozlan de vastes
contours dissimulés par l'épaisse forêt de cheveux
noirs, qui ombragent toute sa figure? Souvent le siége
de la pensée se plaît à se couvrir ainsi d'un voile : le
talent aurait-il donc sa pudeur comme la beauté? Le
docteur Gall voulait voir une intention morale dans
le soin que prend la nature de découvrir avec les an-

---

(1) Si ce n'est pas le crâne d'un hydrocéphale, c'est au moins celui d'un enfant; les enfans ont, en effet, comme on sait, la masse du front beaucoup plus
considérable que celle des hommes faits. Tout en prévenant les artistes contre ces exagérations dangereuses, nous ne saurions d'ailleurs passer sous silence le concours imposant que leur témoignage apporte au système de Gall.
Laissons les médecins couper, mesurer, pointer. Les artistes ont une seconde
vue qui juge mieux des formes, et un compas qui ne trompe guère, le compas
du génie.

nées les parties nobles et élevées du crâne, tandis
que chez les vieillards elle maintient toujours le derrière et la base de la tête, siéges des penchans animaux, cachés sous un reste de cheveux blancs. La tête
de l'homme ne se dépouille avec le temps que pour
mieux révéler aux yeux les plans sévères et intellectuels qui la constituent à l'image de Dieu. On voit
luire un reflet de cette majesté sénile sur la voûte immense du crâne chauve de Béranger.

Quand le front est amené en avant, il y a, selon
Gall, prédominance des facultés réflectives. Cette
conformation est frappante chez M. de Lamennais,
ce petit grand homme tout en tête. La masse du
front raide et escarpé comme un mur laisse entrevoir,
sous de puissantes facultés philosophiques, les grâces
sévères d'une imagination toujours soumise au jugement. La tête serrée aux coins indique l'absence des
sentimens égoïstes, en même temps que la prodigieuse élévation du sommet annonce un caractère
inflexible, une probité ombrageuse et une austère
croyance des choses à venir. Le peu d'élévation et de
volume de ce corps frêle, de ce roseau pensant, que le
vent de la maladie abaisse et relève tour-à-tour,
ajoute encore à la force d'exercice du cerveau, qui
se trouve porté d'un seul élan vers le travail continuel
de l'esprit. Ceux qui connaissent M. de Lamennais ne
sauraient trop s'étonner de cette infatigable activité
de tête, qui lui permet de suivre sans relâche le fil de
ses pensées à travers les sentiers les plus âpres et les
plus divers. Une sensibilité nerveuse extrême, qui va
dans certains cas jusqu'à l'irritabilité, accentue toutes

les nuances de ce caractère puissant, et donne à son style une empreinte tour-à-tour si onctueuse et si amère. Quelqu'un s'étonnait, un jour, de voir de telles pages attendrissantes et poétiques sortir de la tête de ce petit homme sec. Nous lui répondîmes de considérer la vigne dont le bois frêle, aride et nu, donne le plus beau et le plus succulent des fruits. La littérature paraît aujourd'hui divisée entre deux écoles rivales et intolérantes, dont l'une représente surtout le spiritualisme, et l'autre le matérialisme dans le style. On peut préjuger, par la seule organisation de M. de Lamennais, la place qu'il tient dans cette lutte. L'auteur de l'*Essai sur l'indifférence* voit la nature en lui-même : il la voit dans cette création intérieure que la pensée de l'homme réalise, vaste et idéale comme elle, comme elle flottante entre l'âme et Dieu. Les impressions du milieu extérieur se gravent lentement et tardivement dans le cerveau de M. de Lamennais presque sans le secours des sens et par le mouvement même de ses idées. En 1833, M. de Lamennais était passé devant l'Italie, comme devant un songe : il n'avait vu dans cette contrée de soleil, de monumens et de splendeurs profanes, qu'une grande question religieuse. Dix ans plus tard, étant en prison, il repassait dans ces lieux enchantés avec ravissement : « Je commence à voir l'Italie, disait-il à ses amis ; c'est un pays admirable ! » Il est à remarquer d'ailleurs que M. de Lamennais a de mauvais yeux ; sa faible vue ne soulève qu'à la longue et par un sens interne le voile abaissé entre lui et le monde extérieur. L'absence de tous les

instincts charnels sur le cerveau amené en avant achève
d'expliquer cette austère chasteté de style, qui emprunte toujours ses images à la nature morale. Nous
ne reparlerons pas du sentiment religieux que Gall
avait constaté et dont le siége domine toute cette forte
tête comme ces églises dont le clocher ardu couronne
les anciennes villes du moyen âge.

De l'organisation de M. de Lamennais il est curieux
de rapprocher celle de M. Victor Hugo. Ces deux
hommes ne se touchent guère que par des contrastes.
Nous retrouvons précisément dans leur nature différente le caractère particulier de leur génie. La tête de
M. Victor Hugo, à part la puissance lyrique, dont
Gall n'aurait pas manqué de trouver l'empreinte
dans l'élévation de l'organe des idées poétiques, et
qui existe en effet à un degré si supérieur chez l'auteur des *Rayons et des Ombres*, indique surtout la
prédominance des organes qui, toujours selon Gall,
s'emparent du monde visible. Quoique le haut du
front ne manque certes ni de grandeur, ni d'idéal, ni
de rêverie, on sent que la grande puissance est à la
base. Selon le maître de la phrénologie, l'auteur de
Notre-Dame de Paris devrait à l'avancement de l'arcade sourcilière, modelée chez lui par les organes de
la *configuration*, de la *mémoire des lieux* et du *coloris*, cette incroyable et souveraine faculté de description que nul ne lui conteste. Cette force intérieure du
cerveau est secondée encore par une vue extraordinaire. M. Victor Hugo, encore enfant, allait se promener avec son père sur les buttes de Montmartre;
du haut de ces entassemens naturels, il suivait avec

ses yeux, mieux qu'avec un télescope, les détails les plus éloignés de la grande ville étendue à ses pieds. A cette rare intensité de lumière visuelle se rapporte sans aucun doute, l'art quelquefois minutieux avec lequel il décrit d'une manière vive et frappante, les objets extérieurs, sans faire grâce des moindres détails. Un tel regard illimité, joint à une faculté primitive du cerveau, très forte, pour saisir les tableaux de la nature, explique surtout le style éclatant, sculptural et pittoresque de l'auteur des *Orientales*. Cette faculté dominante a imprimé son caractère à toutes les autres; dans l'ode, dans le roman et sur la scène, M. Victor Hugo est toujours demeuré le poète de la forme par excellence. Dans ses drames et dans ses livres, M. Victor Hugo fait en outre sur une grande échelle un usage très fréquent d'un procédé de style que les anciennes rhétoriques nomment accumulation. Il enrôle au service de ses intentions une masse d'idées et de mots : anciens, nouveaux, nobles, vulgaires, graves, comiques, il les prend tous, il les concentre tous sur un point culminant de son œuvre. Ceci fait, il s'avance en belliqueux contre le spectateur dérouté; après une première attaque, il en tente une seconde, puis une troisième, et revient encore à la charge avec toutes ses forces, comme dans la fameuse scène de *Lucrèce Borgia*, jusqu'à ce que le spectateur écrasé, soumis et irrité à-la-fois, se rende malgré lui aux applaudissemens. C'est dans la fermeté, dont le siége est très prononcé sur la tête de M. Victor Hugo, que Gall aurait placé cette puissance morale qui rassemble à un moment donné ses satellites, et convoque pour ainsi dire dans le cerveau de l'homme le congrès de toutes ses facultés.

Les créations de l'homme sont comme celles de Dieu, à son image. C'est une loi reconnue par Gall lui-même qu'on peut refaire dans plus d'un cas la tête d'un poète sur le caractère des êtres imaginaires dont il a inventé le type. Un grand artiste de nos amis n'avait jamais vu M. de Châteaubriand, lorsqu'après une lecture de *Réné* il dessina lui-même d'inspiration les principaux contours de la tête de cet écrivain célèbre. La faculté de l'idéal combinée avec le dogme chrétien en souffrance a produit chez le père de l'école moderne ce vague des passions, ce sentiment mélancolique, inquiet, sans but, qu'on peut appeler le mal de l'avenir et de l'infini. Notre artiste eut occasion de comparer plus tard la tête qu'il avait pressentie avec celle qui était l'ouvrage de la nature, et il la trouva d'accord sur tous les points essentiels. Un argument en faveur de la phrénologie, c'est que le front des hommes supérieurs qui ont entre eux des rapports d'intelligence est jeté à-peu-près sur le même modèle. La tête de M. de Lamartine offre des traits de parenté avec celle de M. de Châteaubriand. C'est la même noblesse dans les lignes du front, la même élévation, la même poésie. Il y a des frères selon le sang et des frères selon l'intelligence : l'auteur du *Génie du Christianisme* et celui de *Jocelyn* se tiennent par les liens d'une organisation vaguement semblable. Ce sont les deux frères de lait d'une même muse. Il faudrait d'ailleurs bien se garder de juger la tête de M. de Châteaubriand par ce qu'elle est à présent. Le temps, qui détruit tout, déprime et détériore avec l'âge les formes les plus solides du crâne. De toutes les ruines, la tête de l'homme est la plus précoce et la plus méconnaissable. La masse du cerveau s'affaisse en vieillissant, se racornit, s'altère, en un mot, avec le crâne, que Gall définit une empreinte du cerveau. « A mon âge, écrivait M. de Châteaubriand, ayant la conscience de cette caducité des organes, la tête de l'homme ne conserve plus assez de vie pour qu'on puisse la confier à la toile. » M. de Lamartine est au contraire dans toute la verdeur de son été littéraire; il doit à son heureuse organisation de réunir ces deux titres, regardés jusqu'ici comme solitaires : grand poète, grand orateur. Ce qui domine comme caractère singulier dans le front de M. de Lamartine, c'est la ligne infinie de l'idéal unie à une personnalité flottante. Cette tête fait pour cela même le désespoir des sculpteurs, qui échouent presque tous à la faire passer dans le marbre. Un autre front de vrai poète conçu par Dieu à-peu-près sur le même modèle, avec un développement très fort des plans horizontaux d'où dérive la fantaisie, c'est celui de M. Alfred de Musset. On peut encore rapprocher de cette famille poétique M. Jules Sandeau, ce délicat penseur, cet écrivain charmant. Les lignes de son crâne, découvert de si bonne heure, par le hâle des travaux littéraires, sont aussi pures que les lignes de son style. Je n'ai jamais vu jusqu'ici le vrai talent, séparé d'une tête intelligente et bien construite. **M.** Arsène Houssaye porte le caractère de sa poésie sur son front d'une coupe aussi rêveuse qu'élégante et fine.

On trouve un curieux exemple d'analogie entre l'organisation d'un homme et le caractère de ses ouvrages sur le crâne de Jean La Fontaine, conservé dans l'ancien cabinet de Gall. Notre grand fabuliste unit à des facultés intellectuelles et poétiques très fortes une masse d'instincts animaux qui expliquent la nature des acteurs qu'il met en scène dans ses compositions. Les mêmes plans, modifiés par d'autres organes, se rencontrent sur la tête de l'auteur des *Iambes*, dont la brutalité lyrique excelle surtout dans les hyperboles du genre de *la Curée*. Cette conformation n'est pas moins sensible sur la tête du sculpteur Barrye, qui présente avec la tête des animaux dont il reproduit si admirablement le caractère quelques traits de ressemblance indubitable. Le docteur Gall ajoutait que tous ces artistes transforment les penchans des êtres inférieurs et les élèvent jusqu'à l'intelligence au moyen des facultés qui leur ont été données en plus : il y a de l'animal chez l'homme, mais il n'y a pas de l'homme chez les animaux.

Nous trouvons ces mêmes rapports très nettement exprimés sur la tête de quelques naturalistes de vocation qui semblaient avoir un sens particulier pour deviner les mœurs des animaux les moins connus. Souvent même ces caractères du crâne se perpétuent indélébiles dans les familles avec les propriétés qui en sont la suite. Le Jardin des Plantes nous offre un exemple de ces facultés héréditaires transmises de génération en génération. Quelques noms bien connus figurent depuis près de deux siècles dans la science. Celui de Geoffroy Saint-Hilaire est, pour ainsi dire, consacré par la légitimité du temps. Le grand duel académique entre Cuvier et M. Geoffroy Saint-Hilaire, dans lequel intervint la grave et solennelle figure de Gœthe, s'explique très bien par la nature phrénologique des deux savans adversaires. La tête de Cuvier avait près de vingt-deux pouces de circonférence, la plus vaste dimension qu'il soit donné à l'homme d'acquérir. Le docteur Gall attribuait au volume considérable du cerveau, non-seulement la supériorité de George Cuvier en histoire naturelle, mais encore cette forte capacité intellectuelle qui le mettait à même de saisir et de combiner entre eux un grand nombre de faits étrangers à la science (1). Le siége de toutes les mémoires était largement indiqué sur ce front vaste. Aussi bien la tête de ce naturaliste fameux présentait-elle l'image d'un grand muséum où tous les produits de la nature venaient se ranger avec ordre dans les organes établis par Gall, comme dans autant de casiers. M. Geoffroy Saint-Hilaire était moins bien organisé pour toutes les qualités positives qui concourent à la méthode, au jugement, à la précision ; mais il avait de plus que son accablant rival les facultés intellectuelles d'où dérive le génie philosophique et investigateur. Il imprima avec ces forces supérieures de son cerveau un mouve-

(1) Le prince des naturalistes, comme on disait alors, était assez familier avec la science du blason ; celle des médailles et des décorations en usage chez tous les peuples ne lui était pas étrangère ; il avait retenu de mémoire la généalogie des rois dans presque toutes les monarchies anciennes et modernes.

ment à la science vers les idées générales. Cuvier, ne sachant comment définir ce sens intuitif, cette infatigable recherche des causes, cette secrète intelligence des harmonies de la nature, qu'il reconnaissait malgré lui dans son éminent adversaire, s'avisa de le traiter malicieusement de poète. M. Geoffroy Saint-Hilaire eut la faiblesse de s'en affliger. A notre avis, l'injure était un éloge. Poète, chez les anciens, voulait dire créateur, et, selon la belle remarque de Bossuet, il faut avoir en soi « quelque étincelle du génie ouvrier qui a fait le monde » pour comprendre et expliquer dignement la création de Dieu.

La tête des poètes et des savans n'est pas encore celle des philosophes ; la nature varie sans cesse le moule sur la pensée et la pensée sur le moule. M. Pierre Leroux, ce panthéiste moderne, porte comme Charles Fourier, les vingt-sept organes de la phrénologie — les vingt-sept dieux de la fable — sur la grande circonférence de son crâne, ouvert à tout.

Nous avons raconté ailleurs la résistance de Napoléon au système de Gall. De son vivant, l'empereur n'avait jamais voulu souffrir que la main du docteur Gall ou de tout autre arrivât jusqu'à sa tête. On eût dit qu'il désirait cacher à ses contemporains, comme autrefois Samson, le secret de sa force. Joséphine, plus curieuse (elle était femme), se ménagea une entrevue avec le maître de la nouvelle science chez le peintre Gérard ; mais elle eut soin de cacher, et pour cause, à son despote mari cette démarche téméraire. On n'avait donc, pour juger la tête de Napoléon, que les images de l'art et le souvenir qu'elle avait laissé

dans l'esprit du peuple. Le docteur Gall s'était plaint
à plusieurs fois de la faute que commettaient les
artistes modernes : « Ils laissaient la tête de Napoléon
dans sa proportion naturelle, mais, pour établir un
équilibre conforme à leurs idées, ils la plaçaient sur
un corps colossal. » Dans ses cours publics, le maître
avait pour habitude de montrer le crâne du général
Wurmser, qui commandait en qualité de feld-maré-
chal les armées autrichiennes, défaites dans toute
l'Italie par le général Bonaparte. L'organe du courage était considérable sur la tête de Wurmser ; il
en avait donné dans des occasions extrêmes des preuves réitérées. Gall faisait remarquer à ce sujet que si
le général allemand fut souvent battu par le général
français, c'est que Bonaparte l'emportait de beaucoup
en intelligence. Il racontait l'anecdote suivante : un
jour, tous les généraux réunis dans l'antichambre de
l'empereur, trouvèrent son chapeau sur une console.
Chacun l'essaya à son tour ; or, sur toutes ces épaules
de colosses, il ne se trouva pas une tête qui pût remplir le *petit chapeau*. Cette coiffure, que Napoléon pré-
férait même à la couronne, — sans doute parce qu'elle
était moins lourde, — est la seule qui soit restée dans
la mémoire du peuple. Nous avons vu nous-même
un de ces petits chapeaux conservé dans le cabinet
d'un amateur ; sa partie inférieure présentait une circonférence d'un peu plus de vingt-deux pouces et
une ligne. On ne saurait pourtant rien conclure de
cette capacité relativement au contour de la tête
qui l'emplissait. Napoléon, comme tous les hommes
qui exercent beaucoup leur cerveau, avait le crâne

très mince et très sensible ; il ne portait que des chapeaux fort larges, encore avait-il soin de les briser avec le genou et de les poser seulement sur la partie antérieure de la tête.

Napoléon a comme tous les grands hommes deux figures, l'une réelle que la nature lui avait donnée, l'autre idéale, qui s'est formée depuis un demi-siècle dans l'imagination du peuple. C'est cette dernière qui ressemble davantage, si par ressemblance on entend la relation des formes de la tête avec le caractère de l'homme qu'elles expriment. Le sentiment général se représente la tête héroïque de Napoléon sous trois caractères différens qui répondent à ses changemens de fortune. Il y a d'abord celle du général Bonaparte, de ce *Corse aux cheveux plats*, au front inquiet, orageux et prédestiné, sorte de cratère âpre et sauvage où bouillonne la lave d'un avenir sans bornes. La figure, par sa maigreur, par l'audace du regard, par l'ambition infinie de la lèvre supérieure gonflée, accompagne à merveille ce front en mal de l'empire du monde. Nous avons ensuite la tête du premier consul. Cette nouvelle phase de sa destinée imprime à la figure de Napoléon Bonaparte un type nouveau qui a passé dans les ouvrages mêmes des artistes. Le front est plus calme, quoique encore soucieux ; les lignes en sont moins heurtées, moins attirées en hauteur, moins turbulentes ; les contours de la tête s'élargissent, la figure dessine un ovale plus plein, une majesté infinie commence à se répandre sur ces traits dominateurs. Enfin apparaît la tête de l'empereur. Ces différentes métamorphoses extérieures du grand homme ressemblent aux aspects croissans de l'astre des nuits. Rien de vaste au monde, de complet et de souverain, comme l'ensemble du buste de Napoléon ; l'ambition satisfaite, la plénitude de la grandeur et de la force se lisent sur ce crâne arrondi :

> ..... Ce crâne fait au moule
> Du globe impérial !

A ces trois têtes gravées dans la mémoire des multitudes, nous en ajouterons une quatrième. C'est celle dont le docteur Antomarchi nous a envoyé l'image en plâtre. Cette dernière ajoute aux précédentes les caractères suprêmes de l'exil et de la mort : l'exil y a mis sa tristesse, la mort y a imprimé sa sainteté. Lavater avait déjà remarqué avant Gall que la mort frappe le visage de l'homme d'une certaine beauté étrange et incomparable. La tête de Napoléon mort est sublime; on y admire une harmonie et une pureté de lignes inconnues sur le front de Napoléon vivant. Nous n'avons jamais considéré cette empreinte sans nous sentir ému; ce front si douloureusement calme, ce front qui porte la marque d'un martyre de méditation et de génie, ce front sur lequel la couronne n'a laissé que des meurtrissures, est tout ce que nous connaissons de plus grand et de plus triste au monde. La résignation fatale du visage, la souffrance morale visible sur ces yeux éteints, sur ce nez si douloureux, sur ces lèvres admirables, tout cela est d'une beauté sans nom qui attendrit et qui fait penser. Il n'y a place devant cette ruine solennelle que pour le recueillement et le silence. Ce masque dit tout par lui-même, ce masque est l'*Eli Lamasabactani* de Sainte-Hélène.

Venons maintenant au jugement froid et méthodique de la phrénologie sur ce précieux reste. L'empereur mort, les recherches des sectateurs et des adversaires de Gall se portèrent à la tête de Napoléon, comme à la plus vaste individualité des temps modernes. Malheureusement le masque enlevé par les mains du docteur Antomarchi sur le visage impérial du défunt laisse beaucoup à désirer. Il paraît que ce docteur était peu familiarisé avec les procédés de moulage dont l'emploi est aujourd'hui si facile. Quoi qu'il en soit de son inexpérience, le masque en plâtre dont il nous devait communication, s'arrête précisément sur le haut de la tête à l'organe de l'*idéalité*. Quelques ennemis du *tyran* profitèrent de cette lacune pour refuser à Napoléon le génie des choses intellectuelles, et pour ne voir dans la conformation de sa tête qu'une énorme puissance d'action. Le front de Napoléon, par ce qu'on en voit sur son masque, est en effet celui d'un homme merveilleusement organisé dans la sphère des facultés positives. D'autres soutiennent que si l'organe des idées poétiques et intuitives ne marque pas sur ce plâtre, il est néanmoins facile, par la direction des lignes, de conjecturer que le siége en était considérable. Le cercueil voyageur descendu depuis six ans dans les caves de l'Hôtel-des-Invalides pourrait seul finir ce débat; mais, outre que ce cercueil tient son secret précieusement enfermé, l'ouverture des planches redoutables n'apprendrait rien qu'il ne soit facile d'expliquer. Quoique la vie de cet homme ait été avant tout une vie d'action, quoique nous reconnaissions surtout en lui le poète du sabre, il est impossible de dénier la faculté de l'idéal à deux événemens historiques de la vie de Napoléon, deux éclairs de l'âme, sa campagne d'Égypte et son amour avec Joséphine. Il s'est rencontré en médecine un critique habile pour faire de la tête de Napoléon une réfutation du système de Gall. Quoi qu'il en soit de la puissance de ses attaques, il n'en reste pas moins curieux d'étudier phrénologiquement cette tête souveraine. Les facultés, peu accusées sur le front de l'empereur, comme par exemple le sens musical, sont précisément celles qu'il avait le moins. Il résulte en somme des caractères fournis par la tête de Napoléon sinon un homme égal devant la science à ce que Napoléon fut dans l'histoire, au moins une personnalité très forte, que les événemens ont encore étendue et renforcée. On a remarqué que, bilieux et nerveux, il avait reçu de la nature le tempérament qui concourt le mieux à l'activité du cerveau. Napoléon, comme tous les grands hommes, imprima son tempérament à son siècle. Il incarna dans les autres ce démon du mouvement qui était dans ses organes. Le monde de son temps fut agité par les mêmes instincts et les mêmes impétuosités fougueuses qui travaillaient cet homme-roi. Il n'y a pas jusqu'à la petite taille de Napoléon, qui, combinée avec le volume considérable de sa tête, ne fût une circonstance favorable à l'exercice de ses facultés. Il semblait lui-même avoir le sentiment de cette force physiologique. Un jour qu'il avait besoin de consulter un livre de sa bibliothèque, Napoléon leva la main pour l'atteindre. Un courtisan, Mortier, intervint et dit : « Laissez-moi faire, sire, je suis plus grand que vous. » L'empereur répondit avec un sourire : « Dites plus long. » Alexandre-le-Grand était petit.

Il est bon de faire observer que le masque du docteur Antomarchi a été moulé sur un crâne déjà affaissé par l'exil, par la maladie et par les chagrins : nous n'avons pas l'empreinte de la tête de Napoléon dans son temps d'exaltation et de puissance. Ce que nous avons n'est qu'une ruine, mais c'est une ruine monumentale, sur laquelle on découvre, en y regardant de près, le génie au rêve écroulé. Peut-être une grandeur de plus s'attache-t-elle du reste à la morne et fatale décadence de ce crâne auguste sous lequel résida vingt ans la pensée du monde.

On voit qu'ici comme ailleurs la phrénologie a un fond solide, sur lequel on s'est sans doute trop hâté de bâtir et d'élever des constructions imaginaires, mais qui résistera, je crois, à tous les tremblemens de terre de la science. Il me paraît surtout important de réagir, à cette heure, contre la direction matérialiste que les successeurs de Gall ont donnée à sa doctrine. Le maître unissait de si près l'âme au cerveau, que le principe immortel de notre nature finissait par s'y effacer. Chez ses élèves, il n'en est plus même question ; l'organe seul décide du phénomène, l'organe est tout. Il est triste de voir en quelles mains est tombé l'héritage de Gall : des mouleurs de crânes, des charlatans, des diseuses de bonne aventure, des esprits courts, bornés à une classification aride. Ce n'est pas en mesurant les degrés de latitude du crâne à l'aide d'un instrument, en numérotant les parties divisées, redivisées, subdivisées encore, qu'ils arriveront à surprendre les secrets de ce viscère dans lequel Dieu a caché le mystère de l'intelligence humaine. Il serait temps que la science phrénologique remontât à un sentiment plus digne et plus élevé de la nature. Quant aux esprits distingués de la médecine qui suivent en physiologie des voies plus larges, ils ont à souffrir de la jalousie de leurs confrères, et rencontrent encore plus haut d'autres obstacles. Les académies savantes devraient pourtant bien se rassurer sur les suites révolutionnaires du système de Gall ou de tout autre système qui rattache les manifestations de l'âme au jeu des organes. Toutes les fois qu'une nouvelle idée se produit dans le monde, il semble qu'elle va tout ébranler à jamais, tout renverser. Il n'en est rien. Les anciennes croyances, un instant menacées, reprennent peu-à-peu leur base autour de la nouvelle doctrine, calme et debout. Il en est de cela comme du soulèvement de ces hautes montagnes que les géologues assignent pour cause au déluge : un instant la terre manqua d'être troublée et submergée, mais bientôt les eaux émues rentrèrent dans leurs limites, et il ne demeura dans la suite rien d'un tel désordre que le spectacle grandiose et inconnu de ces nouveaux monumens de la nature.

Je me défie, et pour cause, des histoires que la phrénologie fait courir dans ses recueils ou ses journaux. Voici toutefois un exemple qui montre que le sens divinateur des formes du crâne ne s'est point éteint avec le docteur Gall. Le fait suivant se passa dans le midi aux environs de Valence. On était alors en 1833. M. D..., homme de lettres du pays, était à dîner dans un petit village nommé les Granges. On lui annonça en entrant la présence d'un nouveau convive officier supérieur. C'était un homme décoré, d'assez fière mine et de bonnes manières. Il causait bien et paraissait avoir beaucoup voyagé. Pendant le repas la conversation fut amenée sur le terrain de Lavater et de Gall. M. D... était connu pour un de leurs plus fervens adeptes. L'étranger donna son avis : « Je ne crois pas, monsieur, à votre prétendue science. Il n'y a rien de trompeur comme les dehors. Tenez, moi qui vous parle, moi qui ai eu la vie la plus agitée qui se puisse voir, je vous porte le défi de dire qui je suis. » Le phrénologue se défendit de son mieux, et demanda à tenir secrète son opinion. L'étranger insista. Alors la science tentée et provoquée jeta sa sentence; M. D..., poussé à bout, regarda l'homme entre les deux yeux et lui dit : « Monsieur, vous avez la plus malheureuse organisation que j'aie jamais vue; vous avez été ou vous serez un assassin. » Là-dessus chacun de se récrier et de se lever de table avec tumulte. L'étranger sourit et fit bonne contenance. M. D... rejeta la faute de son jugement un peu cru, sur le système de Lavater et de Gall, dont il n'avait fait qu'appliquer les règles à la figure de l'étranger.—Trois jours après un homme était arrêté à Valence. Un vol commis dans un hôtel garni avait fait reconnaître dans l'étranger un ancien forçat nommé Robert Saint-Clair. Il y avait plusieurs années que la police avait perdu

27.

ses traces. Robert Saint-Clair qui était parvenu à s'enfuir du bagne, avait commis, depuis son évasion, deux assassinats. Ce meurtrier fut exécuté à Versailles. Au fond de son cachot il demanda à revoir le *petit homme noir* qui lui avait si bien dit la vérité. M. D... refusa de se rendre à la prison du condamné. En montant sur l'échafaud, Robert Saint-Clair s'arrêta et, se tournant vers le groupe sinistre qui l'accompagnait: « C'est égal, j'aurais voulu, dit-il, parler à cet homme avant de mourir ; il m'a presque fait croire à quelque chose. » — Cette histoire, passablement transformée, a peut-être fourni le sujet d'un beau drame qui s'est fait applaudir, il y a quelques années, à l'Ambigu-Comique et dont M. Félix Pyat était l'auteur. Le hasard m'a procuré dernièrement sur les caractères du fait des témoignages que j'ai tout lieu de croire véridiques. Faut-il maintenant faire honneur de cette sûreté de coup-d'œil et de présage à l'excellence de la méthode, ou à la pénétration naturelle de celui qui l'appliqua dans cette circonstance ? C'est toujours la même question qui revient ; il est temps de la résoudre dans une conclusion rapide.

Raconter l'histoire de mes recherches, de mes incertitudes, il faut dire le mot, de mes variations en phrénologie, ce sera donner la mesure de l'inconsistance du système de Gall. Je m'étais approché du principe de la localisation des facultés, sans répugnance, mais en doutant. Le doute fit place, avec le temps, à une sorte de conviction en faveur des idées phrénologiques, quand, ayant appliqué la méthode de Gall sur les têtes d'hommes connus par des dispo—

sitions d'esprit et des spécialités fortes, je trouvai
assez constamment chez eux le signe extérieur du
talent que j'y cherchais. Ces heureux essais ne tinrent
pas devant l'anatomie du cerveau. Plus tard, quand
j'eus soulevé la boîte osseuse, et que j'eus plongé mes
regards avec le scalpel dans l'organe de l'intelligence
humaine, je sentis en quelque sorte, sous mes doigts,
toute la phrénologie s'évanouir. Amant de la vérité,
j'eus beau appeler à mon secours les procédés de Gall
et de ses successeurs; rien n'y fit : une nouvelle phy-·
·siologie commençait à sortir pour moi des profondeurs mises à nu du cerveau de l'homme. Plus je
continuai, depuis deux ans surtout, ce travail minutieux d'analyse, séparant un à un les élémens de l'en-
céphale, moins je trouvai de fondement anatomique
à cette science d'artiste qui m'avait d'abord à-peu-près
séduit. L'anatomie sérieuse repousse l'idée de plusieurs
organes enclavés, pour ainsi dire, dans un seul ; elle
repousse le fait admis légèrement par les phrénologues, que toute saillie du crâne recouvre une circon-
volution distincte du cerveau. Il est vrai que les têtes
de plâtre, sur lesquelles la main des successeurs de Gall
a tracé la carte de l'esprit humain, présentent cette
disposition ; mais les choses, je m'en suis assuré, ne
se passent pas ainsi dans la nature. Après de tels coups
portés, et j'en pourrais assurer bien d'autres, que
reste-t-il du système? — Gall a mis dans la science
beaucoup d'idées qui, malgré tout, resteront. Le
docteur Fossati disait dans un discours prononcé sur
la tombe du maître : « Le cerveau qui n'était avant
lui qu'une pulpe, une masse informe, a été reconnu

pour l'organe le plus important de la vie animale; sa véritable structure fut découverte ; et le déplissement des circonvolutions cérébrales fut annoncé et démontré aux savans de l'Europe étonnée. Le cerveau fut reconnu pour l'organe unique, l'organe indispensable à la manifestation des facultés de l'âme et de l'esprit. » Cette première série d'idées est inattaquable, et si Gall se fût arrêté là, ses travaux éminens n'auraient point rencontré dans le monde des détracteurs graves. Mais, le docteur Fossati ajoute : « Il fut prouvé au moyen de la physiologie, de l'anatomie comparée et de la pathologie, que le cerveau ne pouvait pas être un organe simple, homogène; mais bien qu'il était une aggrégation de plusieurs organes avec des attributs communs et des qualités propres et spécifiques. » Ici commence le doute. S'il est encore permis de chercher une base raisonnable en anatomie, au système de Gall, c'est à côté qu'il faudrait la chercher, dans les théories les plus anciennes de l'école. Bossuet, dans un livre immortel (1), parle de certains endroits du cerveau où les marques des objets restent imprimées; à chaque fois que ces places sont agitées, les objets doivent, dit-il, revenir à l'esprit. Admettre des traces qui tendent à se reproduire, à se répéter sur le même point du cerveau, c'est encore une hypothèse sans doute : mais du moins cette hypothèse des impressions localisées n'enlève point au centre du système nerveux son caractère d'unité. On le voit, en anatomie, en physiologie surtout, la science ne peut plus

____

(1) *Connaissance de Dieu et de soi-même.*

s'arrêter aux doctrines de Gall : emportée par cette voix qui dit sans cesse à l'esprit humain : Marche! marche! la philosophie organique a besoin d'une lumière nouvelle qui éclaire l'origine et la formation sensibles de nos idées.

Des expériences que je ne place pas toutes sur la même ligne, ont continué ou contredit dans ces derniers temps les recherches de Gall. Le jour viendra de hasarder mon mot sur les travaux de MM. Serres, Rolando, Magendie, Leuret, Flourens, Lélut, Longet, Foville. C'est alors que je chercherai à établir une physiologie nouvelle du cerveau et de l'intelligence. J'ai promis, en attendant, de conclure touchant la phrénologie : ce n'est pas une science, c'est un art. Le plus grand reproche que l'anatomie soit en mesure d'adresser aux sectateurs de Gall, c'est de s'attacher plutôt à la configuration extérieure du crâne qu'à la structure profonde du cerveau. Ce reproche est juste : mais le moyen de l'éviter ? La phrénologie est, par excellence, quelque chose d'ondoyant et de superficiel : elle agit sur des lueurs. Dès qu'elle veut sortir de là, elle tombe ou tout-à-fait dans le chimérique, ou dans le matérialisme le plus grossier. Surtout, plus d'objets de commerce, plus d'instrumens destinés à décalquer, en manière de jeu, les saillies de la tête ! Les phrénologues qui opèrent ainsi, ressemblent à des *ouvriers au point* : ces derniers manœuvres ont beau prendre très exactement leurs mesures, ils n'arrivent jamais à reproduire sur le bloc qu'ils taillent, les traits de l'original ; il faut constamment que la main, je dirai volontiers le souffle de l'artiste repasse sur ce travail brut pour lui donner une âme. Il en est de même des phrénologues mécaniciens ; ils prennent bien l'empreinte de la nature, mais ils ne lui dérobent pas le feu sacré qui l'anime. La phrénologie est, je le répète, une science d'inspiration et de tact. N'y a-t-il pas cependant dans tout le système de Gall quelques grandes divisions qui se soutiennent sur leur base? — Si l'on renonce à lier l'effet à la cause, on trouve véritablement que la phrénologie n'erre pas dans l'ensemble de ses assertions. La puissance intellectuelle et morale de l'homme me paraît bien résider dans les lobes antérieurs du cerveau. Toutes les fois que je pense, il me semble que le travail se fait dans le front et dans la partie élevée de la tête. Les instincts, les besoins, les penchans animaux exercent au contraire leur action, je l'ai observé sur moi-même et sur les autres, à la base postérieure du cerveau. Si je compare cette expérience à la structure de la tête chez les hommes doués de talens considérables, je trouve que tous, oui tous, ont la partie antérieure et supérieure du crâne bien construite et bien plafonnée. Je fais maintenant la contre-épreuve, et, à quelques exceptions près, je vois dans les bagnes, dans les prisons, dans les hospices, les têtes de malfaiteurs ou d'incapables, déprimées, mal faites. Qu'on ne vienne plus dire maintenant que la forme et la disposition de la matière cérébrale sont indifférentes au degré de manifestation de l'intelligence! Je ne doute même pas qu'en comparant les unes aux autres les têtes des hommes qui trahissent un penchant ou une faculté de l'esprit trè

décidée, on ne puisse arriver un jour à les faire con-
corder entre elles. Mais il faudrait pour cela beaucoup
plus d'études sérieuses que Gall lui-même n'en a faites;
il faudrait en outre cet instinct artiste que les médecins
n'ont pas toujours. Une telle science resterait encore
très fuyante sans doute : mais, je ne crois pas qu'on
puisse jamais bien la fixer. Le caractère flottant de
nos connaissances tient en effet, sur ce point, au sujet
même : les facultés de l'homme sont libres dans leur
principe immatériel, et déterminées dans leurs rapports
avec l'organisation ; il en résulte un état mixte, intermédiaire, qu'on ne peut saisir absolument. La
phrénologie crut résoudre le problème en incarnant
chaque faculté dans une portion limitée du cerveau :
ce procédé brutal, surtout entre les mains des arpen-
teurs du crâne, ne lui a pas trop réussi. Il faut quelque chose de moins positif et de moins géométrique,
un moyen d'analyse plus délicatement combiné, pour
atteindre le jeu de l'esprit dans ses nuances. La phrénologie est donc encore à faire : ce qui n'empêche
pas qu'il y ait dans la doctrine de Gall, des traits de
génie et un beau commencement de découverte. On
n'arrivera d'ailleurs à perfectionner la physiologie
du cerveau, qu'en étudiant l'homme tout entier,
dans la variété des races et dans les maladies de l'esprit.

DU MOUVEMENT

DES RACES HUMAINES.

COURS DE M. SERRES.

Il se passe en ce moment sous nos yeux un grand fait, qui, à demi voilé encore dans les ténèbres de son origine, échappe à notre attention; ce fait est celui du mouvement des races les unes vers les autres. Jusqu'ici les divers groupes du genre humain vivaient isolés : les gouvernemens et les institutions contribuaient à fomenter entre les peuples des divisions infinies. La nature, de son côté, avait pourvu à la conservation des caractères qui distinguent les races en les séparant par des mers, des montagnes, des fleuves, des distances, autant de limites qui suffisaient à les contenir. Cet isolement a été nécessaire. Il importait que les différentes fractions du genre humain ne confondissent pas les traits et les nuances qui les constituent, avant que le développement se fût conformé chez chacune d'elles au type idéal qui lui est propre. Cette condition a été remplie. Aujourd'hui une tendance contraire se manifeste : les races se recherchent; ni les institutions politiques dans lesquelles l'ignorance s'efforçait de les parquer, ni les obstacles matériels, ne les divisent plus. Le genre humain est à cette heure comme un serpent qui cherche à réunir ses tronçons dispersés çà et là par les bouleversemens du globe et par les révolutions de l'histoire. Ce besoin d'universalité trouve dans l'invention de la vapeur un point d'appui merveilleux. Un ancien cherchait un levier pour remuer le monde; ce levier puissant, un moderne l'a découvert, et il ne s'en doutait pas. Le nouveau moteur est un instrument de civilisation : appliqué aux rapports des races entre elles, il devient le symbole matériel de leur unité dans l'avenir. Un système de voies de communications se compose aujourd'hui de trois élémens : les chemins de fer, les canaux ou les fleuves, les grandes lignes de navigation maritime. Nous allons étudier, avant tout, l'influence que la vapeur exerce déjà sur ces trois organes du mouvement; l'intensité de la cause nous fera mieux apprécier la nature des résultats.

L'état actuel des chemins de fer est à la veille de recevoir des développemens considérables. Voici à peine quinze années que les monarchies européennes s'occupent sérieusement d'employer les forces de la vapeur à la traction des voitures. Où en sont-elles de leurs travaux? La plupart n'ont encore construit que des sections de lignes ; mais, en se réunissant, ces sections doivent constituer avant peu un véritable réseau de fer continental. La formation matérielle de ce réseau présente une analogie curieuse avec les développemens du système nerveux qui préside, chez l'homme et chez les autres êtres organisés, au mouvement. Si nous jetons un coup-d'œil général à la surface de l'Europe, nous apercevons çà et là des commencemens de chemins destinés à s'étendre. Cette disposition fragmentaire s'efface de jour en jour sous le progrès des travaux. Nous voyons alors des faisceaux de rails, disséminés par petits plexus isolés, s'ajouter les uns aux autres pour donner naissance à des rameaux qui vont se réunir à un tronc. Il est déjà possible de saisir un lien entre les chemins de fer qui existent en construction chez les différens peuples. Si l'on rattache par la pensée toutes les sections de lignes éparses sur le territoire de l'Angleterre, de la France, de la Belgique, de l'Allemagne et du royaume lombard-vénitien, on voit en quelque sorte apparaître l'unité de notre système de relations internationales. Nous allons essayer d'en figurer le dessin sur la carte géographique.

Que l'esprit trace d'abord une première ligne verticale dont le trajet joigne la mer du Nord à la Méditerranée. Cette grande ligne de fer commence à Edimbourg; elle rencontre sur son chemin Newcastle, Londres, Douvres (ici une lacune de sept lieues de mer), elle reprend terre à Boulogne, arrive sur Paris, de Paris sur Lyon, de Lyon sur Avignon, d'Avignon sur Marseille, où elle s'arrête. Il s'en faut sans doute de beaucoup que cette voie gigantesque soit aujourd'hui parcourue dans son ensemble; mais elle le sera : plusieurs de ses parties sont construites; nous pouvons déjà fixer l'époque où les autres seront achevées (1). Le chemin de Newcastle à Douvres, qui s'étend sur une longueur d'environ cent quarante lieues, est en activité ; celui d'Edimbourg à Newcastle sera terminé d'ici à deux ans, celui de Boulogne à Paris dans trois, celui de Paris à Lyon et celui de Lyon à Avignon dans cinq, celui d'Avignon à Marseille avant deux ans. On peut donc dire en principe que cette ligne existe. Moyen de communication de l'Angleterre avec la France, et par elle avec cette Méditerranée qui est le chemin de l'Afrique, elle réunit des intérêts jetés sur une échelle immense. — Tirons à présent une seconde ligne parallèle dont la direction, également tournée du nord au sud, reliera la mer d'Allemagne à l'Adriatique. La tête de ce chemin de fer est à Hambourg ; de Hambourg à Berlin, de Berlin à Dresde, de Dresde à Brunn, de Brunn à Gratz (par Vienne), et de Gratz à Trieste, il décrit un parcours d'environ trois cent quarante lieues. La continuité n'existe pas sur toute l'étendue de la voie ; de Hambourg à Berlin, nous estimons soixante - dix lieues en construction ; de Berlin à Dresde, c'est fait ; de Dresde à Brunn, il y a une lacune de soixante-quinze lieues qui se remplit à cette heure ; de Brunn à Gratz, le service est en activité ; de Gratz à Trieste, nous comptons à-peu-près cinquante lieues à ouvrir. L'exécution complète de cette ligne rencontre des

(1) Ceci fut écrit en 1845. M. Achille Lecomte, notre premier messagiste de France, voulut bien me diriger dans le labyrinthe des voies de communication à construire. S'il s'est glissé alors dans ce travail quelques légères erreurs de temps, elles ne prouvent absolument rien contre l'achèvement très prochain de nos lignes de fer.

obstacles dans la surface accidentée du territoire qu'elle traverse, mais elle est forcée. Touchant par Hambourg au Danemark, et par Trieste à l'Orient, elle répandra la vie sur les populations du Nord, et amènera peut-être cette unité germanique rêvée par Charlemagne et par Napoléon.

Il nous reste à croiser la direction de ces deux lignes, qui vont du nord au sud, par trois autres lignes allant de l'est à l'ouest. — La supérieure est destinée à joindre la Manche avec la Baltique. Elle s'avance du Havre à Paris, de Paris à Valenciennes, de Valenciennes à Cologne, de Cologne à Hanovre, de Hanovre à Stettin. Elle ne présente (en 1845) que deux solutions de continuité, l'une de Paris à Valenciennes, et l'autre de Cologne à Hanovre. Ces deux lacunes provisoires seront comblées d'ici à deux ans. La ligne complète sillonnera au moins cent quatre-vingts lieues. Moyen de transit de la France, de la Belgique, de la Prusse, et, par cette dernière, de la Pologne et de la Russie, elle se place, sous le rapport intellectuel, stratégique et commercial, au premier rang de nos grandes voies de civilisation. — La ligne moyenne servira de trait d'union entre l'Océan et la mer Noire. Partie de Nantes, elle se dirige vers Tours, de Tours à Paris, de Paris à Strasbourg, de Strasbourg à Carlsruhe, de Carlsruhe à Ratisbonne (par Stuttgard), de Ratisbonne à Vienne, de Vienne à Presbourg, de Presbourg à Pesth, de Pesth à la mer Noire. Cette ligne imposante ne se compose encore que de segmens : on peut dire qu'elle existe de Tours à Paris (soixante lieues), de Strasbourg à Carlsruhe (dix-huit lieues), de Vienne

à Presbourg (quinze lieues), le reste est à faire : il se
fera. Nous sommes déjà en mesure d'indiquer la date
de l'exécution. De Nantes à Tours, deux ans; de
Paris à Strasbourg, huit; de Carlsruhe à Ratisbonne,
huit; de Ratisbonne à Vienne, quatre; de Presbourg
à Pesth, trois; de Pesth à la mer Noire, dans un temps
inconnu; mais le service se fait déjà par le moyen des
bateaux à vapeur. Enlaçant dans ses sinuosités les
principales villes du centre de la France, du grand-
duché de Bade, de la Bavière et de l'Autriche, ce
chemin de fer servira de rendez-vous aux peuples de
l'Occident quand le moment sera venu pour eux de
remonter vers l'Orient. — La ligne inférieure a pour
destination de marier l'Océan à la Méditerranée; elle
court de la Teste à Bordeaux, de Bordeaux à Cette,
de Cette à Marseille (ici la terre manque : ne tenons
pas compte de cette lacune de deux cents lieues de
mer), de Marseille à Rome, de Rome à Naples. Cette
grande ligne sera complète d'ici à cinq années, si des
résistances morales ne viennent pas en interrompre
l'exécution; elle présente déjà une surface de deux cent
soixante-treize lieues en activité. Il est vrai que nous
comptons dans ce dernier chiffre la distance franchie
par les bateaux à vapeur, dont le sillage continue sur
mer le tracé du railway. Moyen d'action de la France
sur l'Italie, cette ligne capitale servira peut-être, par
la suite, à régénérer notre influence au-delà des
Alpes.

Si nous réunissons ces cinq grandes lignes, notre
réseau de fer international nous apparaîtra sous la
forme d'un quadrilatère dans lequel se trouvera en-

cadrée toute la civilisation moderne. Cette figure géométrique ne contient pas encore, il s'en faut de beaucoup, tous les travaux en voie d'exécution. Nous avons aussi négligé les embranchemens ; or, tout le monde sait que les chemins de fer sont doués d'une puissance en quelque sorte végétative ; leur accroissement est une nécessité de leur existence. Ces mille ramifications nous détourneraient des vues d'ensemble que nous avons voulu établir. Il nous importait de ne tenir compte que des lignes à grande continuité, des lignes qu'on peut nommer à juste titre européennes. Nous ne doutons point d'ailleurs que la Russie, l'Espagne, la Turquie d'Europe, ne viennent se rattacher avant peu à ces grands nerfs du mouvement continental. La Russie a tracé déjà son chemin de fer, qui unira Saint-Pétersbourg à Moscou. Le Nouveau-Monde, qui fait, depuis un demi-siècle, partie de l'ancien pour tout ce qui regarde la civilisation et le commerce, se trouve naturellement rallié au système de voies de communication que nous avons esquissé. Il est en effet possible de suivre par l'imagination, d'un continent à l'autre, le parcours majestueux de ces lignes de fer, entre lesquelles l'océan Atlantique se jette, et qu'il divise sans les briser. Ce n'est pas tout, nous voyons commencer sur les rivages de l'Afrique une nouvelle France. Il n'y a plus aujourd'hui de système de colonisation sérieux sans l'emploi de la vapeur, notre conquête ne prendra racine sur ce sol rebelle et ne le transformera que par la création d'un réseau de fer algérien, destiné à rattacher toute la colonie au centre. Déjà une ligne construite par le tra-

vail des nègres relie ensemble les deux principales
villes de la Jamaïque, Kingston et Spanish-Town.
L'Océanie présente aux colonies anglaises, pour
l'exécution de semblables travaux, ses montagnes de
fer. On accusera peut-être notre imagination de bâtir
d'avance des rail-ways sur des parcours fabuleux ;
mais, quand on songe à la figure nouvelle que le
système de transport à vapeur a donnée en quelques
années au territoire du Nouveau-Monde, surtout dans
les États de l'ouest, on ne saurait plus assigner de
limites à l'action d'un tel moteur sur la nature et sur
les distances (1).

L'économiste ne doit point séparer les lignes de
navigation des chemins de fer ; il convient, en effet,
de balancer ces deux systèmes sur notre continent,
comme la nature équilibre la circulation et le mouvement dans les êtres organisés. La constitution hy-
drographique de l'Europe, quoique belle, n'est encore
qu'ébauchée. L'Allemagne se préoccupe de rattacher
ses fleuves à un système de communications étendu.
En Bavière, le roi Louis poursuit l'achèvement du
grand canal qui doit joindre le Rhin au Mein, et par

(1) Devons-nous signaler une des influences hygiéniques de la traction à vapeur dont on n'a pas encore tenu compte : plus la rapidité du transport sera
grande et plus la puissance d'aérification s'exercera dans l'avenir, sur les poumons
de l'homme, pour les développer. Or, comme la respiration tient sous sa dépendance les autres principaux rouages de la vie, il en résulte que l'usage fréquent
des convois à grande vitesse devra perfectionner les conditions matérielles de
l'espèce humaine. On ne s'y prend pas autrement pour améliorer les races animales. Les courses de chevaux, les combats de taureaux, ne sont que des moyens
indiqués par l'expérience, pour obtenir des étalons de choix. En agissant sur
la respiration d'un être, on agit sur tout l'ensemble de ses propriétés organiques.

conséquent au Danube. C'était la pensée de César et de Charlemagne, ce fut celle de Napoléon. La France n'aurait maintenant qu'à relier par des canaux le Rhône et tous ses fleuves au Rhin pour s'ouvrir le chemin de la mer Noire. L'importance de cette voie navigable est connue : tous les cabinets voient dans l'équilibre à venir de l'Europe une question dont le nœud réside à Constantinople. La France a déjà son canal du Midi, qu'elle doit à l'immortel Riquet ; la Hollande a celui du Helder ; ces deux grandes artères de navigation artificielle ont rendu des services que les chemins de fer ne doivent point faire oublier, qu'ils ne remplacent pas toujours. Au lieu donc d'entretenir entre ces deux agens de relations, les chemins de fer et les chemins d'eau, une rivalité, une concurrence, un antagonisme, nous croyons que mieux vaut les considérer comme les satellites de la vie industrielle ou agricole pour les populations qu'ils traversent. Les bateaux à vapeur ont contribué, avant les chemins de fer, à développer l'élément de circulation.

Les chemins de fer, les canaux et les lignes fluviales ne seraient pourtant rien encore sans leur combinaison avec les grandes lignes maritimes. Les wagons n'iront jamais si loin que les paquebots ; la mer demeurera toujours l'agent des communications à grande distance, c'est sur elle que la vapeur exercera une influence encore plus étendue. Aujourd'hui, presque toutes les voies navigables sont ouvertes. On ne connaît plus ces retards qu'imposait la direction des vents ; l'arrivée des paquebots pour le service des lettres et des voyageurs est prévue maintenant comme celle des voitures publiques. Toutes les parties du globe communiquent par ces mêmes flots qui ont servi si long-temps à les diviser; la mer n'est plus une lacune entre les continens, c'est un lien. Quelques coups de canon ont suffi à renverser la barrière que la Chine avait élevée depuis des siècles autour de ses deux cent cinquante millions d'habitans; les profondeurs de l'Orient sont mises à découvert. Il n'y a pas cinquante ans, nos livres de géographie ne connaissaient que quatre parties du monde; la main des navigateurs a soulevé le voile sur ce groupe d'îles mystérieuses que la nature cachait dans des mers vierges. L'Océanie a aujourd'hui sa place sur la carte et jusque dans nos discussions politiques. Les voyages de long cours ont pris des développemens inouïs, et le nombre des voyageurs augmente sur toutes les mers avec les progrès de la navigation.

Ce vaste ensemble de communications est-il destiné à exercer une influence sur les rapports des races ? Il nous semble que la réponse à une telle question n'est pas douteuse. A mesure que l'homme civilisé s'étend et se dilate à la surface du globe terrestre, il en rattache entre eux les habitans. Nous ferons observer en outre que toutes les grandes découvertes ont concouru au même résultat. L'invention de la poudre à canon contribua dans les âges de barbarie à rendre la guerre plus fréquente; or, la guerre met les peuples en contact. La boussole, en dirigeant les entreprises des navigateurs, a réuni des hommes et des mondes étonnés de se rencontrer sur la même planète. L'imprimerie, en créant d'État à État, souvent même de continent à continent, un système d'échange pour les richesses de la pensée, a établi également entre les nations civilisées des relations qui n'existaient pas. La création de la vapeur complétera cette unité de rapports que la poudre à canon, la boussole et l'imprimerie avaient ébauchée. Au point de vue moral, les lignes de fer sont autant de conducteurs magnétiques par lesquels la pensée d'une nation communiquera aux nations voisines ses ébranlemens. Au point de vue industriel et commercial, ces mêmes lignes, allant d'un bout de l'Europe à l'autre, auront pour résultat de modifier profondément les systèmes actuels de douanes, en créant une sainte-alliance entre les péuples marchands. Comme moyen de publicité, ces routes philosophiques, sur lesquelles circulent les hommes et les idées, achèveront l'œuvre de Guttenberg en lui communiquant le secours dont l'imprimerie a besoin pour agir. Le livre ne peut rien par lui-même, le livre n'existe que pour ceux qui le lisent. Il faut qu'une force matérielle le fasse pénétrer dans ces populations sombres et lointaines qui opposent aux lumières l'obstacle de leurs montagnes, de leurs marais, de leurs bois, et de leurs landes impraticables; cette force est dans la circulation. Auxiliaires de l'imprimerie, les chemins de fer avanceront l'enseignement des masses. La propagande de la vapeur défiera toutes les censures : allez donc arrêter ces mille voix de la civilisation dans leur passage aérien à travers l'Allemagne ou la Russie ! Quand les États européens seront couverts de grandes lignes s'embranchant sur toutes les capitales, — autant de rayons par lesquels

s'opérera la diffusion des lumières, — la face intellectuelle de notre continent sera changée. La vapeur
nous semble donc destinée à devenir le lien des distances, le lien des races.

Quand la guerre était presque le seul moyen dont
la Providence se servît pour mettre les races en présence, l'union d'un peuple à un autre peuple n'était
jamais cimentée que par la force. Or, nous ne crai-
gnons pas de le dire, la force brutale est impuissante
à fondre ensemble les divers élémens du genre humain. Long-temps après la conquête, les vainqueurs
et les vaincus forment encore dans la nation deux
camps distincts : les inimitiés secrètes refoulées dans
le cœur du peuple soumis, la honte et le ressenti-
ment de sa défaite, demeurent un obstacle de longue
durée à l'alliance avec les envahisseurs. Il se passe
souvent plusieurs siècles avant que la trace de cette
division soit effacée; quelquefois même elle persiste
toujours si le peuple conquis nourrit secrètement
l'espoir de ressaisir son indépendance. Cela est si
vrai que, malgré les guerres qui ont ensanglanté
l'Europe au moyen âge et à une époque plus récente,
malgré ces déchiremens et ces partages qui ont renouvelé plusieurs fois la face politique de notre continent, il se trouve que les races ont perdu très peu
de leurs caractères. Transportées souvent du nord au
midi ou du midi au nord, elles reviennent d'elles-
mêmes à leurs limites dès que le bras de fer qui les
mêlait arrive à se retirer. On peut donc dire que la
guerre était le lien des âges de barbarie, mais que ce
lien établissait entre les peuples des rapports violens

qui les rassemblaient sans les unir. Il ne faut pas se hâter de croire à une paix universelle ; le glaive reparaîtra sans aucun doute dans l'histoire des peuples, mais son intervention sera moins fréquente quand les nations se connaîtront mieux. Si cet état de choses s'établit, comme nous l'espérons, les chemins de fer auront pour résultat de créer une cause nouvelle et bien autrement active de croisement. Ici, la barrière élevée par la conquête n'existe plus ; les peuples sont égaux, les peuples sont les frères d'une même famille. — La guerre se trouvait en outre circonscrite sur un point géographique. Hors les cas assez rares d'invasion en masse, où un peuple venait s'établir sur le territoire d'un autre peuple, la force armée n'exerçait en général qu'une action fugitive. Ces rapports brutaux, ces communications du sabre, les seules que les peuples anciens et modernes aient connues, n'ont fait pour ainsi dire que glisser sur les traits physiologiques des races. Les chemins de fer exerceront au contraire sur le croisement des individus une action constante, sympathique, renouvelée. Les invasions étaient des torrens orageux qui couraient çà et là, et laissaient seulement sur le chemin la trace de leur écume ; les routes nouvelles, en excitant au plus haut degré le besoin des voyages, formeront des irradiations lentes d'étrangers passant d'une contrée à l'autre, et déposant leurs caractères dans le sein des populations alliées.

Quelles seront les suites de ce mélange des races ? Ceci devient une question d'histoire naturelle, entée sur un fait d'économie politique. Cette question, nous allons essayer de la résoudre à l'aide des lumières que nous prêtent les deux sciences. Le règne de la vapeur ne commence que d'hier : si, d'un côté, il semble téméraire de rechercher les résultats éloignés d'une telle force quand l'orbite de son mouvement est encore à peine tracé, il ne faut pas oublier, de l'autre, que la marche de tous les phénomènes de l'industrie et de la nature est soumise à des lois qu'il est possible de dévoiler. « Le caractère essentiel d'un ensemble de connaissances parvenues à l'état de science, disait dernièrement M. de Blainville, est de prévoir. » De telles prévisions ne sont pas stériles ; elles servent à disposer le présent en vue de l'avenir. Le but vers lequel on s'avance étant déterminé, chaque siècle mesure ensuite ses forces à la distance qu'il doit franchir. Si donc la question de l'influence de la vapeur sur le mouvement des races semble, au premier coup-d'œil, une hypothèse, on ne tarde pas à lui découvrir une base dans l'état actuel de la physiologie. La science des races est encore en germe, les voyages contribueront à la former ; mais telle qu'elle existe, elle nous fournit déjà les principaux traits qui peuvent servir à dessiner la perspective ouverte devant nous par l'établissement des chemins de fer.

La surface habitée du globe nous présente un très grand nombre de races humaines, qu'on peut ramener à quatre grandes divisions : la race caucasique, qui a la peau blanche, les cheveux lisses, onctueux, fins ; la race mongolique, qui a la peau jaune, les cheveux épais et raides ; la race éthiopique, qui a la peau noire, les cheveux durs et laineux ; la race américaine, qui a la peau mêlée de jaune et de rouge, les cheveux noirs, longs et rudes. Dans tous les endroits de la terre où ces variétés humaines se sont trouvées en présence, voici ce qui est arrivé : les noirs ont obéi aux jaunes ; les uns et les autres se sont soumis aux blancs. Si des nuances moyennes résultent du mélange de ces trois couleurs, elles occupent dans la société des rangs intermédiaires. On peut déjà conclure de ce premier fait qu'il y a une gradation de puissance et de civilisation à établir sur les caractères des races humaines.

L'existence de plusieurs races d'hommes à la surface de la terre est un fait trop grave ; il se rattache trop intimement au problème dont il s'agit de trouver la solution, pour que nous ne cherchions pas à en pénétrer l'origine. Sur ce point, l'histoire n'a presque rien à nous apprendre ; l'histoire est muette. Pour le genre humain comme pour l'homme, la première enfance est couverte des ténèbres de l'oubli. Quelques monumens respectables par leur antiquité, mais écrits dans des langues perdues, sont les seuls débris sur lesquels des races entières puissent lire leurs titres de naissance ; encore ces monumens appartiennent-ils à des temps historiques, et, comme l'avénement des races a précédé sans nul doute l'établissement des sociétés humaines, nous ne réussirons jamais par cette voie à surprendre le secret de la nature. La science seule par la distinction des caractères physiques, arrivera sans doute à déterminer la place des différentes races sur l'échelle de l'humanité, leur filiation, et peut-être leur origine. Les voyages,

en agrandissant nos rapports, nous mettront sur la
voie de plus amples découvertes. Qu'allons-nous faire
dans les contrées lointaines et sauvages ? Chercher
les traces de notre avénement sur le globe, conquérir notre histoire. Or, il faut nous hâter, car,
tous les jours, les pages vivantes de cette histoire s'effacent ou disparaissent; des races primitives s'éteignent, et avec elles s'en vont les derniers traits de la
naissance de l'humanité.

Pour lever le voile sur le berceau de notre espèce,
il convient avant tout d'en séparer les élémens. La race
blanche a fait remonter à son origine le commencement du genre humain; mais tout nous porte à croire
qu'elle avait été précédée. Les autres races dont elle
n'a pas voulu tenir compte historiquement, ou que
dans son orgueil généalogique elle a imaginé de faire
descendre d'elle par voie de dégénérescence, ont très
probablement devancé son existence à la surface de
la terre. On peut considérer le genre humain comme
formant un règne à part dans la création, les races
sont, sous certains rapports, les unes vis-à-vis des autres, ce que sont les genres dans le règne animal. Or,
comme toute existence a été en progrès sur le globe,
il est naturel de penser que les races les plus inférieures sont aussi les plus anciennes. Ainsi que dans
l'histoire des âges antédiluviens chaque transformation du globe coïncide avec un progrès dans le règne
animal, de même les changemens postérieurs à la
grande semaine de Moïse nous semblent avoir eu pour
résultat l'apparition successive des divers groupes
d'hommes sur les différens points de la planète. Nous

pouvons déjà placer dans le voisinage de la ligne équatoriale le berceau de la race noire, dans l'Atlantide celui de la race rouge, dans le sud de l'Asie l'origine de la race jaune, dans le nord ou dans l'Asie centrale les premières traces de la race blanche. Le mouvement de destruction et de reproduction qui préside à toute la nature paraît s'être étendu jusque sur la genèse du genre humain : la race noire est le débris d'un monde antérieur; elle a survécu misérablement au théâtre de sa force et de sa puissance. La race américaine nous semble également une ancienne race naufragée, dont Christophe Colomb retrouva les restes épars qui commençaient à se reformer sur le sol de l'Amérique. Le même coup de la main de Dieu qui brisait un continent et abîmait la race rouge, soulevait peut-être d'un autre côté les montagnes de l'Asie sur lesquelles la race blanche allait se manifester. Cette vue nouvelle fait éclater les étroites lisières chronologiques dans lesquelles nos historiens ont voulu envelopper l'existence du genre humain; mais il faut se souvenir que les siècles sont comme les objets qui s'effacent par la distance; aucun chronomètre ne peut guider notre marche dans des âges où tout est encore fabuleux (1).

(1) Depuis que ces lignes ont été écrites, le hasard m'a donné connaissance d'un travail de M. Marcel de Serres, qui était une réfutation de mes vues. Les argumens qu'il donnait en faveur de l'antériorité de la race blanche ne m'ont pas le moins du monde ébranlé. J'attendrai du reste qu'il ait publié son mémoire pour y répondre. En attendant, je dois, par délicatesse, relever une erreur de mon adversaire. Il fait remonter ses attaques jusqu'à M. Serres, dont je n'aurais été, suivant lui, que l'interprète. J'ignore ce que pense M. Serres de la succession des races humaines; mais il n'a jamais, que je sache, touché cette question

Il s'est élevé dans ces derniers temps une opinion qui sera jugée plus tard : quelques physiologistes distingués ont voulu faire sortir les races d'une souche commune par voie de développemens. La race noire se serait transformée avec le temps, et en passant par les nuances intermédiaires, dans la race blanche. Cette hypothèse flatteuse pour la théorie du progrès ne repose jusqu'ici, il faut l'avouer, sur aucun monument authentique. En fait, il existe plusieurs races d'hommes reconnaissables, dont les caractères semblent doués d'une force de résistance très grande. La nature a mis entre les différens groupes de notre espèce des limites qui ont empêché jusqu'ici la confusion de s'introduire parmi eux. Or, la nature veille à la conservation des caractères qui constituent les races, parce qu'à ces caractères sont attachées des aptitudes physiques et morales distinctes. Ces différences dans la couleur de la peau, dans la forme de la tête, et généralement dans la structure du corps, amènent les facultés particulières dont le rapport total forme l'harmonie du genre humain.

S'il y a une gradation de puissance à établir sur la couleur des races, il existe aussi une échelle de domination basée sur les formes du crâne. On a trouvé

dans ses cours, ni dans ses livres. Il est donc injuste de faire porter sur lui un démenti plus ou moins indirect. Règle générale : toutes les fois que je n'ai pas indiqué la source d'une opinion, c'est que cette opinion m'appartenait. Tout en prenant, dans le cours remarquable de M. Serres, comme plus haut, dans celui de M. Isidore Geoffroy Saint-Hilaire, le point de départ de mes réflexions, je n'ai point entendu le compromettre dans ma philosophie de l'histoire, touchant le mouvement des races humaines. Craignant pour M. Serres, les suites de cette alliance, j'ai eu soin de séparer ses idées des miennes, et de le faire parler lui-même, quand je lui empruntais une de ses vues si neuves et si originales.

dans l'Amérique du Sud une île, nommée l'île des Sacrifices, dans laquelle les anciens habitans de cette partie du monde égorgeaient des victimes humaines. Des peintures, conservées sur les lieux et reproduites dans le grand ouvrage de M. de Humboldt, nous montrent ces scènes affreuses. Une remarque curieuse à faire est celle de la différence de la tête chez les acteurs de ce drame horrible : les hommes dans le sein desquels leurs ennemis enfoncent le couteau avec une sorte de plaisir sauvage sont, pour ainsi dire, acéphales. Ces individus, quoique de couleur rouge, sortent évidemment d'une autre race, inférieure à celle qui les immole. Aujourd'hui que le temps a passé sur les peuples du Nouveau-Monde, et qu'il a confondu les débris des uns et des autres dans les entrailles de la terre, on distingue encore le crâne des sacrificateurs et celui des sacrifiés. La configuration de la tête de ces derniers, étroite et fuyante, annonce des êtres faibles, sans défense, nés pour mourir; tandis que la nature a imprimé sur le crâne de leurs terribles destructeurs les caractères de la force impitoyable. On voit donc qu'au sein des peuples d'une même coloration, en guerre les uns avec les autres, il existe des variétés considérables qui servent de base à une hiérarchie éternelle, les races plus robustes tendant sans cesse à vaincre et à opprimer les races plus faibles.

La science de l'homme, pour sortir enfin de la période fabuleuse des conjectures, demande à être calquée sur les caractères anatomiques des races. M. le professeur Serres jette, tous les ans, dans son cours public les premiers traits d'une anthropologie comparée : il montre les fonctions se dégradant avec les organes, à mesure qu'on descend de la race caucasique dans les races inférieures. Une observation intéressante est celle de l'abaissement du cordon ombilical chez la race américaine; le nombril est plus bas, parce que le foie est volumineux; or, quand dans un individu il y a prédominance du foie, il y a toujours prédominance de la voracité. Voilà donc un premier fait de l'histoire des Indiens du Nouveau-Monde qui a sa racine dans leur constitution. M. Serres possède un crâne américain dans la mâchoire duquel il nous a montré l'existence d'une canine énorme, qui devait presque déborder la lèvre supérieure : ce trait de ressemblance avec les animaux carnassiers explique le caractère de férocité des Mexicains. Le même naturaliste a observé dans dix ou douze individus de la race éthiopique, dont le cadavre était tombé sous son scalpel, une flexuosité assez marquée des artères; il devait en résulter un ralentissement de la circulation du sang. Cette disposition hydraulique qui, à un certain âge de la vie, devient pour l'homme de la race caucasique une condition d'existence, est pour le noir une loi permanente de sa nature. Ne pourrait-on pas rattacher cette circonstance à l'état moral de la race éthiopique? Cette paresse de circulation coïncide, en effet, avec cette torpeur et cette apathie qui forment un des caractères du nègre. L'élongation des membres, surtout celle du membre inférieur, qui entraîne toujours la déformation du bassin, rend raison de la faiblesse physique des individus de la race noire; tous les voyageurs ont reconnu l'infériorité des forces du nègre, comparées à celles du blanc. La brièveté du cou, d'où résulte la longueur des bras, a pour effet la perte de ce gracieux arrondissement des formes qui constitue chez nous la beauté de la femme; et de plus, le raccourcissement du cou, cet organe satellite de la main, comme le pense M. Serres, doit concourir à rendre le nègre inhabile, maladroit, peu inventif. A mesure que le cou vient à se raccourcir, la face se projette en avant; cette disposition tout animale, semble avoir pour objet de faciliter à l'individu l'appréhension des alimens. Le prolongement des os de la face a, en outre, pour destination d'encaisser les organes des sens. A mesure que nous descendons dans les races humaines, la moëlle épinière et les nerfs deviennent d'autant plus volumineux qu'on approche plus de la race éthiopique. Il existe un antagonisme très prononcé entre la face et le cerveau, selon que la face prédomine, l'action des sens prédomine, et l'action de l'intelligence baisse dans la même proportion. Les races inférieures sont remarquables par la finesse de l'odorat : les nègres et les Indiens du Nouveau-Monde connaissent par l'olfaction les individus, les sexes, les étrangers; ce sens leur sert à distinguer leurs ennemis. Le goût est aussi prodigieusement développé dans les races rouge et noire : la délectation que les individus de ces deux couleurs éprouvent à la vue et à l'absorption de la nourriture ne saurait se définir; la race blanche, à côté d'eux ne sait pas manger.

La civilisation paraît avoir pour effet de réduire la capacité de l'abdomen; chez les races sauvages ou barbares, tous les appareils de la vie végétative et animale sont portés à un volume considérable. Les Chinois ont la panse très saillante; leurs artistes exagèrent ce caractère sur leurs portraits, tant ce qui serait chez nous un objet d'insulte est en honneur chez eux. La race américaine se fait remarquer par certaines excentricités qui sont, chez elle, un effet de la tendance des races inférieures à développer le volume des réceptacles des sens. On rencontre des tribus de sauvages dont les unes tiennent à honneur d'être les cultivateurs de l'oreille, d'autres les cultivateurs du nez; on trouve aussi des sectes qui se distinguent par un ventre énorme. Le chef d'une de ces sectes, représenté sur une gravure que M. Serres nous a fait voir, paraît aussi content de son abdomen que l'autre l'est de son nez. Ses sujets cherchaient à l'imiter, et reproduisaient assez bien sa grosseur. Les sauvages d'Amérique sont, comme nous l'avons dit, d'une voracité extrême; lorsque la chasse a été bonne et qu'une masse d'alimentation se trouve à portée de leur estomac, ils mangent avec une avidité telle, qu'ils sont contraints ensuite de s'étendre à terre, engourdis et repus. Ils se couchent sur le dos : un de leurs camarades, moins gorgé de nourriture, vient s'asseoir sur leur ventre et leur pétrit la partie sensible pour aider à la digestion. Nous retrouvons dans ces races inférieures tous les traits de l'animalité; à mesure que l'action des sens se développe chez elles, la physionomie perd de sa mobilité, de son caractère, de sa noblesse. L'âme, chez nous, a deux langages, la parole et la physionomie, par lesquels elle exprime tous ses sentimens. Il n'en est plus de même dans la race éthiopique; nous rencontrons chez elle une entière apathie de la face; le jeu de la physionomie éteint exprime tout au plus par une grimace la grossière satisfaction des appétits matériels; la parole, toute gutturale, se rapproche elle-même du son que font entendre les singes. Loin de fuir ces caractères d'animalité, les races inférieures les recherchent. Quelques tribus américaines travaillent à conformer leur nez sur le modèle du bec de l'aigle. La forme naturelle du crâne, chez les Mexicains, était déjà déprimée au sommet et renflée sur les côtés de la tête : ils avaient encore remanié cette forme pour la rendre plus sensible. Le Mexicain s'était donné la face du lion. Ces hommes, au visage terrible, se servaient sans doute de leur laideur féroce pour intimider leurs ennemis. Le type idéal que ces populations cherchaient à imprimer à leurs enfans était d'ailleurs contenu en germe dans la structure de leurs organes. « Il serait, nous disait M. Serres, impossible de produire ces dépressions artificielles sur des individus de la race caucasique. » Tous ces faits, qu'un grave et éminent professeur enseigne du haut de sa chaire, ne rencontrent point d'objections sérieuses. Nous sommes donc fondé à conclure qu'en prenant pour guide l'anatomie, on arrive à déterminer les conditions du développement moral des différentes races humaines.

La science a été plus loin : non contente d'observer les caractères des races à l'état élémentaire, elle a cherché l'action que ces races exercent les unes sur les autres en se croisant. Voici quel a été le résultat de ses informations. Toutes les races humaines ont la faculté de se reproduire entre elles. La nature a pourtant mis certains obstacles au rapprochement de leurs extrêmes : l'union d'un individu de la race éthiopique avec une femme blanche est douloureuse, antipathique, le plus souvent improductive. La condition inverse est, au contraire, favorable au mélange des sexes ; l'union du blanc avec la femme noire est facile, sympathique, et presque toujours féconde. Si l'on interprète avec M. Serres les vues de la nature, on trouve qu'elle a mis un dessein dans ce point d'arrêt et dans cette barrière matérielle. La nature veut l'élévation des races, elle ne veut pas leur abaissement. Or, dans le premier cas, le produit descend vers la race éthiopique ; dans le second, c'est-à-dire dans le cas de l'union de l'homme blanc avec la femme noire, le produit est élevé vers la race caucasique. On entrevoit déjà que le mélange des races, dans certaines limites fixées par la nature, est un des moyens de perfectionnement de l'espèce humaine.

Cette faculté de reproduction entre les sexes appartenant à deux races différentes tranche la question d'unité : il existe plusieurs races, mais il n'y a qu'une nature humaine. Les animaux qui ne sont pas d'une même espèce ne se reproduisent pas entre eux ; dans les genres très voisins, le croisement donne naissance à des métis dont la fécondité s'arrête à la première ou à la seconde génération. L'unité humaine se mani-

feste dans un autre fait que la science a recueilli :
quand le mélange de deux individus de races diverses est fécond, la race supérieure fournit au moins les
deux tiers à la nature du produit. Ce mouvement a
été observé avec attention. M. Serres a reconnu que
la race caucasique imprime son cachet sur les races
qu'elle touche ; elle descend d'abord un peu ; mais,
à la quatrième, cinquième ou sixième reproduction,
elle remonte et ramène à elle tous les autres types.
Qui ne prévoit déjà les conséquences philosophiques
de ce fait d'histoire naturelle? Les envahissemens de
la race blanche tendent aujourd'hui à effacer par
toute la terre l'existence des autres races. Les traditions anciennes, qui nous représentent un premier
homme blanc dont toutes les races sont sorties comme
d'une souche unique, perpétuent sans doute une
erreur; mais ce n'est qu'une erreur de temps. L'unité
de races, l'homme modèle, l'homme type, n'existe
pas dans le passé ; il a sa raison d'être dans l'avenir.
Adam n'est pas venu, il viendra.

Les races supérieures absorbent les races inférieures. Ce fait est sans exception. Tout nous porte à
croire que la race noire a été primitivement la plus
nombreuse; elle est encore douée à cette heure d'une
fécondité qui alimente partout l'esclavage ; son existence à la surface du globe ne s'est restreinte que
sous les envahissemens des autres races qui sont venues s'établir au-dessus d'elle. En Amérique la race
rouge forme l'assise inférieure, le *substratum* des
peuples qui lui ont succédé sur sa terre natale. Déjà
un grand nombre des indigènes du Nouveau-Monde

ont disparu. Les autochthones, moins forts que les Incas, avaient été remplacés par eux ; la race caucasique, étant survenue, a éteint à son tour les Incas. Ce mouvement s'étend par toute la terre ; la race de Van-Diémen a cessé d'être, il n'en reste plus que trente ou quarante individus ; les Guanches ont été anéantis ; les Caraïbes, dont la race subsiste encore sur le continent, ont été détruits dans les îles de l'Amérique. Le voisinage des races robustes efface partout les races faibles ; celle des Indous, en rapport avec des groupes plus forts qu'elle, s'éteint de jour en jour. Il existe une histoire fossile du genre humain qui ne remonte pas au-delà des temps historiques : à mesure que l'on avance dans la terre, on retrouve les débris de races plus faibles et plus dégradées qui ont succombé. Ces couches superposées forment comme les âges successifs du genre humain. Quand ce mouvement d'absorption est naturel, il tourne à l'avantage du progrès ; les races inférieures, en s'éteignant dans les races supérieures, y déposent des caractères nouveaux, qui deviennent pour celles-ci autant de germes de développemens. Malheureusement la force aveugle intervient presque toujours dans cette œuvre, et enlève violemment du globe les races primitives, avant qu'elles aient eu le temps de se fondre dans la nôtre. On est encore à se demander si la découverte du Nouveau-Monde fut un bienfait pour les générations à venir. Parmi les populations d'Amérique, les unes jouissaient d'une civilisation commencée, les autres étaient sur le point de se mettre en marche vers un état de société, lorsque la race blanche vint à tomber sur elles. Cet événement arrêta leur progrès. Notre état social, en venant se poser au milieu des tribus sauvages, a été pour elles une cause de stationnement et de ruine. Non contente d'étouffer dans ces tribus des développemens naturels, l'arrivée des Européens fit disparaître par la force des populations entières. Cette race, dont les débris avaient survécu aux cataclysmes de la nature, fut de nouveau abîmée dans la conquête. La brutalité de l'Espagne vis-à-vis des habitans du Nouveau-Monde fut un crime de lèse-humanité que cette puissante nation expie à cette heure par sa déchéance. Qui sait si les germes qu'elle écrasait ainsi sous son pied de fer n'étaient pas nécessaires à la nature pour achever un jour notre race? Les mêmes attentats se sont répétés et se répètent encore : les Anglo-Américains chassent aux Peaux-rouges sur le territoire de l'Union comme aux bêtes fauves. Les autres races n'ont point été moins maltraitées. Nos colonies européennes n'ont guère été fondées jusqu'ici que par la destruction des indigènes; une trace de larmes et de sang marque les progrès de l'homme caucasique autour de ce globe dont il aurait dû civiliser les premiers habitans. Tous les jours des chasseurs anglais tuent à coups de fusil des sauvages de la Nouvelle-Hollande pour les donner en pâture à leurs chiens. Au nom du ciel, il faut que cela cesse! Il est temps que la science dirige ces conquêtes dont la force brutale abuse sans les rendre fécondes. La physiologie nous enseigne qu'il n'existe pas de races insignifiantes, puisqu'elles sont toutes destinées à entrer dans la nôtre. Laissons-les donc se développer à leur aise, au lieu de les refouler dans des déserts où elles périssent; il y a place pour elles et pour nous sous le soleil. Sans doute la civilisation ne saurait reculer devant l'état sauvage; mais c'est en renouvelant ses forces dans la nature qu'elle les accroîtra. Toutes les races d'ailleurs sont solidaires, celle qui en détruit une nuit à toutes les autres qu'elle prive ainsi d'un moyen de perfectionnement. Dernier-né peut-être de son espèce, l'homme blanc, l'homme adamique, doit ramener à son type toutes les variétés humaines; l'égoïsme même lui conseille en ce cas de ne point les comprimer par la violence et l'injure; développer les germes qui languissent, c'est encore, pour lui, féconder les élémens futurs de sa race.

Nous avons vu les conditions du croisement, nous allons rechercher son influence. Si nous suivons toujours le fil conducteur de la science, nous arriverons à mettre le pied sur un terrain positif où les faits nous répondent des théories. M. Serres a fait l'observation suivante : toutes les fois qu'on considère les races humaines à l'état pur, on trouve que chacune d'elles a un tempérament uniforme qui prédomine sur tous les individus; quand c'est l'inverse qui a lieu, c'est-à-dire quand on a sous les yeux une race très mélangée, on distingue une variété considérable de tempéramens, et les individus qui les représentent ont les dispositions morales des races dont ils sont originaires. Ce fait, sur lequel nous reviendrons, parce qu'il amène des conséquences très nombreuses, nous dévoile déjà une des influences du croisement qui est de multiplier les manifestations de la nature humaine.

Le hasard ayant amené, cet hiver, à Paris, deux sauvages botocudes, la science a eu l'occasion d'examiner de près et à loisir l'état élémentaire de cette race américaine, la plus mystérieuse de toutes celles qui existent. M. Serres constata un fait remarquable : les racines de la perfectibilité humaine, dans cette race, semblent appartenir à la femme, de telle sorte que l'abrutissement de ces populations sauvages a sa cause dans l'état de dégradation sous laquelle la femme a été tenue par l'homme. Si cette remarque pouvait s'étendre aux autres races, la femme, agent actif dans l'œuvre de la reproduction, se montrerait à nous comme le moule du progrès; or la science entrevoit déjà la certitude d'élever ce fait à la hauteur d'une loi générale. Le penchant qui attire les sexes de différentes races à s'unir n'est point un mouvement aveugle. Les races inférieures sont destinées à servir d'aliment aux races supérieures; les traits qui dessinent les premières ne seront pour cela ni effacés, ni confondus; leurs caractères, loin d'être détruits, se conserveront au sein même de la race caucasique dont ils augmenteront la variété.

Avec ces principes généraux, nous avons un moyen de juger l'influence du croisement des races sur les sociétés. C'est à la physiologie qu'il appartient de fournir les premiers traits du perfectionnement de la nature humaine : nous nous en servirons pour dessiner le tableau des peuples qui s'agitent en ce moment sur le globe. L'importance des rapports que nos voies de navigation à vapeur créent de jour en jour entre les habitans des diverses contrées, semblera encore plus grande, si à la nature des races reliées entre elles se rattachent des civilisations qui doivent se compléter les unes par les autres. Or c'est précisément ce qui est.

Il faut reconnaître dans chaque race une force secrète qui détermine l'étendue et les formes de son développement : les lois, les mœurs, les institutions, les croyances, se subordonnent à cette force, et c'est ce qui constitue la physionomie des sociétés. L'organisation d'un état exprime toujours les caractères naturels qui sont dans le peuple. Cette connaissance est nécessaire pour diriger nos rapports : si l'homme caucasique doit agir sur les autres races, il doit en même temps conformer son action à l'état de leurs développemens. La surface habitée du globe nous présente à cet égard une série d'inégalités morales qui résultent chez les différens groupes du degré d'avancement de leurs caractères physiques, et dont le résultat est de former des nations diverses. L'histoire universelle devient à ce point de vue un enchaînement continu de faits, qui ont tous leurs points d'attache dans la nature des races et dans leurs métamorphoses. Au plus bas de l'échelle, nous rencontrons les peuples sauvages, chez lesquels tous les développemens de la civilisation sont avortés. Plus haut commencent les nations barbares (les termes manquent pour fixer les nuances intermédiaires) chez lesquelles nous voyons apparaître les premières ébauches de l'état social. Ces formes primitives de société se perfectionnent à me-

sure que les couches humaines se rapprochent de la
race blanche, qui est le terme de la série. L'échelonnement des sociétés, en rapport avec l'échelonnement des races, est une vérité nouvelle que la science
et les voyages féconderont dans l'avenir. Nous arriverons ainsi à connaître le caractère des nations sur
lesquelles nous devons agir, et le degré de force de
leurs institutions ou de leurs croyances. Lorsqu'on
envisage la distribution géographique des religions à
la surface du globe, on est étonné de les voir partout
soumises à une loi de la nature. Le christianisme s'est
établi généralement sur la race blanche, tandis qu'il
n'a jamais pu s'étendre d'une manière bien fixe sur
les autres races. Ce fait a sa racine dans la constitution physique de notre espèce et dans la tendance des
cultes. Qu'est-ce que le christianisme? Le triomphe
de l'âme sur les sens, le règne de l'esprit sur la matière.
Toutes les fois qu'une telle doctrine est venue s'appliquer sur des peuples de la race blanche, elle a
rencontré chez eux une organisation préparée à la
recevoir. Ce qui distingue en effet l'homme caucasique, c'est la prédominance du cerveau, et, par suite,
de l'action intellectuelle sur l'action des sens. A
mesure que nous descendons dans les races inférieures, cette prédominance s'efface; le prolongement de
la face se dessine ; les organes des sens se développent, et avec eux augmente la résistance physique
à la foi chrétienne. Le fétichisme ou l'adoration de
la matière reparaît de degré en degré et forme au bas
de l'échelle le seul culte du nègre. Les Arabes et les
Turcs, qui marquent, les uns le passage de la race

éthiopique, les autres la transition de la race mongole à la race blanche, ont un culte mixte : le mahométisme est, comme l'a dit M. de Maistre, une *secte chrétienne*, mais à laquelle le génie de ces deux peuples a imprimé son caractère sensuel. L'organisation d'une race tient donc sous sa dépendance toutes les manifestations intellectuelles, religieuses, morales des sociétés qui la constituent. De là des civilisations qui s'échelonnent sur un champ immense et qui s'arrêtent à des degrés divers. Le genre humain arrivera-t-il à faire disparaître ces inégalités par un progrès universel ? Nous le pensons. Les bornes, les obstacles que la nature a mis à la réunion des croyances, s'abaisseront à mesure que la race blanche revêtira les autres races de ses caractères physiques, d'où dérivent toujours les caractères moraux. L'unité des religions sortira de la tendance du type caucasique à s'incarner dans les autres familles de l'espèce humaine.

Il existe une opinion dans la science qui, au premier abord, semblerait devoir rétrécir l'action des races les unes sur les autres; c'est celle de la persistance des caractères. Lorsqu'une nation policée travaille à retirer un peuple sauvage ou barbare de son abaissement, la civilisation et la nature constituent autour de lui deux forces qui se balancent, qui se croisent, qui se limitent; le mouvement hésite comme incertain sur sa pente. Il s'établit alors une lutte entre la constance du type et les causes d'action qui veulent l'infléchir. Si ces causes sont transitoires, le type résiste ; si au contraire elles sont permanentes, le type finit par céder. Dans quelles proportions cède-t-il? Ici les physiologistes se divisent : les uns soutiennent que les modifications amenées par cette lutte n'intéressent pas la forme générale, qui reste la même. Mais ces modifications, où s'arrêtent-elles? C'est ce que nul ne peut définir exactement. Ces changemens oscillent dans des limites que la science même s'avoue impuissante à déterminer. L'expérience démontre bien qu'une plante soustraite aux conditions de la nature, enlevée de son climat et placée sous la main de l'homme, subit des altérations graves qui vont souvent jusqu'à masquer sa forme première; elle démontre aussi que cette même plante, remise dans son milieu primitif, reprend peu-à-peu ses anciens caractères et redevient ce qu'elle était auparavant. Ce fait est curieux, mais on peut conclure qu'il ne conclut rien; car la question subsiste entière de savoir si c'est la force interne du végétal ou l'action des causes primitives renouvelée qui a déterminé son retour au type originel. La vérité est que tous les physiologistes reconnaissent des cas où les types se conservent, et d'autres où ils se dénaturent. Il se passe pour les races, dans la formation historique, quelque chose d'analogue à ce qui eut lieu pour les êtres organisés dans la grande époque de formation terrestre; il se rencontre des types qui résistent et se rompent, des types qui survivent intacts aux grandes secousses des événemens, des types qui cèdent. Il n'est donc point impossible de faire sortir une race de l'orbite qui lui est tracé par la nature, et de l'entraîner dans le mouvement d'une autre race. Mais ce qui est encore plus

certain et plus connu, c'est la production de types
nouveaux sortant du contact de deux races en présence. Du nombre des élémens constitutifs d'un peuple et du degré de leur association résulte, pour ainsi
dire, la forme qui lui est propre. Plus la race est
pure, plus son organisation sociale est simple, plus
sa vie intellectuelle et son existence comme nation
est limitée. Ces races, en quelque sorte rudimentaires,
se compliquent et se perfectionnent par le croisement
avec d'autres groupes du genre humain. Leurs caractères, en se mêlant, donnent naissance à une infinité de
nuances intermédiaires. Plus un peuple acquiert ainsi
d'élémens, plus il s'élève : son organisation sociale
s'étend, ses fonctions s'accroissent; et, à mesure que les
caractères de la population se surajoutent les uns
aux autres, sa vie augmente. Les élémens sont d'abord
désunis ; mais le temps en opère la fusion, et pendant
que cette fusion s'opère, des développemens nouveaux se manifestent, l'éducation achève de faire disparaître les différences morales et organiques qui
étaient un obstacle au progrès. C'est ainsi que la nature, avec un très petit nombre de races primitives, a
pourvu par la variété infinie des croisemens à la perfectibilité matérielle des sociétés.

L'étude ethnographique du globe nous présente la
grande division des races progressives et des races
arrêtées. Il arrive un moment où l'activité des nations
s'épuise : les unes se fixent plus tôt, les autres plus
tard. Du degré où elles s'arrêtent résulte leur élévation ou leur abaissement dans l'histoire. Ces races
incomplètes, mais achevées dans leur imperfection,

survivent quelquefois à leur propre grandeur, comme les ruines survivent au monument d'où elles sont tombées. Leur avenir est l'immobilité. Il y en a qui stationnent alors (c'est le cas des nations mongoles); il y en a d'autres qui rétrogradent. L'Afrique est surtout le berceau de ces peuples toujours au même âge; elle en a d'autres qui, après avoir atteint le degré de croissance des peuples civilisés, reculent de l'état où ils étaient parvenus pour se détériorer ou se détruire. L'Asie, la Chaldée, l'Assyrie nous présentent une image de cette triste métamorphose du temps : l'âme de ces peuples s'est convertie en bête fauve, *anima fiera divenuta*. Ces races arrêtées sont mortes pour la civilisation. Elles disparaîtront infailliblement du globe, à moins de l'intervention d'une nation civilisée. Des races stationnaires pendant des siècles, parce qu'elles avaient épuisé la série de leurs développemens, et qu'elles étaient incapables par leurs propres forces d'aller plus loin, peuvent reprendre un nouveau mouvement, si elles viennent à s'unir avec des races en progrès. La France est, nous le croyons, prédestinée à cette œuvre : qu'allons-nous faire à notre insu dans l'Algérie? Ressusciter l'Afrique. La race sémitique est une de ces races fortes qui, après avoir fait leur temps, s'usent et tombent. Sa civilisation a précédé la nôtre et avait même jeté un grand éclat : cet éclat est fini; mais il peut renaître. Il dépend de nous de communiquer aux Arabes de nouvelles forces pour continuer leur progrès. La France gagnerait de son côté à retremper la fibre molle de ses habitans du nord dans cette nature sèche et bouil-

lante de l'Atlas. Il en est des races comme des individus ; il y a chez elles déperdition de forces ; l'action
leur enlève chaque jour de leur puissance ; il faut
alors que, pour se conserver et s'accroître, elles puisent sans cesse dans les autres races les élémens de
leur vitalité. Le type arabe est magnifique et répond
assez bien au type français ; nous avons reconnu
notre image dans cette race nerveuse qui se nourrit
de ses luttes et qui s'endurcit de ses cicatrices. Lien
naturel des peuples de notre continent avec ceux de
l'extrémité de l'Afrique, l'Arabe nous initie à une
plus ample conquête. Le chemin est désormais tracé
à notre influence sur cette terre, berceau et patrie
de la race noire. Napoléon nous a ouvert l'Égypte
avec son épée ; la civilisation nous ouvrira les profondeurs des autres contrées africaines, avec la vapeur
et avec les chemins de fer (1).

L'Amérique du Sud présente aussi çà et là des races
entravées dans leurs développemens, qui attendent
notre action pour se dégager. L'Asie a, dans la race
mongole, un rameau qui tombe faute de sève. L'iso-

---

(1) Depuis que ce travail a vu le jour, il m'est tombé entre les mains un
remarquable ouvrage de M. Pascal Duprat : *Essai historique sur les races
anciennes et modernes de l'Afrique septentrionale*. Je ne saurais toutefois partager son opinion sur un point essentiel. L'auteur ne croit point à l'existence
d'une ancienne race noire sur le sol du nord de l'Afrique. Cette existence
me paraît attestée par de graves monumens et par des preuves d'analogies,
plus fortes encore que les monumens historiques. La présence des nègres, à
une époque très ancienne, dans les contrées du Maghreb, présence dont il ne
reste plus aucune trace, et qui forme même aujourd'hui l'objet d'un doute
pour l'historien, n'est suivant moi que la répétition d'un fait général, à savoir
l'occupation primitive de presque toute la terre par les races noires, et leur
effacement successif sous l'arrivée des races cuivrées et blanches.

lement a détruit la force de ces peuples féroces et superbes qui, dans la personne de Gengis-Khan et d'Attila, ont si puissamment effrayé l'Europe. L'événement qui enterait ce rameau flétri sur le tronc des races jeunes et vivaces, sauverait peut-être une grande civilisation à la veille de s'éteindre. Nations de l'Europe, que redoutons-nous? Toutes les races tendent à l'envahissement de la terre; mais elles le font avec des armes inégales. Les peuples qui avancent n'ont rien à craindre des peuples stationnaires. Une race supérieure ne peut être conquise sans que la force de sa constitution asservisse à la fin ses propres conquérans. La nature, plus forte que les armes, finit toujours par vaincre, en pareil cas, la victoire même. C'est ainsi que la race caucasique, long-temps comprimée en Asie par la race mongole, a réussi presque entièrement à s'en délivrer. Aujourd'hui cette population si forte qui attaquait n'ose plus même se défendre; l'empereur de deux cent cinquante millions d'hommes jaunes n'oppose à une poignée d'Anglais que la soumission et le silence.

L'Europe est la partie du monde où la race blanche, pure de tout contact, développe le plus largement tous ces caractères. La supériorité de cette race est reconnue : pendant que le Mongol, le nègre, l'Américain, le Malais, n'étaient occupés qu'à satisfaire leurs appétits matériels, l'homme caucasique a mesuré la terre; la terre ne lui a pas suffi, il s'est élevé jusqu'à l'idée d'un premier principe, auteur de tous les êtres. Au moment où la race blanche apparut sur notre continent, elle trouva un monde à faire; elle le fit. Tandis que les autres races indolentes étaient désarmées contre les attaques des climats, tandis que le Mongol lui-même n'avait fait qu'ébaucher la conquête de l'homme sur la nature, la race caucasique seule a poussé jusqu'au bout sa victoire ; elle s'est rendue maîtresse des élémens, maîtresse des mers. Ce qui est chez elle encore plus remarquable, c'est le développement de la volonté ; que les autres races sommeillent sous le joug d'une nécessité aveugle, la race blanche a dominé tous les obstacles ; elle ne s'est pas contentée de ses propres forces, elle en a créé. Ajoutant à sa puissance morale la découverte de l'imprimerie et celle de la vapeur, elle a étendu son domaine. Toutes les fois qu'elle s'est approchée des autres races, elle les a absorbées ; elle a pris au nègre, à l'Américain, au Mongol, leurs tempéramens nerveux, bilieux, lymphatique, et elle a fait de tout cela des hommes à son image. Cette race géante, descendue un jour des montagnes du Caucase, séjour de Prométhée, n'a point encore terminé son œuvre. La race blanche a commencé en Asie : la population actuelle de notre continent est le résultat de plusieurs migrations successives et du croisement de ces migrations entre elles. La marche des colonies qui se sont détachées des montagnes situées dans le nord de l'Asie est invariable : la race caucasique s'avance d'orient en occident ; elle laisse sur son chemin une série de peuples qui se suivent et se succèdent les uns aux autres, en sorte que c'est pour ainsi dire étape par étape qu'elle développe ses forces. Dans ce mouvement général, le groupe celtique a précédé le groupe teuton, qui a devancé le groupe slave. La formation des différens peuples de notre continent a donc été marquée par des haltes et des temps de repos de la civilisation. Chacun de ces peuples apporte à son tour des propriétés qui le caractérisent ; c'est de leur addition successive et de leur mélange que résulte la figure actuelle de l'Europe.

Il existe une croissance dans les races ; à mesure qu'elles grandissent, la main de la nature achève sur elles son ouvrage : cette croissance se manifeste dans la race caucasique. Plus nous remontons vers son berceau, plus nous lui découvrons les caractères de la première enfance. Un grand nombre de monumens historiques s'accordent à nous représenter les hommes des migrations primitives comme ayant des yeux bleus et des chevelures qui variaient du roux au blond clair : les Celtes étaient blonds, les Germains étaient roux. Ces deux nuances ont cessé d'être dominantes en France et en Allemagne. Les Écossais formaient également une race blonde : ils ont aujourd'hui perdu ce caractère. On peut donc dire que la couleur générale dans la population actuelle de l'Europe diffère notablement de celle de toutes les races qui ont concouru à la former. Ce résultat ne s'explique qu'en partie par les changemens auxquels ont donné naissance le mélange des peuples et les influences du climat. On est forcé de recourir à une autre cause d'action, à un principe moteur en vertu duquel une race qui avance rejette ses formes primitives pour en revêtir sans cesse de nouvelles. M. l'abbé Frère, auquel nous devons des recherches très curieuses sur les périodes historiques, a observé que le tempérament de notre race avait été successivement lymphatique, sanguin, puis bilieux. La couleur de la peau a suivi les mêmes variations. La plupart des historiens grecs et latins nous peignent les Celtes comme très blancs, Ammien Marcellin ne revient pas de la blancheur lactée des femmes gauloises : cette première teinte s'est changée en rouge, puis une couleur plus sombre est venue brunir l'éclat sanguin. Des changemens encore plus considérables, et dont l'importance s'accroît, semblent avoir agi sur le volume, sur la forme et sur le développement de la tête. M. Frère vient de concéder au Muséum du Jardin des Plantes une collection de crânes retrouvés dans des fouilles et appartenant aux différens âges de notre nation : ces monumens d'une nouvelle espèce nous montrent l'empreinte de la loi du progrès sur l'organisation humaine (1).

Le mouvement n'est pas le même pour toutes les variétés, chaque groupe de la race blanche s'avance vers des caractères qui lui sont spéciaux ; mais c'est toujours par une succession d'états transitoires qu'il arrive à une forme déterminée. Cette évolution, qu'on pourrait nommer l'embryogénie des races, entraîne à sa suite tous les faits de l'histoire des peuples. A mesure que les nations renouvellent leurs caractères physiques, elles renouvellent les bases de leur état

(1) Élève de M. l'abbé Frère, et pénétré comme je le suis de reconnaissance pour les leçons de ce maître distingué, j'exposerai un jour son système sur les périodes sociales. Il me suffit de dire en attendant, que suivant lui, un progrès périodique, une loi, tracée dans les organes, préside chez les peuples à cette succession des caractères physiques, moraux et intellectuels.

social ; c'est dans le cours de ces progrès, et notamment dans la transition d'un âge à un autre, que se manifestent les grands événemens qui changent la face politique des nations civilisées. Ce mouvement de formation ne s'arrête que quand la race a acquis tous ses élémens et s'est constituée sur le type qui lui est relatif. Il se fait alors une véritable station qui s'étend au physique et au moral des sociétés. Nous avons déjà retrouvé les traits de cette immobilité dans la population chinoise ou japonaise. Étienne Geoffroy Saint-Hilaire, visitant la terre d'Égypte à la suite de nos armées, compara les habitans actuels de cette région à ceux qui dorment dans les hypogées : c'étaient les mêmes momies. Toute la différence qu'il put trouver entre elles, c'est que les unes étaient entourées de bandelettes, tandis que les autres étaient libres. Aucune des nations de l'Europe n'en est là, toutes s'avancent par un renouvellement continuel de formes, par une série de mutations, vers un état que nous ne connaissons pas encore.

Si maintenant nous comparons le mouvement de la race blanche à celui des autres races, nous découvrons qu'elle a effacé chez elle successivement les âges inférieurs qui composent d'une manière fixe l'état des civilisations orientales. Le degré d'avancement de ces dernières s'est répété chez nous à un moment donné de notre histoire. Jetons un regard sur les sociétés primitives de l'Asie, de l'Afrique et du Nouveau-Monde : nous les trouvons toutes enveloppées dans des formes civiles et religieuses auxquelles nos sociétés européennes ont tenu pendant quelques siècles, mais dont elles se sont détachées aujourd'hui par leurs développemens. La théocratie, la division par castes, l'usage des hiéroglyphes, qui forment autant de traits distinctifs des civilisations de l'Inde, de la Chine, de la vieille Égypte et du Mexique, se retrouvent chez nous dans la société du moyen âge. Toute la différence entre l'histoire de ces races et le mouvement de la race caucasique, c'est que les peuples jaunes ou noirs se sont fixés sur des institutions que nous avons temporairement subies et rejetées. Il ne faut pas comparer l'organisation sociale des peuples inférieurs avec celle des peuples supérieurs, à leur état d'achèvement ; mais il faut rapprocher la maturité des uns de l'enfance des autres, et l'on voit naître alors de nombreux caractères qui se correspondent.

Nous ne devons, d'ailleurs, pas oublier que chaque groupe humain a une puissance de formation qui lui est propre. Dans la naissance des sociétés comme dans la création des animaux et des races, on remarque des intervalles de temps qui établissent la différence de l'une à l'autre. Les États-Unis, fondés les derniers dans ce mouvement de rotation que la civilisation décrit autour de la terre, présentent les caractères renforcés du type général de la race blanche et du rameau de cette race dont leurs populations se sont détachées. Un des caractères, par exemple, de la race blanche, c'est le sentiment de la liberté. A peine a-t-elle touché le sol de notre continent qu'elle y dépose le principe de l'élection. Ce principe, qui l'a suivie dans les diverses phases de son état social, a revêtu toutes ses institutions civiles et religieuses de

ces formes extraordinaires que n'avaient jamais connues ni la race noire, ni la race jaune. Tandis que le
Mongol languit sous la stabilité d'un état tyrannique
et absolu, le Celte et le Teuton primitifs ont renouvelé plusieurs fois leurs chefs, leur monarchie, leurs
lois. Le principe de l'élection, qui, en Europe, a créé
les gouvernemens constitutionnels, se développe à
mesure que la race blanche avance sa marche circulaire à la surface du globe : il donne alors naissance,
sur la terre du Nouveau-Monde, à une démocratie
qui n'est point représentée dans notre continent, du
moins sous les mêmes formes.

Les rapports géographiques ne doivent pas non
plus être négligés dans le tableau de la configuration
des peuples : l'histoire de l'homme se lie partout à
celle du globe qu'il habite. Le morcellement de l'Allemagne, par exemple, est une suite du mélange des
Germains avec les Slaves et de l'état accidenté de son
territoire. Ces montagnes, ces fleuves, ces profondes
vallées qui brisent l'unité du sol, ont également déchiré l'unité politique en une multitude de petits
Etats. La France, qui est au contraire douée d'un
système géographique admirablement homogène, a
aisément ramené sa population à une seule existence
nationale. Strabon, en se fondant sur des considérations tirées de la surface topographique des Gaules,
avait prédit la centralisation à venir de notre pays.
Nous pouvons, en nous établissant sur la même base,
prévoir les changemens que les chemins de fer amè-
neront. Ce n'est rien avancer de neuf que de dire
qu'ils achèveront l'unité nationale des grands Etats

de l'Europe. En Allemagne, ce qu'on nomme à cette heure le type slave germanisé n'existe encore qu'à l'état d'ébauche. Les obstacles opposés par la nature des lieux à la communication des divers rameaux qui constituent les deux races ont puissamment contribué à maintenir leurs caractères respectifs, et avec eux les principaux traits de leur nationalité. L'unité de la France existe en principe, mais existe-t-elle en fait? Les provinces du midi n'ont pas les mêmes intérêts que celles du nord, la Normandie ne parle pas la même langue que l'Alsace, Bordeaux ne tient à Paris que sur la carte. La révolution, la république une et indivisible, ont passé au-dessus de la tête des populations de l'ouest sans rien déranger à leurs mœurs, à leurs habitudes, à leurs croyances d'il y a deux siècles. Ouvrir la Bretagne, y faire pénétrer des voies de communication et de progrès, ce sera conquérir une seconde fois l'Armorique au royaume de France. Les chemins de fer, en rendant plus centrale la position de Paris, sèmeront l'enseignement dans les provinces incultes; où ils passeront la lumière sera. Or, quand la France entière saura lire, quand toutes ses parties seront rattachées entre elles par les liens de l'intelligence et du commerce, quand son territoire, déjà si compacte, aura renversé la barrière matérielle des distances, quand Marseille ne sera plus qu'à deux jours, et peut-être même à vingt-quatre heures de Paris, l'unité morale, politique et industrielle de notre nation deviendra complète.

L'action cohérente des chemins de fer ne s'arrêtera pas toujours aux limites nationales. Nous croyons que les Etats du centre de l'Europe sont destinés à s'asseoir sur une assiette plus étendue. Les chemins de fer concourront à effacer certaines divisions arbitraires contre lesquelles la guerre a été impuissante. Jusqu'ici les grands royaumes ont joui d'une existence assez fixe; mais entre eux s'enclavent de petits Etats dont le territoire sert sans cesse de point de rencontre à l'ambition de leurs voisins. L'incertitude de leur destinée toujours flottante est une suite de la tendance que manifestent les nations à régler leurs limites sur celles des races. Nous effacerions de notre mémoire le souvenir des faits historiques, qu'avec la seule connaissance des races et de leur gisement nous découvririons aisément sur la carte les points du globe sans cesse entamés par la guerre et les points intacts. Les pays où la race présente une surface considérable, uniforme, compacte, bien tranchée, ont été épargnés par le fléau, sauf les cas très rares d'invasion en masse. Au contraire, tous les endroits placés sur la transition d'une race à une autre ont subi ces guerres intermittentes qui déplacent indéfiniment l'existence nationale. Participant à-la-fois des deux types voisins dont ils réfléchissent la puissance, les habitans de ces petits Etats ont une nature hybride; la mobilité de leur patrie est une suite de l'incertitude de leurs caractères. Si maintenant nous cherchons les parties du globe sur lesquelles la grande vitalité des chemins de fer devra s'établir, nous trouverons que ce sont précisément celles-là. La guerre, ayant été dans le passé le seul moyen de communication, nous dessine la trace que l'influence de la vapeur doit parcourir. Ces petits Etats intermédiaires, si souvent sillonnés par les boulets, et dont l'importance est philosophiquement très grande, ont été les premiers à se couvrir de voies de communication perfectionnées. Terrains d'assimilation de deux races, la Belgique, par exemple, la Bohême, la Hongrie, nous semblent destinées à devenir, par l'établissement des chemins de fer et des canaux, les points d'attache de l'unité européenne. Grâce aux nombreux rapports des races qu'elle confine, la nationalité de ces petits Etats se fixera d'elle-même lorsqu'un des deux élémens de leur population mêlée arrivera à prédominer sur l'autre. Il ne sera besoin pour cela ni de l'emploi de la force brutale, ni de ces interminables guerres de partage, qui, en déplaçant, de siècle en siècle, la borne des grands royaumes, changent et déclassent arbitrairement les destinées de leurs voisins. Quand l'esprit et le sang d'un peuple pénètrent dans un rameau allié, ce dernier rentre naturellement dans les limites de la race dont il finit par revêtir les caractères. L'événement qui doit le réunir arrive tôt ou tard, mais il arrive. Les forteresses, les lignes défensives, les ouvrages et les barrières élevés par la main des gouvernemens n'y peuvent rien; l'opinion et l'instinct de la nature les renversent. On a dit que les chemins de fer étaient des voies stratégiques; ils sont mieux que cela: ces lignes qui établissent des rapports croisés sur tous les points où les rivalités des grandes monarchies s'exerçaint, ne favorisent pas la guerre, elles la préviennent.

Quelques philosophes, voyant venir de loin ce fait

du mélange des races, ont cru que les caractères des peuples se confondraient les uns dans les autres. C'est une erreur. Il existe bien un grand nombre de germes, dispersés à la surface du globe terrestre, et qui tendent tous à se développer selon des lois particulières; de la réunion de ces germes résultera plus tard l'unité finale de notre espèce et l'accomplissement de ses destinées; mais cette fusion n'amènera pour cela aucune uniformité. Il est aujourd'hui démontré que les types ne s'effacent pas toujours en se mêlant : M. Edwards a rencontré en France, en Allemagne et en Italie d'anciens peuples dont les traits et les autres caractères physiques avaient survécu à la mort nationale. Ces monumens de la nature étaient demeurés debout au milieu des ruines de tous les monumens de l'art. On retrouve également sur la colonne trajane la figure de la plupart des peuples modernes qui ont succédé aux Cimbres, aux Daces, aux Scandinaves. Le visage des Huns, ce visage qui intimida l'Europe par sa laideur, n'est point perdu : M. Edwards l'a vu reparaître dans la Hongrie. La nature ramène quelquefois tout-à-coup au sein de la population la plus mêlée des types qu'on aurait pu croire anéantis : la tête de Charles X reproduisait les formes exactes de la race franke. Nous ne devons donc pas craindre que les traits des nations modernes s'altèrent de sitôt. M. Serres croit en outre à l'existence d'une force inhérente au sol qui détermine la forme générale des habitans. La terre de France, selon lui, fait des Gaulois, comme celle de la Grande-Bretagne fait des Anglais, comme la nature du Nouveau-

Monde, à peine ébauchée, produit des fils à son image. Nous avons donc dans la force interne du type et dans la force extérieure des milieux une double cause qui concourra long-temps à maintenir les caractères des peuples. L'unité des races en augmentera au contraire la variété. Quand les races sont pures, le même tempérament, les mêmes caractères se dessinent à grands traits sur tous les citoyens d'une nation : un Chinois ressemble à un autre Chinois. Si quelques individualités se détachent par hasard de la masse, comme Gengis, Attila, Tamerlan, c'est qu'elles représentent le mongolisme élevé à sa troisième puissance; l'homme le plus fort est alors celui qui réfléchit le mieux le type général de la race. Quand c'est l'inverse qui a lieu, c'est-à-dire quand on observe une race très mélangée, on voit au contraire que les individus correspondent chacun à des groupes, à des familles humaines, dont ils ont emprunté en naissant les caractères, et dont ils reproduisent les dispositions morales. Cette répétition des races dans les individus est un grand fait de philosophie naturelle. La France, dans laquelle la race celtique s'est personnifiée, a un tempérament moyen, qui donne le tempérament primitif des Gaulois; mais à cause de ses nombreux rapports avec les autres races, elle se trouve avoir en elle un grand nombre d'autres types et constituer, pour ainsi dire, une humanité en petit. C'est à ce mélange qu'elle doit sa supériorité.

Nous ne sommes pas de ceux, comme on voit, qui rêvent une monarchie européenne; les seuls caractères des races suffiront à maintenir pendant long-temps la division des États. Chacune de ces races a un mouvement particulier; elle s'avance vers la réalisation d'un type qui lui est propre. Ce qu'on nomme le génie d'un peuple n'est que l'ensemble des caractères physiques et des facultés morales qui le distinguent d'un autre peuple, qui lui donnent une forme, une vie relative. L'existence de ces variétés naturelles constitue le sol sur lequel les institutions sociales posent leur fondement. L'histoire nous présente un balancement alternatif des races qui fait que tantôt l'une, tantôt l'autre, se met à la tête du mouvement de la civilisation. Ce balancement ne permet pas à une de celles qui existent maintenant en Europe de s'établir d'une manière fixe sur ses rivales; c'est ce qui entretient l'équilibre des sociétés modernes. Avec le temps, l'une de ces races finira-t-elle par arrêter sa prédominance, et par donner, en quelque sorte, sa figure au monde? Nous n'élèverons pas jusque-là nos prévisions. A défaut de cette unité systématique de royaume, nous croyons que les peuples, en rapprochant leurs communications, formeront naturellement une même famille. On retrouve, dans les nombreux types de la race blanche, une empreinte indélébile qui se remontre à travers toutes les variétés, et qui semble être la trace d'une commune origine. Une langue universelle, dont les débris sont répandus dans nos langues modernes, et qui remonte jusqu'aux bouches du Gange, doit avoir présidé au berceau de notre race. Ces liens de parenté ne sont du reste pas les mêmes pour tous les habitans modernes de l'Europe. On sait qu'il existe entre les races de notre continent des sympathies et des antipathies. Nous croyons que ces instincts, qui concourent souvent à former le sentiment national, sont des avertissemens utiles de la nature. Cette mère sage a interposé des inimitiés dans le cœur des races qui se dégraderaient en se mêlant, tandis qu'elle a mis au contraire des inclinations dans le sang des races qui doivent s'élever par leur commerce. La loi de ces attractions et de ces répulsions nationales étant ainsi déterminée, nous avons un moyen pour juger les entreprises de la guerre qui seules ont fait communiquer les peuples durant les âges de barbarie. Il existe des conquêtes arbitraires et des conquêtes naturelles. Les conquêtes naturelles sont celles qui, par l'union de deux races en mouvement l'une vers l'autre, doivent concourir à l'avancement de la civilisation ; les conquêtes arbitraires sont celles qui agitent et confondent les peuples pour satisfaire l'amour-propre d'un homme ou d'une société. Les unes se sont généralement maintenues, les autres ont été renversées. Les peuples qui travaillent à défendre leur nationalité travaillent presque toujours à conserver en eux les élémens dont l'existence est nécessaire à la nature pour achever l'espèce humaine. C'est alors que la guerre est sainte. Il y a dans l'histoire un grand spectacle, c'est Vercingétorix en face de César, la Gaule et Rome. La race gauloise maintenait en elle par les armes un des germes de la civilisation future ; elle fut vaincue, mais non soumise. L'indépendance des caractères celtiques se dégagea plus tard de la lutte ; leur conservation survécut même à la conquête et au conquérant. Dans ces derniers temps, l'erreur de Napoléon et l'une des principales causes de sa chute fut d'avoir voulu amalgamer dans la victoire des races hétérogènes qui n'étaient point du tout préparées à s'unir. L'homme le plus fort ne peut rien contre la force de la nature, et toute entreprise qui violente les rapports des races entre elles échappe à la main de son auteur. Les chemins de fer, en ouvrant à travers l'Europe un champ de bataille pacifique, doivent augmenter l'action des influences morales. Le résultat des voies de communications nouvelles sera de remplacer les conquêtes par des alliances. La loi qui présidait aux unes présidera nécessairement aux autres. La force d'assimilation des races se trouvera plus que doublée par les fréquens rapports qu'elles auront entre elles; mais nous ne croyons pas que cette force agisse jamais en sens inverse de son principe. Il existe à certaines alliances des obstacles que les chemins de fer eux-mêmes n'effaceront pas aisément. Un système de voies de communications à vapeur, fondé sur les rapports naturels des races, serait le seul profitable aux intérêts de l'unité européenne.

L'entrelacement des rameaux détachés à l'origine des montagnes de l'Asie rend fort difficile, chez les peuples modernes, la distinction de leurs caractères. Nous voyons pourtant encore se dessiner assez bien les principaux contours des races dans la configuration des grands États. A l'orient de l'Europe, parmi les glaces qui le couronnent, se dresse le colosse slave; à l'occident, la tête encore cachée dans les forêts du

Nouveau-Monde, un autre géant se dessine avec des
caractères de teutonisme. Entre la Russie et la république des États-Unis, s'étendent des nations formées,
les unes des débris de la race celte, mêlée aux restes
de la population romaine, les autres issues des différentes couches de la migration germanique. L'antagonisme entre les peuples du nord et ceux du midi
de notre continent a sa racine dans cette diversité
d'origine. Au contraire, une certaine analogie de
dispositions morales se manifeste dans les peuples is-
sus de la même souche ou formés à-peu-près des
mêmes élémens. Il est à remarquer, en effet, que la
réforme religieuse s'est établie avec une notable rapidité sur toutes les nations d'origine teutonique, l'Allemagne, l'Angleterre, les États-Unis; tandis qu'elle
n'a jamais exercé qu'une action très passagère et très
restreinte sur le groupe gallo-romain, c'est-à-dire la
France, l'Italie et l'Espagne. Cette même opposition
simultanée existe dans les mœurs et les aptitudes des
deux groupes. Le Teuton a un courage froid, une
force particulière pour lutter avec les obstacles matériels; il a devancé, dans la confection des chemins
de fer, tout le groupe latin; il a donné au Nouveau-
Monde son peuple de défricheurs. Le caractère celto-
romain brille au contraire par l'impétuosité du premier choc; il est toujours à la tête du mouvement
quand il s'agit de tirer l'épée ou de renverser des
barrières dans le monde moral; mais une force
qui résiste est assurée de le vaincre. Il aime mieux
lutter avec les hommes et avec les idées qu'avec
la nature, parce qu'il sait que les obstacles du

monde matériel ne s'enlèvent pas à la baïonnette.
La France est la représentation la plus avancée de
ce type brillant ; mais elle a avec l'Espagne et l'Italie des liens intimes qu'il ne faut pas négliger. La
main de la nature a gravé sur ces trois nations des
traits de famille. Le fond de leur population est à-
peu-près le même. La race celtique, après avoir
inondé les Gaules, s'est étendue sur l'Espagne, où elle
a refoulé les Ibères dans le fond de la Péninsule. La
moitié de l'Italie était celtique ; tout le monde sait
qu'il y avait une Gaule au-delà des Alpes. Cette première couche a été recouverte, mais non effacée, par
des invasions successives. La domination romaine a
donné son empreinte à ces trois pays ; plus tard, l'invasion germanique a glissé sur eux sans y laisser beaucoup de traces. On peut donc dire que la France,
l'Italie et l'Espagne ont un caractère analogue ; nous
n'entendons pas dire uniforme. Ces trois zones de
peuples ressemblent à l'arc-en-ciel, dans laquelle
chaque couleur fondamentale se mêle aux deux autres sans pourtant s'y confondre. L'affinité des langues est un lien de plus ; le français, l'italien et l'espagnol constituent un même idiome, modifié par les
caractères respectifs des trois nations. Il résulte de
ces traits de ressemblance, au physique comme au
moral, une véritable sympathie. Les guerres entre la
France et l'Espagne se sont toujours établies sur des
points d'honneur, jamais sur des questions d'intérêt ;
pour les nations qui constituent le groupe latin, l'intérêt, c'est de s'unir. Si nos guerres de l'empire ont
rencontré dans la péninsule ibérique une vive résis-

tance, c'est qu'elles venaient détruire ou bouleverser les institutions du pays. L'Italie nous a toujours tendu les bras dans ses momens de détresse ; depuis Charles VIII et François Ier, notre intervention a été regardée, au-delà des Alpes, comme un moyen de délivrance. Une des causes de la grandeur de Napoléon fut d'avoir réuni dans sa personne et dans son origine les caractères de ces trois peuples. La Corse est, en effet, le terrain d'assimilation de la race celtique, ibérienne et néo-latine. Aussi, toutes les fois que Bonaparte a tourné les pas de nos armées vers son berceau, il a constamment été heureux. Les destinées de l'empereur et celles de la France étaient du côté du soleil.

Le chemin de nos conquêtes dans le passé doit nous tracer celui de notre influence dans l'avenir. A Dieu ne plaise que nous conseillions de restreindre le réseau de nos communications avec l'Allemagne et avec l'Angleterre ; mais nous croyons que les lignes de fer destinées à asseoir notre alliance morale, industrielle et commerciale, sur l'Espagne et l'Italie méritent en quelque sorte la priorité. Or, ce sont précisément celles qui ont été le plus négligées jusqu'ici.

La France est une des nations les plus intéressées dans l'établissement des voies de fer. Sa position centrale lui donne un grand avantage ; chemin de transit de l'Angleterre vers l'Afrique, de l'Allemagne et de la Russie vers le Nouveau-Monde, elle ouvre des communications immenses. Son territoire mitoyen, sur lequel le sang des peuples ira se mêlant d'un monde à l'autre, devient comme le sol de l'unité des races. Cette situation géographique est admirable. Les lois, les mœurs, les institutions, s'accommodent toujours chez un peuple à la somme des développemens qui lui est dévolue, et cette somme augmente en raison des forces nouvelles qu'il puise dans l'union avec les autres peuples. Ces emprunts entretiennent la vie des races et la vie des États. Plus les nations se mêlent, plus la richesse du fonds social dans lequel puise la nature pour former les individus se trouve augmentée. Les chemins de fer ouvrent à la supériorité des races qui couvrent notre continent un vaste champ-clos d'influences et de conquêtes. Ces conquêtes-là ne coûtent pas de larmes à l'humanité : les vainqueurs et les vaincus en recueillent également les fruits. La France n'a d'ailleurs rien à craindre dans cette lutte. Tête de cette gigantesque colonne qui s'est détachée un jour des hauteurs de l'Asie, la famille celtique est celle dont les caractères expriment le mieux le type de la race caucasique. La première fois qu'elle apparaît dans l'histoire, c'est pour brûler le Capitole. Elle lutte contre Rome pendant des siècles, et quand Rome est tombée, elle lui succède. Les Français ont aujourd'hui la figure et le tempérament des anciens Romains. Les autres races du Nord sont physiquement inférieures à la nôtre ; les Germains sont robustes, la famille slave est envahissante comme toutes les races jeunes ; mais par l'Allemagne et la Russie, on voit arriver de loin la figure du mongolisme. La France a surtout hérité de la puissance romaine un caractère d'initiative qui la distingue. Quand les philosophes ont cherché un motif à l'acte de la création, ils n'en ont pas trouvé de meilleur, sinon que le principe de la vie avait eu besoin de se communiquer. Ce besoin, qui chez Dieu détermine le mouvement créateur, devient dans l'humanité l'agent du progrès. Il y a des peuples qui communiquent, il y en en a d'autres qui absorbent : Carthage absorbait comme l'Angleterre, Rome communiquait comme la France.

Les Romains portaient partout avec eux la civilisation ; ils construisaient des fontaines, des routes, des ponts, des canaux chez les peuples vaincus ; ils leur transmettaient leur langue, leurs lumières, leurs connaissances. L'intensité des caractères diminue chez une race à mesure qu'elle étend et généralise ainsi sa présence à la surface du globe. A force de faire participer les nations étrangères à sa propre existence, la race latine, dans laquelle toutes les autres avaient mêlé leur sang, a fini littéralement par s'évanouir dans ses conquêtes. Cette cause de décadence de la grandeur romaine, quoique passée sous silence par Montesquieu, nous semble la plus forte de toutes : Rome est morte pour le salut de l'humanité. La France a visiblement la même tendance ; elle est douée d'un mouvement d'expansion extraordinaire. On a dit que le Français n'était pas un peuple colonisateur ; on pourrait même presque dire qu'il n'est point conquérant, en ce sens qu'il ne sait point conserver ses conquêtes. En effet, c'est moins la possession qu'il recherche dans la victoire que l'influence à exercer sur le monde. Le Français est, qu'on nous passe le mot, un peuple missionnaire. Il a été guidé par ce sentiment dans toutes ses entreprises. Le besoin de communiquer son enthousiasme révolutionnaire lui a fait, il n'y pas un demi-siècle, engager avec toutes les nations de l'Europe cette grande croisade qui étonnera la postérité. Le peuple français a mis son nom dans les fastes de tous les peuples, son esprit dans tous les esprits, sa main dans la main de tous les habitans de la terre. A plusieurs reprises, notre pays a poussé ses flots pacifiques sur les contrées voisines; la révocation de l'édit de Nantes, qui chassa quatre cent mille Français de leur patrie, mêla notre sang à celui de l'Allemagne. Les individualités puissantes sortent du croisement des races fortes: Humboldt, Gall, Schiller, Goethe, sont des Français germanisés. Aujourd'hui que les voies matérielles sont ouvertes, la puissance communicative de la France s'exercera avec encore plus d'énergie. Elle transformera ses rapports guerriers en des rapports industriels, commerciaux, scientifiques. Par les bateaux à vapeur, elle peut asseoir dans les mers du Nord son influence sur le Danemark et la Suède, dans l'Océan Atlantique sur l'Amérique du Sud; par les chemins de fer, elle étend sa civilisation sur tous les États de notre continent. Il appartient à celle qui eut de si longs et de si étroits attachemens avec la gloire militaire de savoir s'en séparer quand l'intérêt du monde l'exige. Il s'agit maintenant pour notre nation de dominer par la paix comme elle l'a fait si long-temps par la guerre. Le développement de l'industrie et des arts utiles n'exclut d'ailleurs pas la dignité des rapports, et au besoin l'intervention de la force. Les peuples n'ont pas oublié qu'à l'époque où les États-Unis d'Amérique voulurent se dégager du joug de notre continent, ils empruntèrent l'épée de la France. C'est à tort qu'on accuse notre nation de légèreté. La race celtique, est bien décidément à la tête de toutes les autres races humaines, la plus fixe, la plus tenace, la plus persévérante. Lorsque les Gaulois se trouvèrent en présence de César, ils voulaient la liberté pour eux et pour le reste du monde. Cette résolution les a suivis dans tout le cours de leur histoire; c'est le même esprit qui se continue, on le voit reparaître dans les communes; il se représente aux états-généraux, il amène l'explosion de 89; nos pères veulent alors ce qu'avaient voulu les Gaulois du temps de César : la liberté des peuples! En 1830, nous nous retrouvons en face des mêmes idées; la lutte décide encore une fois notre indépendance et celle des autres nations. Aujourd'hui la France rencontre un obstacle à son influence sur les destinées du monde; cet obstacle est l'Angleterre. Notre race est plus forte que la race britannique. Nos ancêtres ont ruiné la puissance des patriciens de Rome; nous détruirons le monopole des patriciens de Londres.

De l'alliance de l'économie sociale et des sciences naturelles nous paraît être sortie la solution au problème qui nous occupe : la multiplicité des races humaines doit se transformer un jour sur le globe dans un fait encore plus complexe, celui de la variété infinie des individus. Aucun type humain ne se perdra; tous se modifieront. Le mouvement d'unité qui rapprochera de plus en plus les distances et les races n'est point un mouvement aveugle; il ne tend point à détruire un groupe par un autre groupe, comme on l'a cru si long-temps, et à donner aux habitans du globe une figure uniforme : non, le résultat de cette unité sera d'introduire une diversité plus grande dans les caractères, et par suite dans les fonctions. Cet argument physiologique nous semble ajouter un motif de plus à tous ceux que nous avons déjà d'étendre nos voies de communication par terre et par eau. Le genre humain est encore à cette heure en voie de formation : rapprocher entre elles les différentes races répandues à la surface du globe, ce sera réunir les matériaux qui doivent concourir à son achèvement. La facilité des voyages ouvrira une nouvelle source de mélanges dont les effets seront le multiplier les types qui existent maintenant chez les diverses nations de la terre par l'accession de types nouveaux. Or, comme les races n'avancent physiquement et moralement que fécondées les unes par les autres, nous arriverons, au moyen de l'établissement des chemins de fer et des nouvelles voies de navigation, à ce grand fait philosophique, à ce progrès universel qui contient et résume en lui tous les autres progrès, le perfectionnement de l'homme et de la nature.

FIN DU TOME PREMIER.